智能制造领域高素质技术技能人才培养系列教材

工程制图及 CAD 绘图

主　编　樊启永　廖小吉
副主编　高　丹　陈轶辉
参　编　王东安　于　洁

机械工业出版社

本书紧密结合职业教育教学特点进行编写,以"应用"为目的,以"必需""够用"为度,对画法几何、图样表达方法、标准件和常用件等内容适当压缩优化,将工程制图与计算机绘图有机融合,将 AutoCAD 绘图命令与绘图实例优化组合。本书简明易学,突出了职业教育特色,满足职业教育的需要。

本书共分 9 章,主要内容包括制图的基本知识和技能、AutoCAD 绘图基础、投影法基础知识、立体表面交线、组合体、机件常用表达方法、标准件和常用件、零件图、装配图。本书介绍的计算机绘图软件为目前广为流行的 AutoCAD 2010 绘图软件,学生在掌握机械制图知识的同时,也能学习运用 AutoCAD 2010 绘图软件。

本书可作为高等职业院校非机械类及近机械类各专业的教材,也可供非机械类、近机械类专业成人教育使用,还可供工程技术人员参考。

本书配套资源丰富,选择本书作为教材的教师可通过扫描书中二维码观看视频,或登录 www.cmpedu.com 注册并下载相关资源。

图书在版编目(CIP)数据

工程制图及 CAD 绘图/樊启永,廖小吉主编. —北京:机械工业出版社,2020.8(2022.6 重印)

智能制造领域高素质技术技能人才培养系列教材

ISBN 978-7-111-66264-8

Ⅰ.①工… Ⅱ.①樊… ②廖… Ⅲ.①工程制图-AutoCAD 软件-教材 Ⅳ.①TB237

中国版本图书馆 CIP 数据核字(2020)第 140502 号

机械工业出版社(北京市百万庄大街 22 号 邮政编码 100037)
策划编辑:赵红梅 责任编辑:赵红梅 安桂芳
责任校对:张 征 封面设计:鞠 杨
责任印制:常天培
北京机工印刷厂印刷
2022 年 6 月第 1 版第 3 次印刷
184mm×260mm・16.75 印张・410 千字
标准书号:ISBN 978-7-111-66264-8
定价:49.80 元

电话服务 网络服务
客服电话:010-88361066 机 工 官 网:www.cmpbook.com
　　　　　010-88379833 机 工 官 博:weibo.com/cmp1952
　　　　　010-68326294 金 书 网:www.golden-book.com
封底无防伪标均为盗版 机工教育服务网:www.cmpedu.com

前 言
Preface

　　本书编写时充分考虑了职业教育教学特点，本着理论联系实际、强化应用、培养技能的原则，重视提高学生的整体素质与综合能力。本书体系合理、内容精练、实例典型，注重培养学生的空间思维能力、图形表达能力、形体分析能力、徒手绘图能力及计算机绘图能力。

　　本书的主要特点如下：

　　1. 所有标准全部采用国家颁布的现行机械制图标准。

　　2. 针对非机械类和近机械类学时少的特点，减少尺规作图内容，重点培养学生的读图能力和计算机绘图能力。

　　3. 文字叙述简明扼要、通俗易懂，图例的选择典型且难度适中。针对学生绘图易犯的错误，给出正误对比图例进行分析。

　　4. 在重点概念和抽象知识点处增加了数字信息资源，结合形象生动的视频或动画演示，帮助学生理解概念和掌握知识点，也方便学生自学和课后复习。

　　5. 以应用为目的，突出 CAD 实践应用教学，注重培养学生的绘图能力。采用案例教学法，方便学生学习和操作练习。

　　本书由唐山工业职业技术学院樊启永、廖小吉担任主编，高丹、陈轶辉担任副主编，王东安、于洁参编，全书由樊启永统稿。

　　由于编者水平有限，书中难免有错误和不当之处，敬请广大读者批评指正。

编　者

目录

前言

第1章 制图的基本知识和技能 ………… 1
- 1.1 国家标准《技术制图》和《机械制图》的一般规定 ………… 1
  - 1.1.1 图纸幅面和格式（GB/T 14689—2008） ………… 1
  - 1.1.2 比例（GB/T 14690—1993） ………… 4
  - 1.1.3 字体（GB/T 14691—1993） ………… 4
  - 1.1.4 图线（GB/T 17450—1998 和 GB/T 4457.4—2002） ………… 5
  - 1.1.5 尺寸标注（GB/T 4458.4—2003） ………… 6
- 1.2 绘图、测绘仪器 ………… 10
  - 1.2.1 绘图工具及其用法 ………… 10
  - 1.2.2 测绘工具及其用法 ………… 14
- 1.3 基本几何作图 ………… 18
  - 1.3.1 等分已知线段 ………… 18
  - 1.3.2 等分圆周作正多边形 ………… 18
  - 1.3.3 斜度与锥度 ………… 19
  - 1.3.4 圆弧连接 ………… 20
- 1.4 平面图形的尺寸分析和线段分析 ………… 22
  - 1.4.1 平面图形的尺寸分析 ………… 22
  - 1.4.2 平面图形的线段分析 ………… 22
  - 1.4.3 平面图形的作图步骤 ………… 22
  - 1.4.4 平面图形的尺寸标注 ………… 23

第2章 AutoCAD 绘图基础 ………… 24
- 2.1 初识 AutoCAD 2010 ………… 24
  - 2.1.1 AutoCAD 简介及 AutoCAD 2010 新增功能 ………… 24
  - 2.1.2 AutoCAD 2010 的启动与退出 ………… 25
  - 2.1.3 AutoCAD 2010 工作界面及功能 ………… 26
  - 2.1.4 绘图环境基本设置 ………… 28
  - 2.1.5 图形文件操作 ………… 30
  - 2.1.6 图层设置 ………… 32
  - 2.1.7 坐标系 ………… 34
- 2.2 绘制二维图形 ………… 35
  - 2.2.1 基本绘图命令 ………… 35
  - 2.2.2 图形编辑命令 ………… 40
  - 2.2.3 尺寸标注命令 ………… 49
  - 2.2.4 定制 A4 样板图 ………… 50
  - 2.2.5 绘图范例 ………… 60

第3章 投影法基础知识 ………… 65
- 3.1 投影法 ………… 65
  - 3.1.1 中心投影法 ………… 65
  - 3.1.2 平行投影法 ………… 65
  - 3.1.3 正投影法的主要特性 ………… 66
- 3.2 三视图的形成及其对应关系 ………… 67
  - 3.2.1 三投影面体系的建立 ………… 67
  - 3.2.2 三视图的形成 ………… 68
  - 3.2.3 三视图的对应关系 ………… 68
- 3.3 点的投影 ………… 70
  - 3.3.1 点在三投影面体系中的投影 ………… 70
  - 3.3.2 点的三面投影与直角坐标的关系 ………… 71
  - 3.3.3 两点之间的相对位置关系 ………… 72
- 3.4 直线的投影 ………… 74
  - 3.4.1 各种位置直线及其投影特性 ………… 74
  - 3.4.2 直线上的点 ………… 76
  - 3.4.3 两直线的相对位置 ………… 77
- 3.5 平面的投影 ………… 80
  - 3.5.1 平面的表示法 ………… 80
  - 3.5.2 各种位置平面及其投影特性 ………… 80
  - 3.5.3 平面上的点和直线 ………… 83

3.6 基本体的投影 …………………… 85
　3.6.1 平面立体的投影 ……………… 86
　3.6.2 平面立体上点的投影 ………… 87
　3.6.3 回转体的投影 ………………… 89
　3.6.4 回转体上点的投影 …………… 91
3.7 在 AutoCAD 中绘制三视图 …… 93

第 4 章　立体表面交线 …………… 100
4.1 截交线 …………………………… 100
　4.1.1 平面立体的截交线 …………… 100
　4.1.2 回转体的截交线 ……………… 101
4.2 相贯线 …………………………… 106
　4.2.1 相贯线的性质、求相贯线的方法和作图步骤 …………… 106
　4.2.2 相贯线的产生 ………………… 109
4.3 在 AutoCAD 中绘制截交线和相贯线 ……………………… 113

第 5 章　组合体 ……………………… 121
5.1 组合体的形体分析 ……………… 121
　5.1.1 形体分析法 …………………… 121
　5.1.2 组合体的组合形式 …………… 121
　5.1.3 组合体的表面连接关系 ……… 122
5.2 组合体三视图的画法 …………… 123
　5.2.1 叠加型组合体视图的画法 …… 123
　5.2.2 切割型组合体视图的画法 …… 126
5.3 组合体的尺寸标注 ……………… 127
　5.3.1 尺寸标注的基本要求 ………… 127
　5.3.2 尺寸基准 ……………………… 127
　5.3.3 组合体的尺寸种类 …………… 128
　5.3.4 组合体尺寸标注的步骤 ……… 129
5.4 组合体三视图的识读 …………… 132
　5.4.1 读图基本要领 ………………… 132
　5.4.2 看图方法和步骤 ……………… 134
5.5 在 AutoCAD 中绘制组合体的三视图 ……………………… 138

第 6 章　机件常用表达方法 ……… 144
6.1 视图 ……………………………… 144
　6.1.1 基本视图 ……………………… 144
　6.1.2 向视图 ………………………… 145
　6.1.3 局部视图 ……………………… 145

　6.1.4 斜视图 ………………………… 147
6.2 剖视图 …………………………… 148
　6.2.1 剖视图的基本概念 …………… 148
　6.2.2 剖视图的画法及标注 ………… 148
　6.2.3 剖视图的种类 ………………… 151
　6.2.4 剖视图的剖切方法 …………… 154
6.3 断面图 …………………………… 160
　6.3.1 断面图的基本概念 …………… 160
　6.3.2 断面图的分类及其画法 ……… 160
6.4 其他表达方法 …………………… 162
　6.4.1 局部放大图 …………………… 162
　6.4.2 简化画法 ……………………… 163
6.5 在 AutoCAD 中绘制机件的视图 … 166

第 7 章　标准件和常用件 ………… 172
7.1 螺纹及螺纹紧固件 ……………… 172
　7.1.1 螺纹的基本知识 ……………… 172
　7.1.2 螺纹的规定画法 ……………… 174
　7.1.3 螺纹的标记和标注方法 ……… 176
　7.1.4 螺纹紧固件及联接画法 ……… 179
7.2 键联接与销联接 ………………… 183
　7.2.1 键联接 ………………………… 183
　7.2.2 销联接 ………………………… 186
7.3 齿轮 ……………………………… 187
　7.3.1 圆柱齿轮 ……………………… 187
　7.3.2 锥齿轮 ………………………… 190
　7.3.3 蜗轮蜗杆 ……………………… 190
7.4 滚动轴承 ………………………… 192
　7.4.1 滚动轴承的结构和种类 ……… 193
　7.4.2 常用滚动轴承的代号 ………… 193
　7.4.3 滚动轴承的画法 ……………… 195
7.5 在 AutoCAD 中绘制标准件的视图 … 196

第 8 章　零件图 ……………………… 198
8.1 零件图的内容 …………………… 198
8.2 零件上常见的工艺结构 ………… 199
　8.2.1 铸件的工艺结构 ……………… 199
　8.2.2 零件上的机械加工工艺结构 … 201
8.3 零件的视图选择和尺寸分析 …… 202
　8.3.1 零件的视图选择 ……………… 202
　8.3.2 零件图中的尺寸分析 ………… 202
　8.3.3 各类零件的视图选择和尺寸标注示例 ……………………… 203

8.3.4 零件上常见结构要素的尺寸标注法 207
8.4 零件图上的技术要求 208
　8.4.1 表面结构的表示法 208
　8.4.2 极限与配合 214
　8.4.3 几何公差 218
8.5 读零件图 222
　8.5.1 读零件图的方法和步骤 222
　8.5.2 读图举例 222
8.6 在 AutoCAD 中绘制零件图 224
　8.6.1 创建表面粗糙度代号和基准符号 225
　8.6.2 绘制缸体零件图 227

第 9 章 装配图 232

9.1 装配图的作用和内容 232
　9.1.1 装配图及其作用 232
　9.1.2 装配图的内容 232
9.2 装配图的视图表达 233
　9.2.1 规定画法 234
　9.2.2 特殊表达方法 234
　9.2.3 简化画法 236
9.3 装配图的尺寸注法和技术要求 236
　9.3.1 装配图的尺寸注法 236
　9.3.2 装配图的技术要求 237
9.4 装配图中的零部件序号和明细栏 237
　9.4.1 零、部件编号 237
　9.4.2 标题栏及明细栏 238
9.5 常见的装配结构和装置 239
9.6 读装配图和由装配图拆画零件图 241
　9.6.1 读装配图的步骤和方法 241
　9.6.2 装配图中零件的分析 242
　9.6.3 读装配图举例 242
9.7 部件测绘和装配图的画法 245
　9.7.1 部件测绘 245
　9.7.2 画装配图的方法和步骤 246
9.8 在 AutoCAD 中绘制装配图 250

附录 251

附录 A 螺纹 251
附录 B 螺纹紧固件 252
附录 C 键 256
附录 D 滚动轴承 257

参考文献 259

第1章

制图的基本知识和技能

1.1 国家标准《技术制图》和《机械制图》的一般规定

图样是生产过程中的重要资料和主要依据,是工程界交流技术的"语言"。为了便于技术交流,使制图规格和方法统一,国家标准对图样的格式、画法、尺寸注法等做出统一规定。本节将摘要介绍国家标准《技术制图》和《机械制图》中的有关内容。工程技术人员必须严格遵守、认真执行。

国家标准简称"国标",用代号"GB"表示。代号"GB/T"则表示推荐性国家标准。

1.1.1 图纸幅面和格式(GB/T 14689—2008)

1. 图纸幅面

为了使图纸幅面统一,便于装订和保管以及符合缩微复制原件的要求,国家标准对图纸的幅面尺寸和格式以及有关的附加符号做了统一规定。

绘图时,应优先采用表 1-1 中所规定的五种基本幅面。

表 1-1 图纸幅面尺寸 (单位:mm)

幅面代号	A0	A1	A2	A3	A4
$B\times L$	841×1189	594×841	420×594	297×420	210×297
e	20			10	
c	10			5	
a	25				

图纸的基本幅面中,A0 幅面为 $1m^2$,自 A1 开始依次是前一种幅面大小的 1/2,如图 1-1a 所示。

必要时,可按规定加长幅面。加长幅面的尺寸是由基本幅面的短边成整数倍增加后得出的,如图 1-1b 所示。

2. 图框格式

在图纸上必须用粗实线画出图框。图框有两种格式:不留装订边和留有装订边。同一产品中所有图样应采用同一种格式。不留装订边的图纸,其图框格式如图 1-2 所示。留有装订边的图纸,其图框格式如图 1-3 所示。

3. 标题栏(GB/T 10609.1—2008)

绘图时,标题栏应按 GB/T 14689—2008 中所规定的位置配置,如图 1-2 所示。

工程制图及CAD绘图

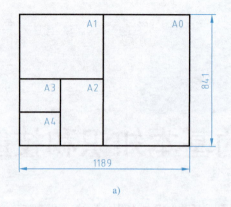

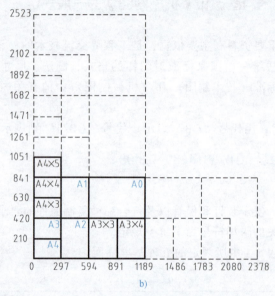

图 1-1 图纸幅面　　图纸幅面

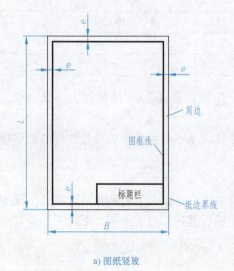

a) 图纸竖放　　　　　　　　　　b) 图纸横放

图 1-2 无装订边图纸的图框格式

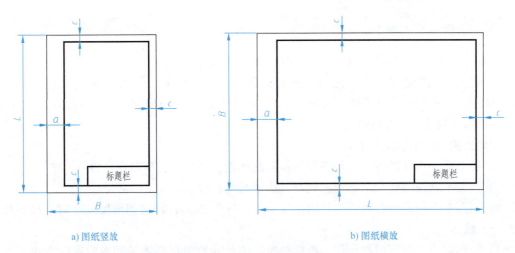

a) 图纸竖放 b) 图纸横放

图 1-3　有装订边图纸的图框格式

为使绘制的图样便于管理及查阅，每张图纸上都必须有标题栏。通常，标题栏的位置应位于图纸的右下角。看图的方向应与标题栏的方向一致。

对于标题栏的内容、尺寸及格式，国家标准已做出了统一规定，绘制图样时，可按 GB/T 10609.1—2008 的规定，标题栏的格式及尺寸如图 1-4 所示。明细栏是装配图中才有的。在学校的制图作业中，标题栏也可采用图 1-4b 所示的简化形式。

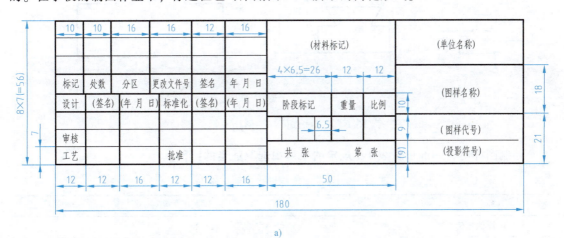

图 1-4　标题栏的格式及尺寸

1.1.2 比例（GB/T 14690—1993）

比例是指图中图形与其实物相应要素的线性尺寸之比。

比例分为原值比例、缩小比例、放大比例三种。绘图时，尽可能采用原值比例，即 1∶1 的比例。根据实物的形状、大小及结构复杂程度不同，也可选用缩小或放大的比例。所用比例都应符合表 1-2 的规定。

应用比例的一般规定如下：

1) 绘制同一机件的各个视图应采用相同的比例，并填写在标题栏比例一栏中。
2) 当某一视图需要采用不同比例时，必须另行标注。
3) 当图形中的孔的直径或薄片的厚度小于或等于 2mm，斜度和锥度较小时，可不按比例而夸大画出。
4) 绘图时不论采用何种比例，图样中所注的尺寸数值都必须是实物的实际大小，与图形的比例无关，如图 1-5 所示。

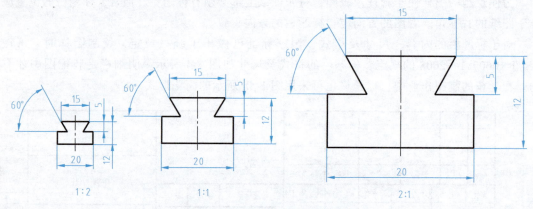

图 1-5 尺寸数值与绘图比例无关

绘制图样时，一般可从表 1-2 规定的系列中选取适当的比例。

表 1-2 国家标准规定的比例

种 类	比 例
原值比例	1∶1
放大比例	5∶1 2∶1 5×10^n∶1 2×10^n∶1 1×10^n∶1 （4∶1）（2.5∶1）（4×10^n∶1）（2.5×10^n∶1）
缩小比例	1∶2 1∶5 1∶10 1∶2×10 1∶5×10^n 1∶1×10^n （1∶1.5）（1∶2.5）（1∶3）（1∶4）（1∶6）（1∶1.5×10^n） （1∶2.5×10^n）（1∶3×10^n）（1∶4×10^n）（1∶6×10^n）

注：1. n 为正整数。
    2. 优先选用非括号内的比例。

1.1.3 字体（GB/T 14691—1993）

图样中的字体有汉字、数字和字母三种，书写时必须做到字体工整、笔画清楚、间隔均匀、排列整齐。字体的高度（用 h 表示）即为字号，字号系列共有八种，分别是 20、14、

10、7、5、3.5、2.5 及 1.8，单位均为 mm。如果要写更大的字，其字体高度应按 $\sqrt{2}$ 的比率递增。

1. 汉字

图样上的汉字应采用国家正式公布推行的《汉字简化方案》中规定的简化字，字的大小应按字号规定打格写成长仿宋体，其高度通常不应小于 3.5mm，字宽一般为 $h/\sqrt{2}$。在图纸上书写汉字时，应注意以下几点：

1) 用 H 或 HB 铅笔写字，将铅笔削成圆锥形，笔尖不要太尖或太秃。
2) 按所写的字号用 H 或 2H 的铅笔打好底格，底格宜浅不宜深。
3) 字体的笔画宜直不宜曲，起笔和收笔不要追求刀刻效果，要大方简洁，如图 1-6 所示。

2. 字母和数字

字母和数字可写成斜体或直体。当使用斜体时，字头向右倾斜，与水平基准线的夹角约为 75°，如图 1-7 所示。但是，在同一图样上，只允许选用一种形式的字体。

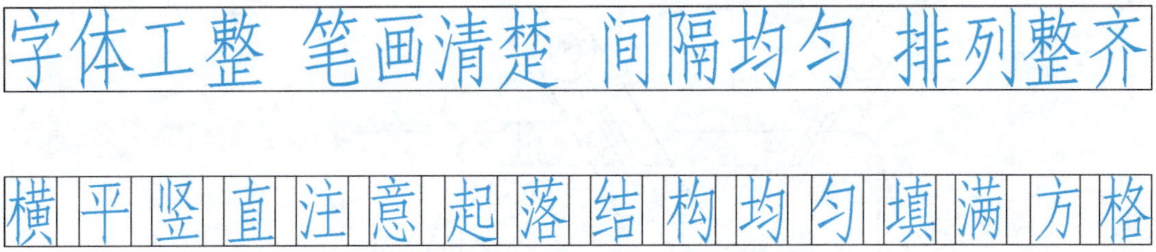

字体工整　笔画清楚　间隔均匀　排列整齐

横平竖直注意起落结构均匀填满方格

图 1-6　汉字书写范例

0123456789

ABCDEFGHIJKLMNOPQRSTUVWXYZ

abcdefghijklmnopqrstuvwxyz

图 1-7　数字和字母书写范例

1.1.4　图线（GB/T 17450—1998 和 GB/T 4457.4—2002）

1. 机械制图的线型及应用

在国家标准《技术制图　图线》中，对适用于各种技术图样中的图线，分为粗线、中粗线和细线三种，其宽度比例为 4∶2∶1。线型的种类有很多，这里仅介绍在机械图样上常用的线型。国家标准《机械制图　图样画法　图线》中规定，在机械图样上，只采用粗线和细线两种线型，它们之间的比例为 2∶1。

表 1-3 所列为在机械图样上常用的几种图线的名称、线型、图线宽度及其应用，供绘图时选用。

表 1-3 线型及其应用

名称	线型	图线宽度	应用
粗实线	———	d	可见轮廓线、螺纹牙顶线、螺纹长度终止线
细实线	———	约 $d/2$	尺寸线、尺寸界线、指引线、剖面线、相贯线等
细虚线	- - - - -	约 $d/2$	不可见轮廓线
细点画线	— · — · —	约 $d/2$	中心线、对称线、齿轮的节圆线
粗点画线	— · — · —	d	剖切平面线
细双点画线	— ·· — ·· —	约 $d/2$	假想轮廓线、极限位置轮廓线
波浪线	～～～	约 $d/2$	断裂处边界线

图 1-8 所示为上述几种图线的应用举例。

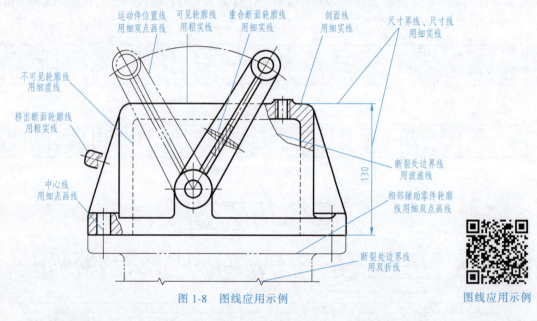

图 1-8 图线应用示例

图线应用示例

2. 图线的画法

1）同一图样中同类图线的宽度应基本一致。虚线、点画线及双点画线的线段长度和间隔应各自大致相等。

2）绘制圆的对称中心线时，圆心应为线段的交点。点画线和双点画线的首末两端应是线段而不是点，且应超出图形外 2~5mm，如图 1-9 所示。

3）在较小的图形上绘制细点画线或细双点画线有困难时，可用细实线代替。

4）虚线、点画线、双点画线相交时，应该是线段相交。当虚线是粗实线的延长线时，在连接处应断开，如图 1-9 所示。

5）当各种线型重合时，应按粗实线、虚线、点画线的优先顺序画出。

1.1.5 尺寸标注（GB/T 4458.4—2003）

图形只能反映物体的结构形状，物体的真实大小要靠所标注的尺寸来决定。为了将图样

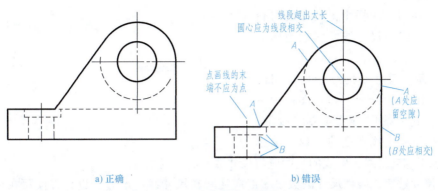

a) 正确　　　　　　　　　　　b) 错误

图 1-9　图线交接处的画法

中的尺寸标注得清晰、正确，下面介绍 GB/T 4458.4—2003 的有关规定。

1. 标注尺寸的基本规则

1）机件的真实大小应以图样上所注的尺寸数值为依据，与图形的大小（即所采用的比例）和绘图的准确度无关。

2）图样中（包括技术要求和其他说明）的尺寸，以毫米为单位时，不需标注单位符号（或名称）。如果采用其他单位，则必须注明相应的单位符号。

3）图样中所标注的尺寸，应为该图样所示机件的最后完工尺寸，否则应另加说明。

4）机件的每一尺寸，一般只标注一次，并应标注在反映该结构最清晰的图形上。

2. 尺寸的组成

一个完整的尺寸，由尺寸数字、尺寸线、尺寸界线和尺寸的终端（箭头或斜线）组成，如图 1-10 所示。

（1）尺寸界线　尺寸界线用细实线绘制，并应由图形的轮廓线、轴线或对称中心线处引出。也可利用轮廓线、轴线或对称中心线作为尺寸界线。尺寸界线一般应与尺寸线垂直，必要时才允许倾斜，如图 1-10b 所示。

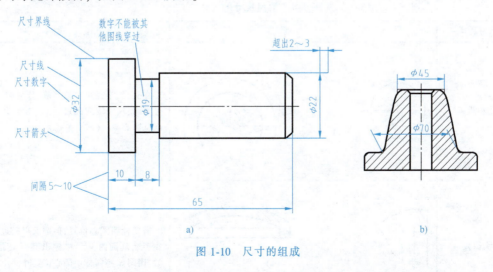

图 1-10　尺寸的组成

（2）尺寸线　尺寸线表明尺寸度量的方向，必须单独用细实线绘制，不能用其他图线代替，也不得与其他图线重合或画在其延长线上。标注线性尺寸时，尺寸线必须与所标注的线段平行。在同一图样中，尺寸线与轮廓线以及尺寸线与尺寸线之间的距离应大致相当，一般以不小于5mm为宜，如图1-10a所示。尺寸线的终端可以用两种形式，如图1-11所示。机械图样中一般用箭头，其尖端应与尺寸界线接触，箭头长度约为粗实线宽度的6倍。土建图样中一般用45°斜线，斜线的高度应与尺寸数字的高度相等。

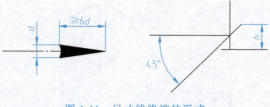

图1-11 尺寸线终端的形式

（3）尺寸数字　线性尺寸的数字一般应注写在尺寸线的上方，也允许注写在尺寸线的中断处。尺寸数字不可被任何图线所穿过，如图1-10所示。

线性尺寸数字的方向，一般应按图1-12所示方向注写，即水平方向的尺寸数字字头朝上；垂直方向的尺寸数字字头朝左；倾斜方向的尺寸数字字头有朝上的趋势，如图1-12a所示。应避免在图示30°范围内标注尺寸，当无法避免时，可按图1-12b的形式标注。

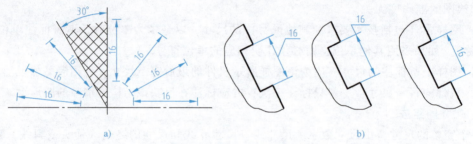

图1-12 线性尺寸数字的方向

3. 常用尺寸标注

在实际绘图中，尺寸标注的形式很多，常用尺寸的标注方法见表1-4。

表1-4 常用尺寸的标注方法

尺寸种类	图例	说明
圆和圆弧	（φ16圆；φ24、φ16圆弧）	在直径、半径尺寸数字前，分别加注符号ϕ、R；尺寸线应通过圆心（对于直径）或从圆心画出（对于半径）
大圆弧	a) R84；b) SR110	需要标明圆心位置，但圆弧半径过大，在图纸范围内又无法标出其圆心位置时，用图a；不需标明圆心位置时，用图b

(续)

尺寸种类	图例	说明
角度		尺寸界线沿径向引出，尺寸线为以角度顶点为圆心的圆弧。尺寸数字一律水平书写，一般注写在尺寸线的中断处，也可注在外边或引出标注
小尺寸和小圆弧		位置不够时，箭头可画在外边，允许用小圆点或斜线代替两个连续尺寸间的箭头 在特殊情况下，标注小圆的直径允许只画一个箭头；有时为了避免产生误解，可将尺寸线断开
对称尺寸		当对称机件的图形只画出一半或略大于一半时，尺寸线应略超过对称中心线或断裂处的边界，此时只在靠尺寸界线的一端画出箭头
球面		一般应在"ϕ"或"R"前面加注符号"S"。但在不致引起误解的情况下，也可不加注
弦长和弧长		尺寸界线应平行于该弦的垂直平分线；表示弧长的尺寸线用圆弧，同时在尺寸数字上加注"⌒"

4. 尺寸的简化注法（GB/T 16675.2—2012）

标注尺寸时，应尽可能采用规定的符号和缩写词。常用的符号和缩写词见表1-5。

工程制图及CAD绘图

表 1-5 常用的符号和缩写词

名称	符号或缩写词	名称	符号或缩写词	名称	符号或缩写词
直径	ϕ	厚度	t	沉孔或锪平	⊔
半径	R	弧长	⌒	埋头孔	∨
球直径	$S\phi$	正方形	□	均布	EQS
球半径	SR	45°倒角	C	深度	↧

1.2 绘图、测绘仪器

1.2.1 绘图工具及其用法

要准确而迅速地绘制图样，必须正确、合理地使用绘图工具。常用的绘图工具有图板、丁字尺、三角板和绘图仪器等，如图1-13所示。正确熟练地使用绘图工具，且掌握正确的绘图方法，能提高图面质量、加快绘图速度。下面介绍几种常用的绘图工具及其使用方法。

1. 图板、丁字尺、三角板

图板用来固定图纸，一般用胶合板制作，四周镶硬质木条。表面平整光洁，棱边光滑平直。左右两侧为工作导边。绘图时，用胶带纸将图纸固定在图板左下方适当位置，如图1-13所示。图板的规格尺寸有：0号（900mm×1200mm），1号（600mm×900mm），2号（450mm×600mm）。

丁字尺由尺头与尺身两部分组成，尺身上有刻度的一边为工作边。丁字尺用于画水平线以及与三角板配合画垂直线及各种15°倍数角的斜线。画图时，应使尺头靠紧图板左侧的工作导边。画水平线时应自左向右画，笔尖应紧贴尺身，笔杆略向右倾斜。将丁字尺沿图板导边上下移动，可作得一系列相互平行的水平线，如图1-13所示。

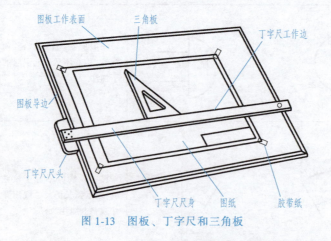

图 1-13 图板、丁字尺和三角板

图板、丁字尺和三角板

使用时，必须随时注意尺头工作边（内侧面）与图板导边靠紧。使用完毕应悬挂放置，以免尺身弯曲变形。

三角板有45°和30°-60°两块。三角板与丁字尺配合使用可画垂直线及15°倍数角的斜线，如图1-14a所示；或用两块三角板配合画任意角度的平行线，如图1-14b所示。

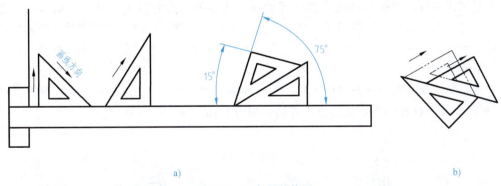

图 1-14 三角板的使用

要随时注意将三角板下边缘与丁字尺尺身工作边靠紧。

2. 圆规和分规

圆规是绘图仪器中的主要件，用来画圆及圆弧。

圆规有一条固定腿和一条活动腿，如图 1-15 所示。固定腿上装有两端形状不同的钢针。画图时，应使用带有台肩的一端，台肩可防止图纸上的针孔扩大；当作分规使用时，则用圆锥形的一端。在圆规的活动腿上，可根据需要装上铅笔插脚、墨线笔插脚或钢针插脚，分别

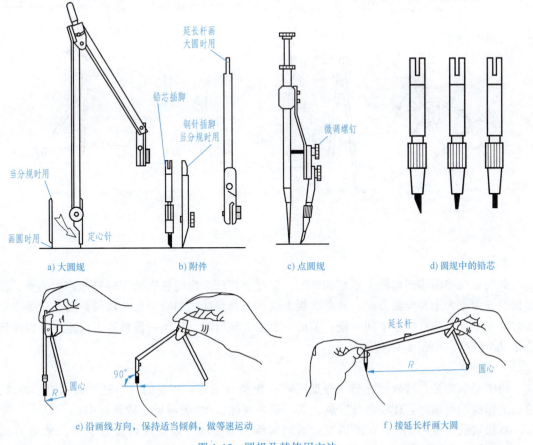

图 1-15 圆规及其使用方法

工程制图及CAD绘图

用于画铅笔线的圆、墨线的圆或当作分规使用。活动腿上的肘形关节可向内侧弯折，画圆时，可通过调节肘形关节保持铅芯与纸面垂直。用铅笔插脚画圆时，应先调整好铅芯与针尖的高低，使针尖略长于铅芯，然后按所规定长度调整针尖与铅芯的距离，并调整肘形关节使铅芯与纸面垂直。

分规是量取尺寸和等分线段的工具。为了准确地度量尺寸，分规的两针尖应平齐，如图1-16a 所示。调节分规的手法及其使用方法，如图1-16b、c、d、e 所示。

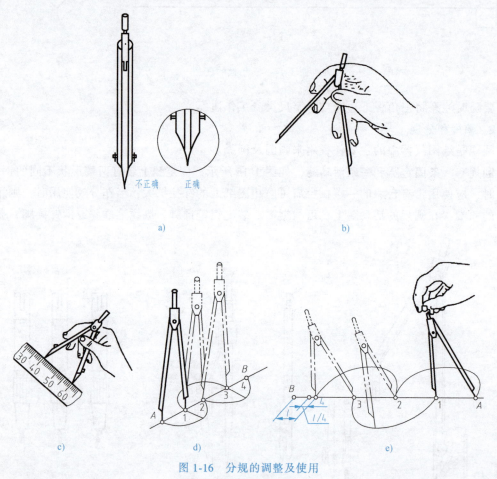

图1-16 分规的调整及使用

3. 曲线板

曲线板用来画非圆曲线。描绘曲线时，先徒手将已求出的各点顺序轻轻地连成曲线，再根据曲线曲率大小和弯曲方向，从曲线板上选取与所绘曲线相吻合的一段与其贴合，每次至少对准4个点，并且只描中间一段，前面一段为上次所画，后面一段留待下次连接，以保证连接光滑流畅，如图1-17所示。

4. 铅笔

绘图铅笔的铅芯有软硬之分，分别用字母 B 和 H 表示。B 前的数字越大表示铅芯越软，绘出的图线颜色越深；H 前的数字越大表示铅芯越硬；HB 表示铅芯软硬适中。

画粗实线时常用 2B 或 B 的铅笔；画细实线、细虚线、细点画线和写字时，常用 H 或 HB 的铅笔；画底稿时常用 2H 的铅笔。铅笔的削法如图1-18所示。

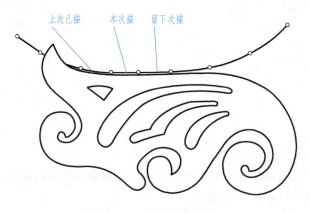

图 1-17　曲线板的用法

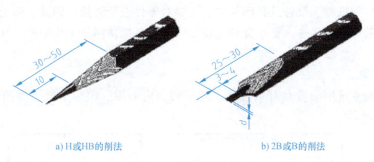

a) H 或 HB 的削法　　　　b) 2B 或 B 的削法

图 1-18　铅笔的削法

5. 比例尺

比例尺用来量取各种比例的尺寸，目前最常用的一种比例尺的形状为三棱柱，故又称为三棱尺，是刻有不同比例的直尺，用来量取不同比例的尺寸。它的 3 个棱面上刻有 6 种不同比例的刻度。使用时，可按所需的比例量取尺寸，如图 1-19 所示。

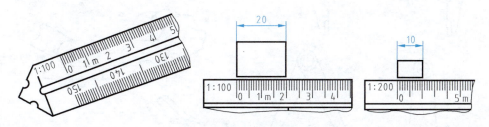

图 1-19　比例尺及其应用

6. 其他绘图工具

绘图模板是一种快速绘图工具，上面有多种镂空的常用图形、符号或字体等。能够方便地绘制针对不同专业的图案，如图 1-20a 所示。使用时笔尖应紧靠模板，才能使画出的图形整齐、光滑。

量角器用来测量角度，如图 1-20b 所示。简易的擦图片是用来防止擦去多余线条时把有用的线条也擦去的一种工具，如图 1-20c 所示。

工程制图及CAD绘图

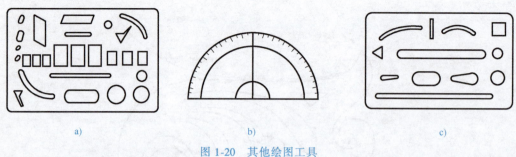

图 1-20 其他绘图工具

另外，在绘图时，还需要准备削铅笔刀、橡皮、固定图纸用的塑料透明胶纸、磨铅笔用的砂纸以及清除图画上橡皮屑的小刷等。

1.2.2 测绘工具及其用法

在仿制和修配机器、设备及其部件时，常要对零件进行测绘。因此，测绘是工程技术人员必须掌握的基本技能之一。正确合理地使用测绘工具能使测绘工作精确、快速，达到事半功倍的效果。

1. 常用测量工具

测量零件尺寸常用的量具有钢直尺、外卡钳、内卡钳、游标卡尺、圆角规及螺纹量规等，如图 1-21 所示。

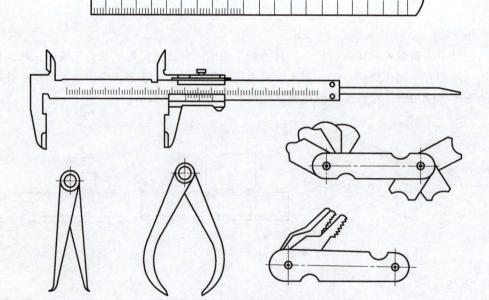

图 1-21 常用测量工具

2. 常用测量方法

（1）测量直线尺寸 一般可用直尺（钢直尺）或游标卡尺直接测量得到尺寸的数值。必要时，可借助直角尺或三角板配合进行测量，如图 1-22 所示。

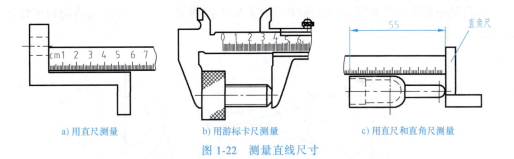

a) 用直尺测量　　b) 用游标卡尺测量　　c) 用直尺和直角尺测量

图 1-22　测量直线尺寸

（2）测量回转面直径尺寸　通常用内外卡钳或游标卡尺直接测量，测量时应使两测量点的连线与回转面的轴线垂直相交，以保证测量精度，如图 1-23 所示。

（3）测量壁厚　一般可用直尺测量，在无法直接测量壁厚时，可将外卡钳和直尺合并使用，其测量分两次完成，如图 1-24 中 $X=A-B$；或用钢直尺测量两次，如图 1-24 中 $Y=C-D$。

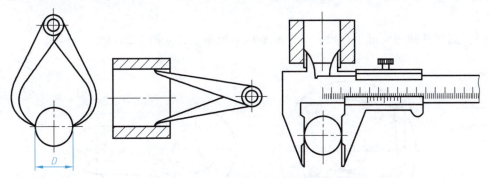

图 1-23　测量回转面内外径

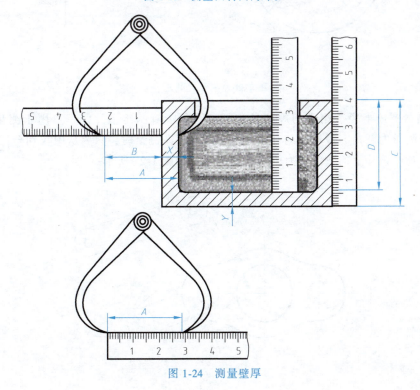

图 1-24　测量壁厚

（4）测量中心高　一般可用直尺和卡钳或游标卡尺测量。图 1-25 所示为用内卡钳配合钢直尺测量，孔的中心高 $H=A+d/2$。

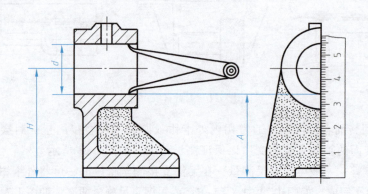

图 1-25　测量中心高

（5）测量孔间距　可用直尺和卡钳或游标卡尺测量，如图 1-26 所示。

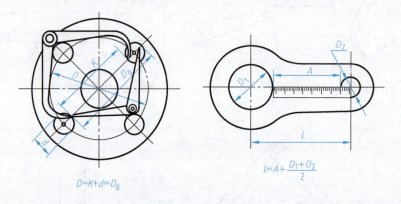

图 1-26　测量孔间距

（6）测量圆角半径　用圆角规测量，每套圆角规有两组多片，一组用于测量外圆角，另一组用于测量内圆角，每片都刻有圆角半径的数值。测量时，只要从中找到与被测部位完全吻合的一片，该片上的数值即为所测圆角半径，如图 1-27 所示。

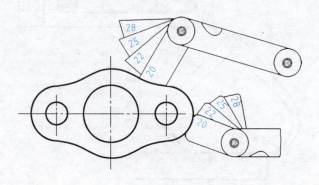

图 1-27　测量圆角半径

(7) 测量精度要求较高的尺寸 精度要求较高的尺寸可用高精度游标卡尺测量。如图1-28所示外径和内径的数值,可在游标卡尺上直接读出。

(8) 测量角度 可用游标万能角度尺测量,如图1-29所示。

(9) 测量螺纹 可用游标卡尺测量大径,用螺纹量规测量螺距;或用钢直尺量取几个螺距后,取其平均值;然后根据测得的大径和螺距,查对相应的螺纹标准,最后确定所测螺纹的规格,如图1-30所示。

(10) 测量曲线或曲面 高精度要求的曲线或曲面须用专用工具测量,测量精度不高时,可采用拓印法、铅丝法或坐标法等,如图1-31所示。

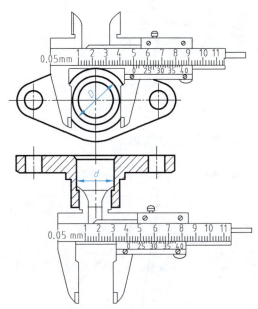

图1-28 测量精度要求较高的尺寸

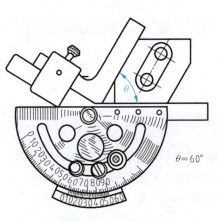

图1-29 测量角度

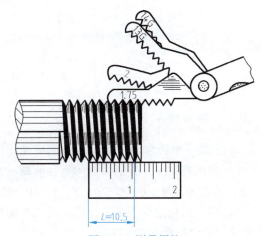

图1-30 测量螺纹

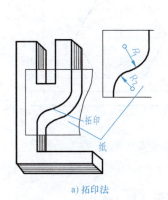

a) 拓印法　　　　b) 铅丝法

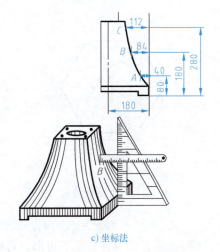

c) 坐标法

图1-31 测量曲线和曲面

1.3 基本几何作图

在制图过程中，常会遇到等分线段、等分圆周、作正多边形、画斜度和锥度、圆弧连接及绘制非圆曲线等几何作图问题。

1.3.1 等分已知线段

已知线段 AB，现将其五等分，其作图过程如图 1-32 所示。

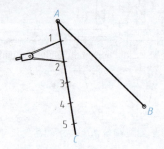 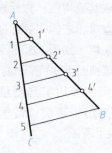

a) 过线段AB的一个端点A作一与其成一定角度的直线段AC,然后在此线段上用分规截取五等份

b) 将最后的等分点5与原线段的另一端点B连接,然后过各等分点作线段5B的平行线,其与原线段的交点即为所需的等分点

图 1-32 等分线段作图过程

1.3.2 等分圆周作正多边形

1. 已知一半径为 R 的圆，求作圆内接正六边形

1）用圆规作图。分别以圆的直径两端 A 和 D 为圆心，以 R 为半径画弧交圆周于 B、F、C、E，依次连接 A、B、C、D、E、F、A，即得所求正六边形（图1-33）。

2）用三角板配合丁字尺作图。用 30°-60°三角板与丁字尺配合，也可作圆内接正六边形或圆外切正六边形（图1-34）。

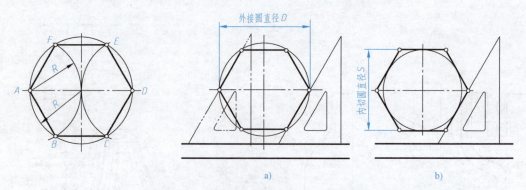

图 1-33 用圆规作圆内接正六边形　　图 1-34 用丁字尺、三角板作圆内接或圆外切正六边形

2. 已知一半径为 R 的圆，求作圆内接正五边形

五等分圆周并作正五边形，可用分规试分，也可按下述方法作图（图1-35）。

1)平分半径 OB 得点 O_1。

2)在 AB 上取 $O_1K=O_1D$ 得点 K。

3)以 DK 为边长等分圆周得 E、F、G、H,依次连线即得所求正五边形。

3. 正 n 边形的画法

若已知圆周半径为 R,求作圆内接正 n 边形,则作图步骤(设求作正七边形)如下(图 1-36):

1)将直径 AN 作七等分。

2)以 N 为圆心,NA 为半径作圆弧交水平中心线的延长线于点 M。

3)自 M 与 AN 上的奇数或偶数点(如 2、4、6 点)连接并延长与圆周相交得 B、C、D 三点,再作它们的对称点,依顺序连接即得正七边形。

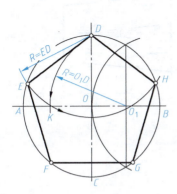

图 1-35 正五边形的画法

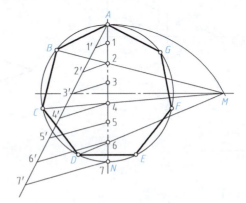

图 1-36 正七边形的画法

1.3.3 斜度与锥度

1. 斜度

斜度是指一直线(或平面)对另一直线(或平面)的倾斜程度,其大小用两直线(或平面)夹角的正切来表示,如图 1-37a 所示,斜度 $=\tan\alpha=H/L$。通常以 $1:n$ 的形式标注。

标注斜度时,在数字前应加注符号"∠",符号"∠"的指向应与直线或平面倾斜的方向一致(图 1-37b)。

若要对直线 AB 作一条斜度为 $1:10$ 的倾斜线,则作图方法如下:先过点 B 作 $CB\perp AB$,并使 $CB:AB=1:10$,连接 AC,即得所求斜线(图 1-37c)。

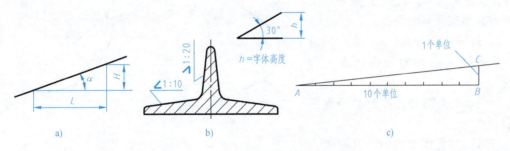

图 1-37 斜度、斜度符号和斜度的画法

2. 锥度

锥度是指正圆锥的底圆直径 D 与该圆锥高度 L 之比；而对于圆台，则为上、下两底圆直径之差 $D-d$ 与圆台高度 l 之比，即锥度 $= D/L = (D-d)/l = 2\tan\alpha$（其中 α 为 1/2 锥顶角），如图 1-38a 所示。

锥度在图样上的标注形式为 1：n，且在此之前加注锥度符号（图 1-38b）。符号尖端方向应与锥顶方向一致。

若要求作一锥度为 1：5 的圆台锥面，且已知底圆直径为 ϕ，圆台高度为 L，则其作图方法如图 1-38c 所示。

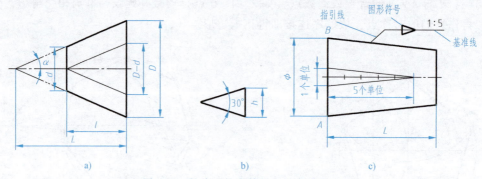

图 1-38 锥度、锥度符号和锥度的画法

1.3.4 圆弧连接

工程图样中的大多数图形是由直线与圆弧、圆弧与圆弧连接而成的。圆弧连接，实际上就是用已知半径的圆弧去光滑地连接两已知线段（直线或圆弧）。其中起连接作用的圆弧称为连接弧。这里所说的连接，指圆弧与直线或圆弧与圆弧的连接处是相切的。因此，在作图时，必须根据连接弧的几何性质，准确地求出连接弧的圆心和切点的位置。

常见的圆弧连接的形式有：①用圆弧连接两已知直线；②用圆弧连接两已知圆弧；③用圆弧连接一已知直线和一已知圆弧。

1. 用圆弧连接两已知直线

设已知连接圆弧的半径为 R，则用该圆弧将直线 L_1 及 L_2 光滑连接的作图方法如下（图 1-39a）：

1）作直线 Ⅰ 和 Ⅱ 分别与 L_1 和 L_2 平行，且距离为 R，直线 Ⅰ 和 Ⅱ 的交点 O 即为连接圆弧的圆心。

2）过圆心 O 分别作 L_1 和 L_2 的垂线，其垂足 a 和 b 即为连接点（即切点）。

3）以 O 为圆心，R 为半径画圆弧 ab。

当两已知直线垂直时，其作图方法更为简便，如图 1-39b 所示。

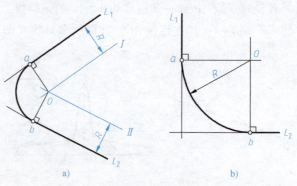

图 1-39 用圆弧连接两已知直线

2. 用圆弧连接两已知圆弧

可分为外连接、内连接和混合连接三种情况。

（1）外连接　连接圆弧同时与两已知圆弧相外切。由初等几何可知，两圆弧外切时，其切点必位于两圆弧的连心线上，且落在两圆心之间。因此，用半径为 R 的连接圆弧连接半径为 R_1 和 R_2 的两已知圆弧，其作图步骤如下（图1-40a）：

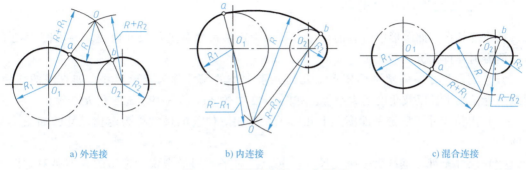

a）外连接　　　　　b）内连接　　　　　c）混合连接

图1-40　用圆弧连接两已知圆弧

1）分别以 O_1 和 O_2 为圆心、$R+R_1$ 和 $R+R_2$ 为半径作弧相交于 O，交点 O 即为连接圆弧的圆心。

2）连接 O_1O 和 O_2O 分别与已知圆弧相交得连接点 a 和 b。

3）以 O 为圆心，R 为半径作弧 ab 即为所求。

（2）内连接　连接圆弧同时与两已知圆弧相内切。其作图原理与外连接相同。只是由于两圆弧内切时，其切点应落在两圆弧连心线的延长线上（即两圆弧的圆心位于切点的同侧），故在求连接圆弧的圆心时，所用的半径应为连接弧与已知弧的半径差，即 $R-R_1$ 和 $R-R_2$，作图方法如图1-40b所示。

（3）混合连接　当连接圆弧的一端与一已知弧外连接，另一端与另一已知弧内连接时，称为混合连接。其作图方法如图1-40c所示。

3. 用圆弧连接一已知直线和一已知圆弧

连接圆弧的一端与已知直线相切而另一端与已知圆弧外连接（或内连接），可综合利用圆弧与直线相切以及圆弧与圆弧外连接（或内连接）的作图原理，其作图方法如图1-41所示。

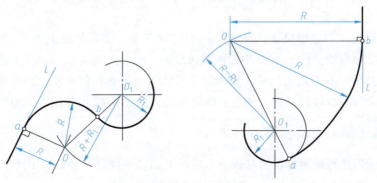

图1-41　用圆弧连接一已知直线和一已知圆弧

1.4 平面图形的尺寸分析和线段分析

平面图形一般包含一个或多个封闭图形，而每个封闭图形又由若干线段（直线、圆弧或曲线）组成，故只有首先对平面图形的尺寸和线段进行分析，才能正确地绘制图形。

1.4.1 平面图形的尺寸分析

尺寸按其在平面图形中所起的作用，可分为定形尺寸和定位尺寸两类。现以图1-42所示手柄为例进行分析。

（1）定形尺寸　确定平面图形上几何元素大小的尺寸称为定形尺寸，如直线的长短、圆弧的直径或半径以及角度的大小等，如图1-42中的$\phi 11$[⊖]、$\phi 19$、$\phi 26$和$R52$等。

（2）定位尺寸　确定平面图形上几何元素间相对位置的尺寸称为定位尺寸，如图1-42中的80。

（3）尺寸基准　基准就是标注尺寸的起点。对平面图形来说，常用的基准是对称图形的对称线，圆的中心线，左、右端面，上、下顶（底）面等，如图1-42所示为中心线。

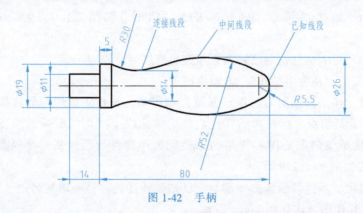

图1-42　手柄

1.4.2 平面图形的线段分析

平面图形中的线段（直线或圆弧）按所标尺寸的不同可分为以下三类：

（1）已知线段　有足够的定形尺寸和定位尺寸，能直接画出的线段，如图1-42中的直线段14和$R5.5$圆弧等。

（2）中间线段　有定形尺寸，但缺少一个定位尺寸，必须依靠其与一端相邻线段的连接关系才能画出的线段，如图1-42中的线段$R52$。

（3）连接线段　只有定形尺寸，而无定位尺寸（或不标任何尺寸，如公切线）的线段，也必须依靠其余两端线段的连接关系才能确定画出，如图1-42中的线段$R30$。

1.4.3 平面图形的作图步骤

在对平面图形进行线段分析的基础上，应先画出已知线段，再画出中间线段，最后画出

⊖ 为便于教学简单明了，全书无特殊标注的单位均默认为mm。——编者注

连接线段，手柄的具体作图步骤见表1-6。

表1-6　手柄的作图步骤

作图步骤说明	图　示
1) 定出图形的基准线,画已知线段	
2) 画中间线段 R52,分别与相距 26 的两根平行线相切,与 R5.5 圆弧内切	
3) 画连接线段 R30,分别与相距 14 的两根平行线相切,与 R52 圆弧外切	
4) 擦去多余的作图线,按线型要求加深图线,完成全图	

1.4.4　平面图形的尺寸标注

　　图形和尺寸的关系极为密切。绘制平面图形时，要根据所给尺寸分析其各类线段，因此，能否正确绘出图形，要看所给尺寸是否足够或有无多余；而在为所画图形标注尺寸时，则首先要根据所画图形的特点选定尺寸基准，把构成该图形的主要轮廓线定为已知线段，注出相应的定形、定位尺寸；然后根据线段类别，定出中间线段与连接线段，注出相应的尺寸。此时应特别注意不能有多余尺寸。

第2章

AutoCAD绘图基础

2.1 初识 AutoCAD 2010

2.1.1 AutoCAD 简介及 AutoCAD 2010 新增功能

AutoCAD（Auto Computer Aided Design）是由美国欧特克（Autodesk）公司开发的一款计算机辅助设计软件，主要用于二维绘图、设计文档和基本三维设计，现已成为国际上广为流行的绘图工具。

1. AutoCAD 软件的特点

AutoCAD 软件具有以下特点：

1）完善的图形绘制功能。
2）强大的图形编辑功能。
3）可以采用多种方式进行二次开发或用户定制。
4）可以进行多种图形格式的转换，具有较强的数据交换能力。
5）支持多种硬件设备。
6）支持多种操作平台。
7）通用性、易用性。

2. AutoCAD 软件的基本功能

AutoCAD 软件具有以下基本功能。

◆ 平面绘图功能：能以多种方式创建直线、圆、椭圆、多边形、样条曲线等基本的图形对象。

◆ 绘图辅助工具：AutoCAD 提供了正交、对象捕捉、极轴追踪、捕捉追踪等绘图辅助工具。正交功能使用户可以很方便地绘制水平、竖直直线；对象捕捉功能方便用户拾取几何对象上的特殊点；追踪功能使画斜线及沿不同方向定位点变得更加容易。

◆ 编辑图形：AutoCAD 具有强大的编辑功能，可以移动、复制、旋转、阵列、拉伸、延长、修剪、缩放对象等。

◆ 标注尺寸：可以创建多种类型的尺寸，标注外观可以自行设定。

◆ 书写文字：能轻易在图形的任何位置、沿任何方向书写文字，可设定文字字体、倾斜角度及宽度缩放比例等属性。

◆ 图层管理功能：图形对象都位于某一图层上，可设定图层的颜色、线型、线宽等特性。
- 三维绘图：可创建 3D 实体及表面模型，能对实体本身进行编辑。
- 网络功能：可将图形在网络上发布，也可以通过网络访问 AutoCAD 资源。
- 数据交换：AutoCAD 提供了多种图形图像数据交换格式及相应命令。
- 二次开发：AutoCAD 允许用户定制菜单和工具栏，并能利用内嵌语言 AutoLISP、Visual LISP、VBA、ADS、ARX 等进行二次开发。

3. AutoCAD 2010 常用新增功能

相对于之前的版本，AutoCAD 2010 的功能更加丰富、实用，其中较为常用的一些新增功能介绍如下。

- 参数化绘图功能：通过基于设计意图的约束图形对象能极大地提高绘图工作效率，几何及尺寸约束能够让对象间的特定关系和尺寸保持不变。
- 动态块对几何及尺寸约束的支持：该功能可以基于块属性表来驱动块尺寸，甚至可以在不保存或退出块编辑器的情况下测试块。
- 光滑网线：该功能能够创建自由形式和流畅的 3D 模型。
- 子对象选择过滤器：可以限制子对象选择为面、边或顶点。
- PDF 输出：提供了灵活、高质量的输出，把 TureType 字体输出为文本而不是图片，可定义包括层信息在内的混合选项，并可以自动预览输出的 PDF。
- PDF 覆盖：该功能可以通过与附加其他的外部参照（如 DWG、DWF、DGN）及图形文件一样的方式，在 AutoCAD 图形中附加一个 PDF 文件，并且可以利用对象捕捉功能来捕捉 PDF 文件中几何体的关键点。
- 填充：填充功能变得更加强大和灵活，能够夹点编辑非关联填充对象。
- 多引线：提供了更多的灵活性，可以对多引线的不同部分设置属性、对多引线的样式设置垂直附件等。
- 查找和替换：将搜索到一个高亮的文本对象，可以快速创建包含高亮对象的选择集。
- 尺寸功能：增强了尺寸功能，提供了更多对尺寸文本的显示和位置的控制功能。
- 颜色选择：可以在 AutoCAD 颜色索引器里更容易被看到，可以在图层下拉列表中直接改变图层的颜色。
- 测量工具：能够测量所选对象的距离、半径、角度、面积或体积。
- 反转工具：可以反转直线、多段线、样条线和螺旋线的方向。
- 样条线和多段线编辑工具：该工具可以把样条线转换为多段线。
- 视口旋转功能：该功能可以控制一个布局中视口的旋转角度。
- 图纸集：可以设置哪些图纸或部分应该被包含在发布操作中，图纸列表表格比以前更加灵活。
- 3D 打印功能：可以通过互联网连接将 3D AutoCAD 图形直接输出到支持 STL 的打印机。

2.1.2 AutoCAD 2010 的启动与退出

1. AutoCAD 2010 的启动

安装好 AutoCAD 2010 之后，双击桌面上的快捷方式图标，即可启动 AutoCAD 2010

软件，进入其工作界面；也可以通过"开始"菜单的方式启动 AutoCAD 2010 软件。在 Windows 系统下，其操作方式为：选择"开始"→"所有程序"→Autodesk→AutoCAD 2010-Simplified Chinese→AutoCAD 2010 命令。

2. AutoCAD 2010 的退出

退出 AutoCAD 2010 有以下三种方式：

◆ 单击 AutoCAD 2010 工作界面右上角的"关闭"按钮 ![X]。

◆ 在菜单栏中选择"文件"→"退出"命令。

◆ 在命令行中输入"quit"命令后按<Enter>键。

2.1.3 AutoCAD 2010 工作界面及功能

启动 AutoCAD 2010 之后，进入其工作界面，如图 2-1 所示。该工作界面主要由应用程序菜单按钮、快速访问工具栏、标题栏、信息中心、功能区、工作区域、命令行和状态栏组成。其中，功能区包含三部分，即名称、面板和选项卡；十字光标所在区域为工作区域，所有图形的绘制及编辑等操作都在此区域完成。

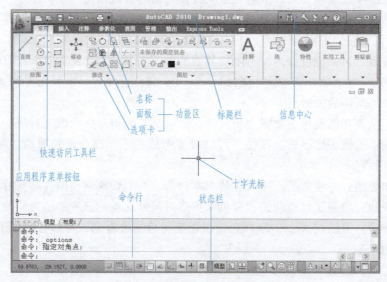

图 2-1　AutoCAD 2010 工作界面

1. 应用程序菜单按钮

应用程序菜单按钮位于 AutoCAD 工作界面的左上角，单击它即可弹出应用程序菜单，如图 2-2 所示。通过应用程序菜单可以方便地访问公用工具，新建、打开、保存、打印和发布 AutoCAD 文件，将当前图形作为电子邮件附件发送，以及制作电子传送集。此外，还可执行图形维护（如核查和清理），以及关闭图形操作。

在应用程序菜单的上面有一搜索工具，可以通过它查询并快速访问工具栏、应用程序菜单以及当前加载的功能区以定位命令、功能区面板名称和其他功能区控件。

在应用程序菜单右上方的"最近使用的文档"栏中列出了最近打开的文档，除了可按大小、类型和规则列表排序外，还可按照日期排序。

第2章 AutoCAD绘图基础

2. 快速访问工具栏

快速访问工具栏中提供了一些常用的命令，如新建、打开、保存、放弃、重做和打印等。另外，单击快速访问工具栏右端的下拉按钮，在弹出的下拉菜单中提供了更多的常用命令，如图 2-3 所示。

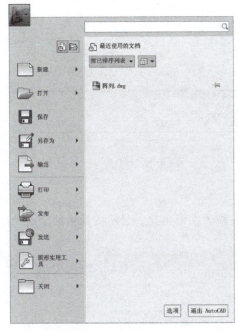

图 2-2　应用程序菜单

图 2-3　快速访问工具栏

3. 功能区

功能区是一个包含 AutoCAD 2010 各种常用功能的选项板，由名称、面板和选项卡三部分组成，如图 2-4 所示。其中，面板中有多种功能按钮，可以通过单击选择所需要的功能；单击选项卡右侧的下拉按钮，可以使各个选项卡中的隐藏功能得以显示。

图 2-4　功能区

4. 标题栏

标题栏中的显示内容分为两部分：前半部分为软件版本，即 AutoCAD 2010；后半部分为当前打开的文件名，如图 2-5 所示。

图 2-5　标题栏

5. 信息中心

信息中心位于标题栏的右侧，其中包含搜索、速博应用中心、通信中心、收藏夹和帮助五个功能，如图 2-6 所示。

6. 命令行

命令行位于窗口的下部，用户可以通过在其中输入命令来实现 AutoCAD 的各种功能，如图 2-7 所示。此外，用户通过菜单或者工具栏执行命令的过程也在此区域显示。

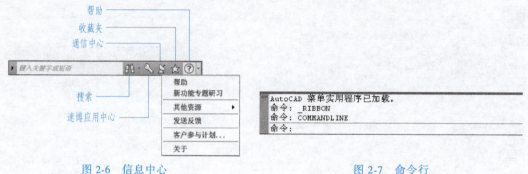

图 2-6　信息中心　　　　　　　　　图 2-7　命令行

7. 状态栏

状态栏位于窗口最下方，有多种功能。其中最左端为图形坐标，显示的是当前十字光标的坐标；其他按钮功能如图 2-8 所示。

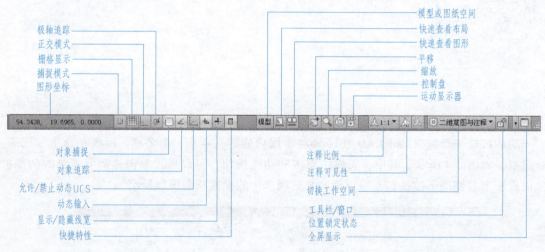

图 2-8　状态栏

2.1.4　绘图环境基本设置

通常情况下，用户在 AutoCAD 2010 的默认环境下工作。但是在某些情况下，用户对绘图环境进行必要的设置，可以提高绘图效率。

1. 系统参数设置

设置系统参数是通过"选项"对话框进行的，如图 2-9 所示。用户可以通过以下两种方式打开"选项"对话框。

◆ 命令行：输入"options"。

◆ 菜单：选择"工具"→"选项"命令。

第2章 AutoCAD绘图基础

"选项"对话框由"文件""显示""打开和保存""打印和发布""系统""用户系统配置""草图""三维建模""选择集"和"配置"10个选项卡组成，各个选项卡的主要功能分别介绍如下。

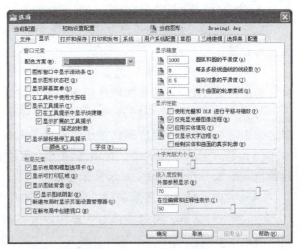

◆ "文件"选项卡：指定文件夹，以供 AutoCAD 查找当前文件夹中所不存在的文字字体、插件、线型等项目。

◆ "显示"选项卡：用于设置窗口元素、布局元素、显示精度、显示性能、十字光标大小等显示属性。

◆ "打开和保存"选项卡：用于设置默认情况下文件保存的格式、是否自动保存文件以及自动保存时间间隔等属性。

图 2-9 "选项"对话框

◆ "打印和发布"选项卡：用于设置 AutoCAD 的输出设备。在默认情况下，输出设备为 Windows 打印机。但是通常需要用户添加绘图仪，以完成较大幅面图形的输出。

◆ "系统"选项卡：用于设置当前三维图形的显示属性、当前定点设备、布局生成选项等。

◆ "用户系统配置"选项卡：用于设置是否使用快捷菜单、插入比例、坐标输入优先级、字段等选项。

◆ "草图"选项卡：用于设置自动捕捉、自动追踪、对象捕捉选项靶框大小等属性。

◆ "三维建模"选项卡：用于设置三维十字光标、显示 UCS 图标、动态输入、三维对象和三维导航等属性。

◆ "选择集"选项卡：用于设置选择集模式、拾取框大小及夹点颜色和大小等属性。

◆ "配置"选项卡：用于实现系统配置文件的新建、重命名、输入、输出及删除等操作。

2. 绘图界限设置

绘图界限是指绘图空间中一个假想的矩形绘图区域。如果打开了图形边界检查功能，一旦绘制的图形超出了绘图界限，系统就将发出提示。

用户可以通过以下两种方式设置绘图界限。

◆ 菜单：选择"格式"→"图形界限"命令。

◆ 命令行：输入"limits"。

A3 图纸的规格为 420mm×297mm，按照此规格设置绘图界限的操作步骤如图 2-10 所示。

3. 绘图单位设置

通常情况下，用户是采用 AutoCAD 2010 的默认单位来绘图的。AutoCAD 2010 支持用户自定义绘图单位。用户可以通过以下两种方式来设置绘图单位。

◆ 菜单：选择"格式"→"单位"命令。

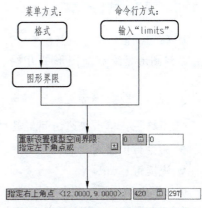

图 2-10 设置绘图界限的两种方式

◆ 命令行：输入"ddunits"。

执行上述操作之后将弹出"图形单位"对话框（图2-11），可以在该对话框中对图形单位进行设置。

（1）长度　在"长度"选项组中可以设置图形的长度单位的类型和精度。长度单位的默认类型为"小数"，精度的默认值为小数点之后四位数。

（2）角度　在"角度"选项组中可以设置角度单位的类型和精度。角度单位的默认类型为"十进制度数"，精度默认为小数点之后两位数。

（3）插入时的缩放单位　在该选项组中可以设置用于缩放插入内容的单位，可以选择的单位有毫米、英寸、码、厘米和米等。

（4）方向　单击"图形单位"对话框中的"方向"按钮，即可弹出如图2-12所示的"方向控制"对话框，可以在该对话框中设置基准角度方向。AutoCAD 2010默认的基准角度方向为正东方向。

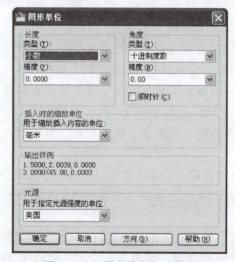

图2-11　"图形单位"对话框

图2-12　"方向控制"对话框

（5）光源　"光源"选项组用于设置当前图形中光源强度的单位，其中提供了"国际""美国"和"常规"三种测量单位。

2.1.5　图形文件操作

1. 新建图形

新建图形是绘制新图形的开始。在AutoCAD 2010中，可通过以下四种方式来创建新图形。

◆ 菜单：选择"文件"→"新建"命令。

◆ 工具栏：单击快速访问工具栏中的"新建"按钮。

◆ 命令行：输入"qnew"。

◆ 快捷键：Ctrl+N。

执行以上操作后，将打开"选择样板"对话框，如图2-13所示。

在该对话框中，用户可以选择合适的样板，并可以在右侧的"预览"框中实时查看样

第2章　AutoCAD绘图基础

图 2-13 "选择样板"对话框

板的预览效果。选择样板之后，单击"打开"按钮，即可按照选择的样板创建新的图形。

2. 保存图形

在完成或者部分完成图形绘制之后，需要对其进行保存，以防止意外情况的发生，便于以后的操作。图形的保存有以下四种方式。

◆ 菜单：选择"文件"→"保存"命令。

◆ 工具栏：单击快速访问工具栏中的"保存"按钮 。

◆ 命令行：输入"qsave"。

◆ 快捷键：Ctrl+S。

通过执行上述步骤，可以对图形进行保存。若当前图形文件已经保存过，则 AutoCAD 2010 会用当前的图形文件覆盖原有文件；如果图形尚未保存过，则弹出"图形另存为"对话框（图 2-14），可以通过该对话框进行保存位置、文件名称、文件类型等的设置。

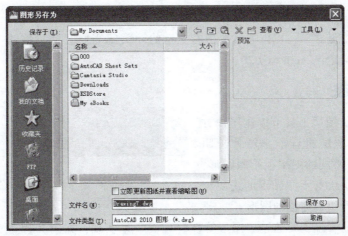

图 2-14 "图形另存为"对话框

完成各个选项的设置之后，单击"保存"按钮，即可完成图形文件的保存。

工程制图及CAD绘图

> **提示**
> 建议用户新建图形之后，紧接着执行"保存"命令。由于 AutoCAD 2010 的自动保存是默认打开的，这样可以减小因断电、死机、操作失误等造成的损失。

3. 打开图形

对于已有的图形文件，可以通过以下四种方式将其打开。

◆ 菜单：选择"文件"→"打开"命令。

◆ 工具栏：单击快速访问工具栏中的"打开"按钮 。

◆ 命令行：输入"open"。

◆ 快捷键：Ctrl+O。

执行以上操作后，"选择文件"对话框将会被打开，如图 2-15 所示。在该对话框中，可以通过浏览选择要打开的文件，然后单击"打开"按钮，即可打开该文件。

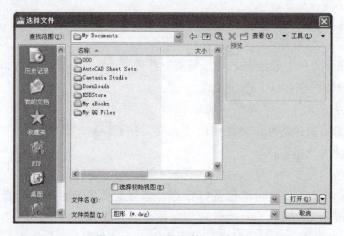

图 2-15 "选择文件"对话框

4. 关闭图形

完成图形的绘制之后，可以通过单击右上角的"关闭当前图形"按钮（图 2-16）关闭当前图形，而不会退出 AutoCAD 2010。

2.1.6 图层设置

AutoCAD 中的图层工具可以让用户方便地管理图形。图层相当于一层"透明纸"，用户可以在不同的图层上绘制图形，最后相当于把多层绘有不同图形的透明纸叠放在一起，从而组成完整的图形。

图 2-16 "关闭当前图形"按钮

用户对图层的管理主要通过"图层特性管理器"来实现，如图 2-17 所示。用户可以通过以下方式打开"图层特性管理器"。

◆ 功能区："常用"→"图层"→"图层特性" 。

第2章 AutoCAD绘图基础

◆ 菜单：选择"格式"→"图层"命令。
◆ 命令行：输入"layer"。

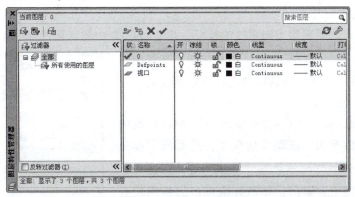

图 2-17 图层特性管理器

1. 新建图层

单击"新建图层"按钮 ，即可创建一个新图层，并可以对该图层进行重命名。

2. 图层颜色设置

为了区分不同的图层，对图层设置颜色是必要的。AutoCAD 默认的图层颜色为白色，用户也可以在"图层特性管理器"中单击 ■ 白 按钮，在弹出的如图 2-18 所示的"选择颜色"对话框中选择需要的颜色。

3. 图层线型设置

在绘图时会用到不同的线型。不同的图层可以设置不同的线型，也可以设置相同的线型。AutoCAD 中系统默认的线型是 Continuous，也就

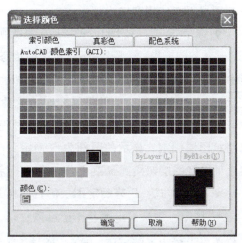

图 2-18 "选择颜色"对话框

是连续直线。用户可以单击 Continuous 按钮，在弹出的如图 2-19 所示的"选择线型"对话框中进行线型设置。

如果"选择线型"对话框中没有所需要的线型，则可以单击该对话框中的"加载"按钮，在弹出的如图 2-20 所示的"加载或重载线型"对话框中查找所需要的线型，选定之后

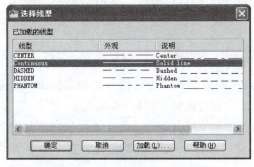

图 2-19 "选择线型"对话框

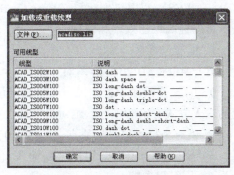

图 2-20 "加载或重载线型"对话框

单击"确定"按钮，便可以将该线型加载到"选择线型"对话框中。然后在"选择线型"对话框中选择该线型，单击"确定"按钮即可。

4. 图层线宽的设置

在绘图中，常需要用到不同宽度的线条，而 AutoCAD 中的默认线宽为 0，因此有必要对线宽进行设置。用户可以单击 —— 默认 按钮，在弹出的如图 2-21 所示的"线宽"对话框中进行线宽的设置。

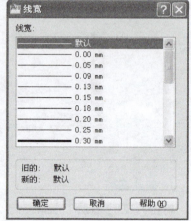

图 2-21 "线宽"对话框

5. 图层的其他特性

◆ 打开/关闭：在"图层特性管理器"中以灯泡的颜色来表示图层的开关。在默认情况下，所有图层都处于打开的状态，此时灯泡颜色为"黄色"，在这种状态下，图层可以使用和输出；单击灯泡可以切换图层到关闭状态，此时灯泡颜色为"灰色"，在这种状态下，图层不能使用和输出。

◆ 冻结/解冻：对于打开的图层，系统默认其状态为解冻，显示的图标为"太阳"，在这种状态下，图层可以显示、打印输出和编辑。单击太阳图标可以将图层转换到冻结状态，显示的图标为"雪花"，在这种状态下，图层不能显示、打印输出和编辑。

◆ 锁定/解锁：在绘制复杂图形的过程中，为了在绘制其他图层时不影响某一图层，可以将该图层锁定，显示的图标为"锁定"。锁定不会影响图层的显示。单击"锁定"按钮可以将图层切换到解锁状态，此时图标显示为"解锁"。

◆ 打印样式：用来确定图层的打印样式。如果是彩色的图层，则无法更改样式。

◆ 打印：用来设定哪些图层可以打印。可以打印的图层以图标显示；单击该图标可以将图层设置为不能打印，这时以图标显示。打印功能只对可见图层、没有冻结的图层、没有锁定的图层和没有关闭的图层有效。

2.1.7 坐标系

在 AutoCAD 绘图过程中，所绘制的任何一个元素都是以坐标系为参照的。AutoCAD 2010 中坐标显示在状态栏的左端。AutoCAD 中的坐标系包括世界坐标系（World Coordinate System，WCS）和用户坐标系（User Coordinate System，UCS）两种。掌握坐标系的使用方法，可以提高绘图效率和精度。

1. 世界坐标系（WCS）

打开 AutoCAD 2010 绘图时，系统自动进入世界坐标系的第一象限，其左下角坐标为 (0, 0, 0)。在绘图中，如果需要精确定位一个点，则需要采用键盘输入坐标值的方式。常用的输入方式有绝对坐标、绝对极坐标、相对坐标和相对极坐标四种。

◆ 绝对坐标：以坐标原点 (0, 0, 0) 为基点来定位所有的点。各个点之间没有相对关系，只与坐标原点有关。用户可以输入 (X, Y, Z) 坐标来定义一个点的位置。如果 Z 坐标为 0，则可以省略。

◆ 绝对极坐标：以坐标原点（0，0，0）为极点来定位所有的点，通过输入相对于极点的距离和角度来定义点的位置。AutoCAD 2010 中默认的角度正方向为逆时针方向。输入格式为"距离<角度"。

◆ 相对坐标：以某一点相对于另一已知点的相对坐标位置来定义该点的位置。假设该点相对于已知点的坐标增量为（ΔX，ΔY，ΔZ），则其输入格式为（@ΔX，ΔY，ΔZ）。

◆ 相对极坐标：以某一点为参考极点，输入相对于极点的距离和角度来定义另一个点的位置。输入格式为@"距离<角度"。

2. 用户坐标系（UCS）

在绘图中，经常需要改变坐标系的原点和方向，用户坐标系可以满足此需求。用户坐标系在位置和方向上都有很大的灵活性，用户可以根据需求进行设置。可以通过以下三种方式启动用户坐标系命令。

◆ 功能区："视图"→"坐标"→"UCS"。
◆ 菜单：选择"工具"→"新建 UCS"命令。
◆ 命令行：输入"UCS"。

新建 UCS 的步骤如下：

1）通过以上三种方式中的一种开始执行 UCS 命令。

2）在弹出的"指定 UCS 的原点或"输入框中输入用户坐标系原点的世界坐标值。

3）在弹出的"指定 X 轴上的点或<接受>"输入框中输入该点相对于 UCS 原点的相对极坐标，即可指定新用户坐标系的方向。如果不进行输入，而是直接按<Enter>键，则用户新建的 UCS 方向不发生变化。

新建 UCS 操作步骤如图 2-22 所示。

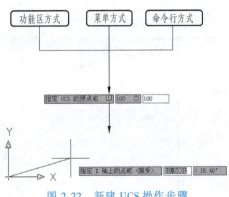

图 2-22　新建 UCS 操作步骤

2.2　绘制二维图形

2.2.1　基本绘图命令

AutoCAD 2010 具有强大的绘图功能和编辑功能。用户可以通过"绘图"和"修改"下拉菜单、"绘图"和"修改"工具栏、在命令行直接输入命令三种方式来调用命令。

1. 绘制点

（1）设置点样式　设置点的样式操作步骤如下：

1）选择"格式"→"点样式"菜单命令，系统弹出如图 2-23 所示的"点样式"对话框。

在"点样式"对话框中提供了多种点样式，用户可以根据自己的需要进行选择。点的大小通过在"点样式"对话框中的"点大小"文本框内输入数值来设置。

工程制图及CAD绘图

2）单击"确定"按钮，点样式设置完毕。

（2）绘制点的方法　启用绘制的"点"命令有以下三种方法。

★ 选择"绘图"→"点"→"单点"菜单命令。

★ 单击标准工具栏中的"点"按钮。

★ 输入命令：PO（POINT）。

利用以上任意一种方法启用的"点"命令，绘制如图2-24所示的点的图形。

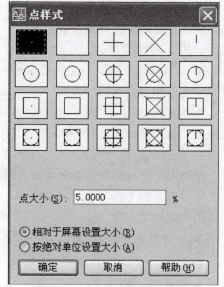

图2-23　"点样式"对话框

2. 绘制直线

直线是AutoCAD 2010中最常见的图素之一。启用绘制"直线"的命令有以下三种方法。

★ 选择"绘图"→"直线"菜单命令。

★ 单击标准工具栏中的"直线"按钮。

★ 输入命令：LINE。

利用以上任意一种方法启用"直线"命令，就可以绘制直线。

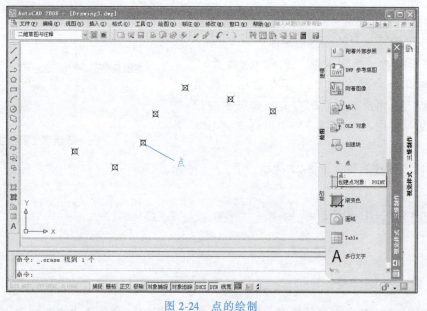

图2-24　点的绘制

（1）使用鼠标点绘制直线　启用绘制"直线"命令，用鼠标在绘图区域内单击一点作为线段的起点，移动鼠标，在用户想要的位置再单击，作为线段的另一点，这样连续可以画出用户所需的直线，如图2-25所示的五角星图形。

（2）通过输入点的坐标绘制直线

1）使用绝对坐标确定点的位置来绘制直线。绝对坐标的表示方法有两种：一种是绝对直角坐标，另一种是绝对极坐标。绝对坐标

图2-25　使用鼠标点绘制五角星

是相对于坐标系原点的坐标，在默认情况下绘图窗口中的坐标系为世界坐标系（WCS）。其输入格式如下：

绝对直角坐标的输入形式是"X, Y"。X、Y分别是输入点相对于原点的X坐标和Y坐标。

绝对极坐标的输入形式是"$r<\alpha$"。r表示输入点与原点的距离，α表示输入点到原点的连线与X轴正方向的夹角。

【例2-1】 利用直角坐标绘制直线AB，利用极坐标绘制直线OC，如图2-26所示。

2）使用相对坐标确定点的位置来绘制直线。相对坐标是用户常用的一种坐标形式，其表示方法也有两种：一种是相对直角坐标，另一种是相对极坐标。相对坐标是指相对于用户最后输入点的坐标，其输入格式如下：

相对直角坐标的输入形式是"$@X, Y$"。在绝对直角坐标前面加@。

相对极坐标的输入形式是"$@r<\alpha$"。在绝对极坐标前面加@。

【例2-2】 用相对坐标绘制如图2-27所示的连续直线$ABCDEFA$。

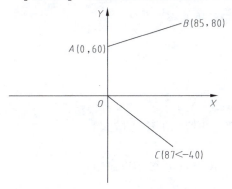

图2-26 绝对坐标绘制直线

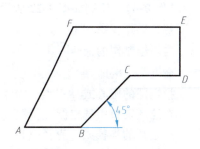

图2-27 相对坐标绘制直线

经验之谈：使用正交功能绘制水平与垂直线。正交命令是用来绘制水平与垂直线的一种辅助工具，是AutoCAD中最为常用的工具。如果用户需要绘制水平与垂直线，则应打开状态栏中的"正交"按钮 DYN，这时光标只能沿水平与垂直方向移动。只要移动光标来指示线段的方向，并输入线段的长度值，不用输入坐标值就能绘制出水平与垂直方向的线段。

（3）使用动态输入功能绘制直线 "动态输入"命令是AutoCAD 2010提供的新功能。"动态输入"命令在光标附近提供了一个命令界面，使用户可以专注于绘图区域。当启用"动态输入"命令时，工具栏提示将在光标附近显示信息，该信息会随着光标移动而动态更新。当某条命令为活动时，工具栏提示将为用户提供输入的位置。

启用"动态输入"命令有以下两种方法。

★ 单击状态栏中的"DYN"按钮 DYN，使其凹进去，即处于打开状态。

★ 按键盘上的<F12>键。

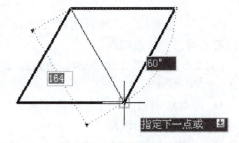

图2-28 绘制平行四边形

【例2-3】 用"动态输入"命令绘制如图2-28所示的平行四边形。

3. 绘制圆与圆弧

圆与圆弧是工程图样中常见的曲线元素，在AutoCAD 2010中提供了多种绘制圆与圆弧的方法，下面详细介绍绘制圆与圆弧的命令及其操作方法。

（1）绘制圆　启用绘制"圆"的命令有以下三种方法。

★ 选择"绘图"→"圆"菜单命令。

★ 单击标准工具栏中的"圆"按钮 ⊙。

★ 输入命令：C（Circle）。

启用"圆"的命令后，命令行提示如下信息。

命令：_circle

指定圆的圆心或［三点（3P）/两点（2P）/相切、相切、半径（T）］

1）圆心和半径画圆：AutoCAD 2010中默认的方法是确定圆心和半径画圆。用户在"指定圆的圆心"提示下，输入圆心坐标后，命令行提示：

指定圆的半径或[直径(D)]：直接输入半径，按<Enter>键结束命令。如果输入直径D，则命令行继续进行提示：

指定圆的直径<50>：输入圆的直径，按<Enter>键结束命令。

【例2-4】　绘制如图2-29所示半径为50的圆。

解：操作步骤如下：

启用绘制圆的命令 ⊙

命令：_circle

指定圆的圆心或［三点（3P）/两点（2P）/相切、相切、半径（T）］：

在绘图窗口中选定圆心位置，命令行提示：

指定圆的半径或［直径（D）］：输入半径值50，按<Enter>键结束命令。

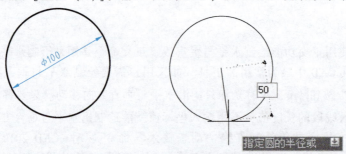

图2-29　以圆心和半径画圆

2）三点法画圆（3P）：选择"三点"选项，通过指定的三个点绘制圆。

【例2-5】　如图2-30所示，通过指定的三个点A、B、C画圆。

3）两点法画圆（2P）：选择"两点"选项，通过指定的两个点绘制圆。

4）相切、相切、半径画圆（T）：选择"相切、相切、半径"选项，通过选择两个与圆相切的对象，并输入圆的半径画圆。

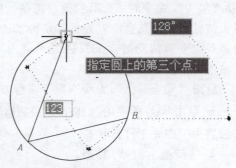

图2-30　三点法画圆

【例2-6】　如图2-31所示，绘制与直线OA和OB相切、半径为20的圆。

5）相切、相切、相切画圆（A）：选择"相切、相切、相切"选项，通过选择三个与

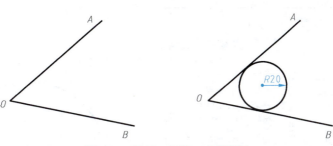

图 2-31 相切，相切、半径画圆

圆相切的对象画圆。该命令必须从菜单栏中调出，如图 2-32 所示。

【例 2-7】 如图 2-33 所示，绘制与三角形 ABC 三边都相切的圆。

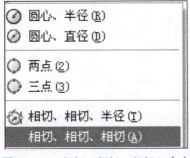

图 2-32 "相切、相切、相切"命令

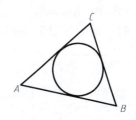

图 2-33 相切、相切、相切画圆

（2）绘制圆弧　AutoCAD 2010 中绘制圆弧共有 10 种方法，其中默认状态下是通过确定三点来绘制圆弧。绘制圆弧时，可以通过设置起点、方向、中点、角度、终点、弦长等参数来进行绘制。在绘图过程中，用户可以采用不同的办法进行绘制。

启用绘制"圆弧"的命令有以下三种方法。

★ 选择"绘图"→"圆弧"菜单命令。

★ 单击标准工具栏中的"圆弧"按钮 。

★ 输入命令：A（Arc）。

通过选择"绘图"→"圆弧"菜单命令后，系统将弹出如图 2-34 所示的"圆弧"下拉菜单，在子菜单中提供了 10 种绘制圆弧的方法，用户可根据自己的需要，选择相应的选项来进行圆弧的绘制。

【例 2-8】 如图 2-35 所示，绘制圆弧 ABC。采用三点（P）画圆弧，其为默认的绘制方法，给出圆弧的起点、圆弧上的一点、终点来画圆弧。

经验之谈： 绘制圆弧需要输入圆弧的角度时，若角度为正值，则按逆时针方向画圆弧；若角度为负值，则按顺时针方向画圆弧。若输入弦长和半径为正值，则绘制 180°范围内的圆弧；若输入弦长和半径为负值，则绘制大于 180°的圆弧。

4. 绘制矩形与正多边形

（1）绘制矩形　矩形也是工程图样中常见的元素之一，矩形可通过定义两个对角点来绘制，同时可以设定其宽度、圆角和倒角等。

启用绘制"矩形"的命令有以下三种方法。

★ 选择"绘图"→"矩形"菜单命令。

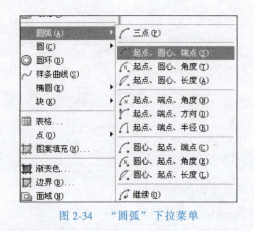

图 2-34 "圆弧"下拉菜单

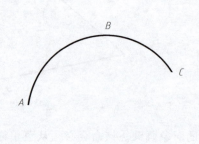

图 2-35 三点法画圆弧

★ 单击标准工具栏中的"矩形"按钮 ▭ 。

★ 输入命令：Rectang。

【例 2-9】 绘制如图 2-36 所示的四种矩形。

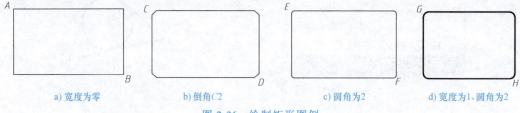

a) 宽度为零　　　b) 倒角 C2　　　c) 圆角为 2　　　d) 宽度为 1、圆角为 2

图 2-36 绘制矩形图例

经验之谈：绘制的矩形是一个整体，编辑时必须通过分解命令使之分解成单个的线段，同时矩形也失去线宽性质。

（2）绘制正多边形　在 AutoCAD 2010 中，正多边形是具有等边长的封闭图形，其边数为 3～1024。绘制正多边形时，用户可以通过与假想圆的内接或外切的方法来进行绘制，也可以指定正多边形某边的端点来绘制。

启用绘制"正多边形"的命令有以下三种方法。

★ 选择"绘图"→"正多边形"菜单命令。

★ 单击标准工具栏中的"正多边形"按钮 ⬠ 。

★ 输入命令：Pol（Polygon）。

在利用内接于圆和外切于圆绘制正多边形以前，首先来认识一下"内接于圆（I）"和"外切于圆（C）"。如图 2-37 所示，这两种图形都与假想圆的半径有关系，用户绘制正多边形时要弄清正多边形与圆的关系。内接于圆的正六边形，从正六边形中心到两边交点的连线等于圆的半径；而外切于圆的正六边形，从正六边形中心到边的垂直距离等于圆的半径。

2.2.2 图形编辑命令

1. 选择对象

（1）选择对象的方式

1）选择单个对象。选择单个对象的方法称为点选。因为只能选择一个图形元素，所以

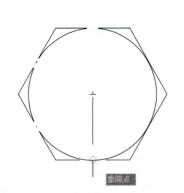

a) 内接于圆的正六边形　　　b) 外切于圆的正六边形

图 2-37　正多边形与圆的关系

又称为单选方式。

◆ 使用光标直接选择：用十字光标直接单击图形对象，被选中的对象将以带有夹点的虚线显示，如图 2-38 所示，选择一条直线和一个圆；如果需要选择多个图形对象，则可以继续单击需要选择的图形对象。

◆ 使用工具选择：这种选择对象的方法是在启用某个编辑命令的基础上，如选择"复制"命令，十字光标变成一个小方框，这个小方框称为"拾取框"，在命令行出现"选择对象："时，用"拾取框"单击所要选择的对象即可将其选中，被选中的对象以虚线显示，如图 2-39 所示。如果需要连续选择多个图形元素，则可以继续单击需要选择的图形元素。

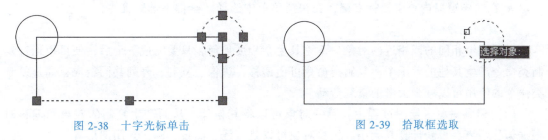

图 2-38　十字光标单击　　　　　　图 2-39　拾取框选取

2）利用矩形窗口选择对象。如果用户需要选择多个对象，则应该使用矩形窗口选择对象。在需要选择多个图形对象的左上角或左下角单击，并向右下角或右上角方向移动光标，系统将显示一个紫色的矩形框，当矩形框将需要选择的图形对象包围后，单击，包围在矩形框中的所有对象就被选中，如图 2-40 所示，被选中的对象以虚线显示。

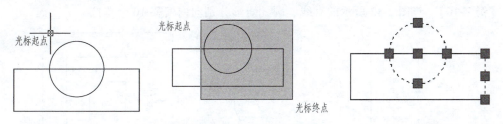

图 2-40　矩形窗口选择对象

3）利用交叉矩形窗口选择对象。在需要选择的对象右上角或右下角单击，并向左下角或左上角方向移动光标，系统将显示一个绿色的矩形虚线框，当虚线框将需要选择的图形对象包围后，单击，虚线框包围和相交的所有对象就被选中，如图 2-41 所示，被选中的对象以虚线显示。

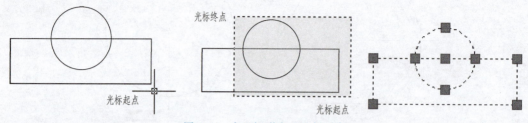

图 2-41　交叉矩形窗口选择对象

经验之谈：利用矩形窗口选择对象时，与矩形框边线相交的对象将不被选中；而利用交叉矩形窗口选择对象时，与矩形虚线框边线相交的对象将被选中。

（2）选择全部对象　在绘图过程中，如果用户需要选择整个图形对象，则可以利用以下三种方法。

★ 选择"编辑"→"全部选择"菜单命令。

★ 按<Ctrl+A>键。

★ 使用编辑工具时，当命令行提示"选择对象："时，输入"ALL"，并按<Enter>键。

（3）取消选择　若要取消所选择的对象，则可采用以下两种方法。

★ 按<Esc>键。

★ 在绘图窗口内单击鼠标右键，在快捷菜单中选择"全部不选"命令。

2. 复制类命令

对图形中相同的或相近的对象，不论其复杂程度如何，只要完成一个后，便可以通过复制类命令产生其他的若干个。复制类命令可由偏移、镜像、复制、阵列共同组成，通过复制类命令的使用可以减少大量的重复劳动。

（1）偏移对象　绘图过程中，单一对象可以将其偏移，从而产生复制的对象。偏移时根据偏移距离会重新计算其大小。偏移对象可以是直线、曲线、圆、封闭图形等。

启用"偏移"命令有以下三种方法。

★ 选择"修改"→"偏移"菜单命令。

★ 单击标准工具栏中的"偏移"按钮 ![icon]。

★ 输入命令：Offset。

【例 2-10】　将图 2-42 所示的直线、圆、矩形分别向内偏移 10 个单位。

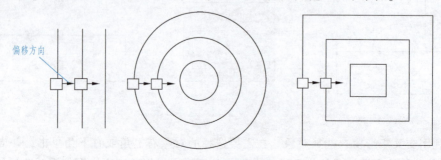

图 2-42　偏移图例

经验之谈：偏移时一次只能偏移一个对象，如果想要偏移多条线段可以将其转为多段线来进行偏移。偏移常应用于根据尺寸绘制的规则图样中，主要是相互平行的直线间相互复制。偏移命令比复制命令要求输入的数值少，使用比较方便，常用于标题栏的绘制。

（2）镜像对象　对于对称的图形，可以只绘制一半或是四分之一，然后采用镜像命令产生对称的部分。

启用"镜像"命令有以下三种方法。

★ 选择"修改"→"镜像"菜单命令

★ 单击标准工具栏中的"镜像"按钮 。

★ 输入命令：Mirror。

【例 2-11】　将图 2-43 所示的左侧图形，通过镜像变成右侧图形。

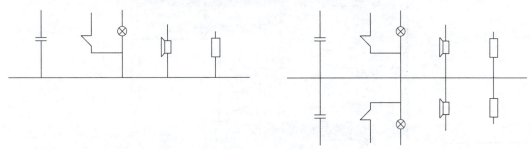

图 2-43　镜像图例

经验之谈：该命令一般用于对称的图形，可以只绘制其中的一半甚至是四分之一，然后采用镜像命令产生对称的部分。而对于文字的镜像，要通过 MIRRTEXT 变量来控制是否使文字和其他对象一样被镜像。如果为 0，则文字不做镜像处理；如果为 1（默认设置），则文字和其他的对象一样被镜像。

（3）复制对象　对图形中相同的或相近的对象，不论其复杂程度如何，只要完成一个后，便可以通过复制命令产生其他的若干个。

启用"复制"命令有以下三种方法。

★ 选择"修改"→"复制"菜单命令

★ 单击标准工具栏中的"复制"按钮 。

★ 输入命令：Copy。

【例 2-12】　将图 2-44 所示的左侧图形，通过复制绘制成右侧图形。

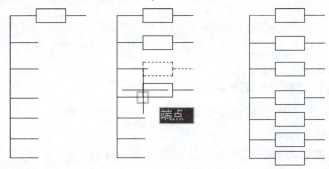

图 2-44　复制图例

经验之谈：在复制对象过程中，当确定位移时应充分利用对象捕捉、栅格和捕捉等精确绘图的辅助工具。在绝大多数的编辑命令中都应该使用辅助工具来精确绘图。

（4）阵列　阵列主要是对于规则分布的图形，通过环形或者是矩形阵列。

启用"阵列"命令有以下三种方法。

★ 选择"修改"→"阵列"菜单命令

★ 单击标准工具栏中的"阵列"按钮 。

★ 输入命令：Array。

启用"阵列"命令后，系统将弹出如图 2-45 所示的"阵列"对话框。在该对话框中，用户可根据自己的需要进行设置。

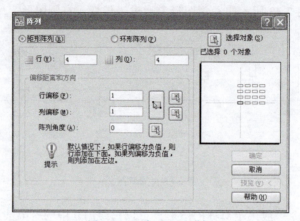

图 2-45　"阵列"对话框

AutoCAD 2010 提供了两种阵列形式：矩形阵列和环形阵列，其效果如图 2-46 所示。

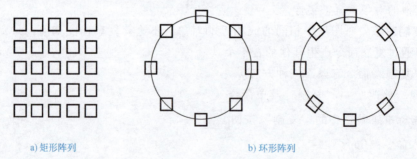

a) 矩形阵列　　　　　　　　　　b) 环形阵列

图 2-46　阵列形式

3. 调整对象

（1）移动对象　移动命令可以将一组或一个对象从一个位置移动到另一个位置。

启用"移动"命令有三种方法。

★ 选择"修改"→"移动"菜单命令。

★ 单击标准工具栏中的"移动"按钮 。

★ 输入命令：M（Move）。

【例 2-13】　将图 2-47 所示的小圆，从 O 点移动到 A 点。

经验之谈：移动和复制需要进行的操作基本相同，但结果不同。复制在原位置保留了原

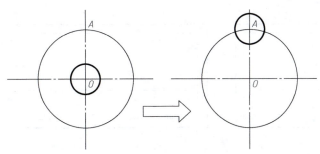

图 2-47 移动图例

对象，而移动在原位置并不保留原对象。绘图过程中，应该充分利用对象捕捉等辅助绘图工具进行精确移动对象。

（2）旋转对象　旋转命令可以将某一个对象旋转一个指定角度或参照一个对象进行旋转。

启用"旋转"命令有三种方法。

★ 选择"修改"→"旋转"菜单命令。

★ 单击标准工具栏中的"旋转"按钮 。

★ 输入命令：RO（Rotate）。

【例 2-14】 将图 2-48 所示的左侧图形，通过旋转命令变为右侧图形。

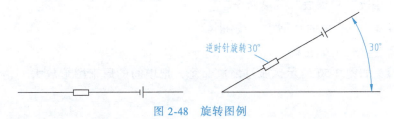

图 2-48 旋转图例

（3）拉伸对象　使用拉伸命令可以在一个方向上按用户所指定的尺寸拉伸、缩短对象。拉伸命令是通过改变端点位置来拉伸或缩短图形对象的，编辑过程中除被伸长、缩短的对象外，其他图形对象间的几何关系将保持不变。可进行拉伸的对象有圆弧、椭圆弧、直线、多段线、二维实体、射线和样条曲线等。

启用"拉伸"命令有三种方法。

★ 选择"修改"→"拉伸"菜单命令。

★ 单击标准工具栏中的"拉伸"按钮 。

★ 输入命令：S（Stretch）。

【例 2-15】 如图 2-49 所示，将图 2-49a 所示图形，通过拉伸命令绘制成图 2-49b。

经验之谈：拉伸一般只能采用交叉窗口或多边形窗口的方式来选择对象，可以采用 Remove 方式取消不需拉伸的对象。其中比较重要的是必须选择好端点是否应该包含在被选择的窗口中。如果端点被包含在窗口中，则该端点会同时被移动，否则该端点不会被移动。

（4）缩放对象　缩放命令可以根据用户的需要将对象按指定比例因子相对于基点放大或缩小，该命令的使用是真正改变了原来图形的大小，是用户在绘图过程中经常用到的命令。

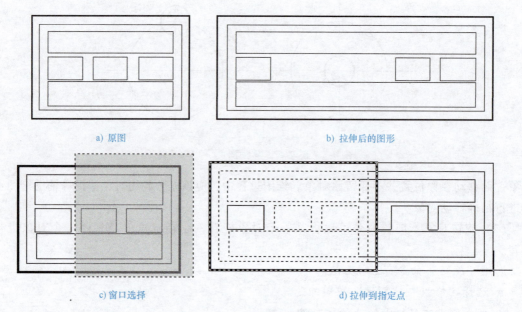

图 2-49 拉伸图例

启用"缩放"命令有三种方法。

★ 选择"修改"→"缩放"菜单命令。

★ 单击标准工具栏中的"缩放"按钮。

★ 输入命令:Sc(Scale)。

【例 2-16】 如图 2-50 所示,通过缩放命令,把中间的原来图形放大一倍和缩小二分之一。

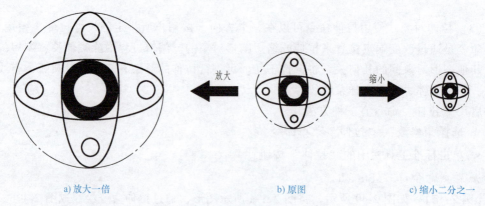

图 2-50 缩放图例

经验之谈:比例缩放是真正改变了原来图形的大小,和视图显示中的 ZOOM 命令缩放有本质区别,ZOOM 命令仅仅改变在屏幕上的显示大小,图形本身尺寸无任何大小变化。

4. 编辑对象

(1)修剪对象 绘图过程中经常需要修剪图形,将超出的部分去掉,以便于使图形精确相交。修剪命令是比较常用的编辑工具,用户在绘图过程中通常是先粗略绘制一些线段,然后使用修剪命令将多余的线段修剪掉。

启用"修剪"命令有三种方法。

★ 选择"修改"→"修剪"菜单命令。

★ 单击标准工具栏中的"修剪"按钮 。

★ 输入命令：Tr（Trim）。

【例 2-17】 如图 2-51 所示，通过修剪命令，完成图形编辑。

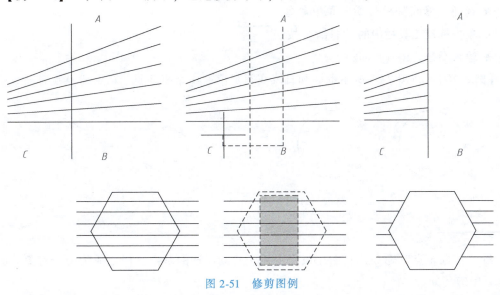

图 2-51 修剪图例

（2）延伸对象　延伸是以指定的对象为边界，延伸某对象与之精确相交。

启用"延伸"命令有三种方法。

★ 选择"修改"→"延伸"菜单命令。

★ 单击标准工具栏中的"延伸"按钮 。

★ 输入命令：EX（Extend）。

【例 2-18】 将图 2-52 所示的直线 A 首先延伸到五边形 B 上，再延伸到直线 C 上。

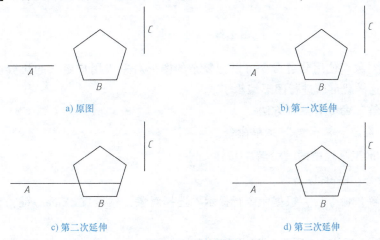

图 2-52 延伸图例

(3) 打断对象　打断命令可将某一对象一分为二或去掉其中一段，减少其长度。AutoCAD 2010 提供了两种用于打断的命令："打断"和"打断于点"命令。可以进行打断操作的对象包括直线、圆、圆弧、多段线、椭圆、样条曲线等。

1)"打断"命令。打断命令可将对象打断，并删除所选对象的一部分，从而将其分为两部分。

启用"打断"命令有三种方法。

★ 选择"修改"→"打断"菜单命令。

★ 单击标准工具栏中的"打断"按钮。

★ 输入命令：Br（Break）。

【例 2-19】　将图 2-53 所示的圆和直线在指定位置 A 点和 B 点、C 点和 D 点打断。

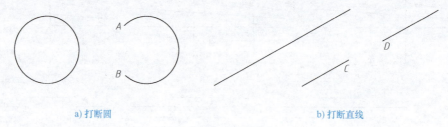

a) 打断圆　　　　　　　　　　　　b) 打断直线

图 2-53　打断图例

2)"打断于点"命令。打断于点命令用于打断所选的对象，使之成为两个对象，但不删除其中的部分。

启用"打断于点"命令的方法是直接单击标准工具栏中的"打断于点"按钮。

【例 2-20】　将图 2-54 所示的圆弧在 A 点打断成两部分。

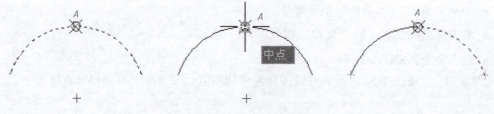

图 2-54　打断于点图例

(4) 分解对象　使用分解命令可以把复杂的图形对象或用户定义的块分解成简单的基本图形对象，这样就可以进行图形编辑了。

启用"分解"命令有三种方法。

★ 选择"修改"→"分解"菜单命令。

★ 单击标准工具栏中的"分解"按钮。

★ 输入命令：Explode。

启用"分解"命令后，根据命令行提示，选择对象，然后按<Enter>键，整体图形就被分解。

【例 2-21】　将图 2-55 所示的四边形进行分解。

a) 分解前　　　　　　　　b) 原图　　　　　　　　c) 分解后

图 2-55　分解图例

2.2.3　尺寸标注命令

AutoCAD 的尺寸标注命令集中在"标注"下拉菜单中。

1. 线性尺寸标注

线性尺寸是应用最多的尺寸标注形式,包括水平尺寸标注和垂直尺寸标注。该命令会依据尺寸拉伸方向,自动判断标注水平尺寸或垂直尺寸。

命令:_dimlinear

指定第一条延伸线原点或 [选择对象]:(指定尺寸的起点或直接选择对象。如果直接选择对象,则系统自动测量该对象的线性长度)

指定第二条延伸线原点:(指定尺寸的终点)

指定尺寸线位置或 [多行文字(M)/文字(T)/角度(A)/水平(H)/垂直(V)/旋转(R)]:(确定尺寸线的位置)

标注文字=157(显示自动测量的尺寸值)

注意:在使用两点定义尺寸的起始、终止位置时,一定要利用对象捕捉,以保证尺寸标注的准确性。

2. 对齐尺寸标注

对齐尺寸标注用于标注平行于轮廓线的尺寸,如图 2-56 中的尺寸 127,标注过程和线性尺寸标注类似。

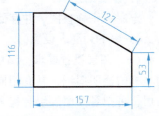

图 2-56　线性尺寸和对齐尺寸标注

3. 基线标注和连续标注

在标注尺寸时,有时需要标注系列尺寸。基线标注是从同一基线开始的多个尺寸标注,如图 2-57 所示。连续标注是首尾相连的多个尺寸标注,如图 2-58 所示。在创建基线标注或连续标注之前,必须先创建线性、对齐或角度标注。

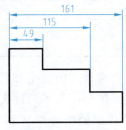

图 2-57　基线标注

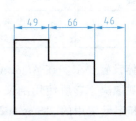

图 2-58　连续标注

命令：dimbaseline（基线标注）

指定第二条延伸线原点或［放弃（U）/选择（S）］：（如果系统自动找到尺寸的基线，就可以直接选择要标注的第二条延伸线位置，否则需选择基准标注）

4. 径向尺寸标注

径向尺寸标注包括直径标注和半径标注，用来标注圆或圆弧的直径、半径。

命令：dimradius（半径标注）

选择圆弧或圆：

标注文字=57（显示自动测量的半径值）

指定尺寸线位置或［多行文字（M）/文字（T）/角度（A）］：（指定尺寸线的位置）

在非圆视图上标注直径尺寸时，需先用线性尺寸标注，然后在尺寸文本前添加"</>"。

5. 角度标注

角度标注用于标注不平行且共面的两直线间夹角或圆弧的圆心角，如图2-59所示。

命令：dimangular

选择圆弧、圆、直线或［指定顶点］：（选择圆弧、圆、直线，或按<Enter>键通过指定三个点来创建角度标注）

图 2-59　角度标注

定义要标注的角度之后，将显示下列提示：

指定标注弧线位置或［多行文字（M）/文字（T）/角度（A）/象限点（Q）］。

2.2.4　定制 A4 样板图

1. 样板图要求

定制一张样板图，并存储在U盘上，今后可在这张样板图上绘制其他图样。图纸大小为A4，按下列要求设置。

（1）图层设置要求　图层是用来组织图形最为有效的工具之一。它好像一张张具有相同坐标的透明图纸，具有相同特性（颜色、线型、线宽和打印样式）的实体被绘制在同一图层，再把各个图层组合起来，从而得到一个完整的复杂图形。用图层可以实现图形的统一管理，同时大大提高了工作效率和图形的清晰度。各图层的设置要求见表2-1。

表 2-1　各图层的设置要求

图 层 名	颜　　色	线　　型	线　　宽
0层	黑/白	Continuous	默认（0.25mm）
粗实线	黑/白	Continuous	0.5mm
点画线	红	Center	默认
虚线	蓝	Dashed	默认
标注	洋红	Continuous	默认

（2）字体设置要求　在AutoCAD中，所有文字（包括直接输入的文字和尺寸标注中的文字）的外观取决于它所使用的文字样式。在该样板图中，我们设置了两种文字样式，一种是供数字和字母使用的"Standard"文字样式，一种是供汉字使用的"汉字"文字样式。这两种文字样式所使用的字体及宽度因子（字体字高比）见表2-2。

表2-2 字体设置要求

文字样式名	字体	宽度因子
Standard	gbeitc.shx	1
汉字	T仿宋_GB2312	0.7

（3）标注样式要求 文字有文字样式，同样，尺寸标注也有尺寸标注样式。也就是说，我们为图形添加的多个尺寸标注都隶属于某种尺寸标注样式。在AutoCAD中，我们可以为尺寸标注样式设置尺寸箭头的形状、大小，以及尺寸文本所使用的文字样式和大小等。在该样板图中，我们以系统默认的尺寸标注样式为基础，然后稍加修改获得，具体设置步骤可参见后面内容。

（4）图框线和标题栏 图2-60为我们制作的A4样板图，该样板图主要包括图幅边框线、图框线和标题栏。其中，图幅边框线和图框线的尺寸见表1-1，标题栏的尺寸如图2-60所示。

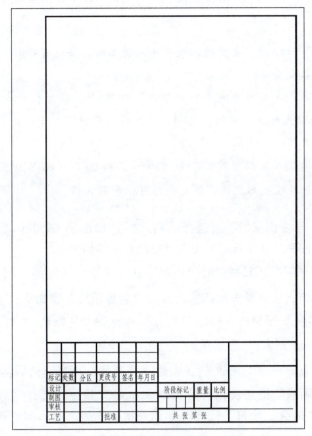

图2-60 A4样板图

2. 样板图设置步骤

（1）设置绘图界限 设置绘图界限就是设置AutoCAD的图纸幅面，相当于手工绘图时选择适当大小的图纸。用户可通过选择"格式"→"图形界限"，或在命令行中输入"limits"来设置绘图界限。绘图界限设置完毕后，用户便只能在该界限内绘制图形。

工程制图及CAD绘图

步骤1 在命令行中输入"limits"并按<Enter>键,设置绘图界限。接着输入"on"并按<Enter>键,打开图形界限。

步骤2 按两次<Enter>键,继续设置图形界限,并将图形界限的左下角点设置为默认值"0,0",接着输入"210,297"并按<Enter>键,确定图形界限的右上角点。

> **提示**
>
> 如果需要重复执行上次执行过的命令,可按<Enter>键。如果想退出尚未执行完的命令,可按<Esc>键。

(2) 按所设绘图界限最大化显示绘图区域 为便于绘制图形,可最大化显示图形界限所设绘图区域。为此,用户可以执行"ZOOM"命令。

步骤1 在命令行中输入"Z"(ZOOM命令的缩写形式)并按<Enter>键,执行"ZOOM"命令。

步骤2 接着输入"a"并按<Enter>键,最大化显示图形界限所定义的绘图区域。

> **技巧**
>
> 除了"ZOOM"命令外,常用的缩放和平移视图的方法还有:
>
> 1) 滚动鼠标滚轮可缩放视图。
>
> 2) 单击"标准"工具栏中的"实时缩放"按钮 ,当光标变成 形状时,按住鼠标左键并向上拖动光标放大视图,沿相反方向拖动光标则缩小视图。按<Esc>或<Enter>键,可以退出实时缩放状态。
>
> 3) 单击"标准"工具栏中的"实时平移"按钮 ,可进入实时平移状态,当光标变成 形状时,按住鼠标左键并拖动光标可以平移视图。

(3) 设置图层 设置图层时,可选择"格式"→"图层",或单击"图层"工具栏中的"图层特性管理器"按钮。该样板图所需图层的设置步骤如下:

步骤1 单击"图层"工具栏中的"图层特性管理器"按钮 ,打开"图层特性管理器"对话框(图2-61);然后单击对话框上方的"新建图层"按钮 ,创建"粗实线"图层;接着单击"粗实线"图层所在行的"线宽"列标识"—默认",打开"线宽"对话框(图2-62),选择"0.50毫米",最后单击 确定 按钮。

步骤2 单击"新建图层"按钮 ,创建"点画线"图层,然后将线宽设置为"—默认";接着单击"点画线"图层所在行的"Continuous"线型,打开"选择线型"对话框,单击该对话框中的"加载"按钮,打开"加载或重载线型"对话框,选择"CENTER"线型。如图2-63所示。

步骤3 单击 确定 按钮,返回"选择线型"对话框。单击选择"CENTER"线型后单击 确定 按钮(图2-64),返回"图层特性管理器"对话框。

步骤4 单击"点画线"图层所在行的颜色按钮,打开"选择颜色"对话框。单击选择红色后单击 确定 按钮(图2-65),返回"图层特性管理器"对话框。

第2章 AutoCAD绘图基础

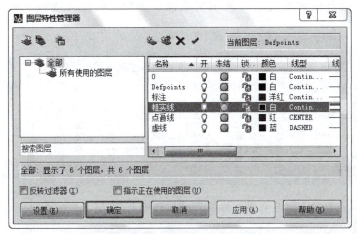

图 2-61 "图层特性管理器"对话框　　　　图 2-62 "线宽"对话框

图 2-63 为图形加载线型

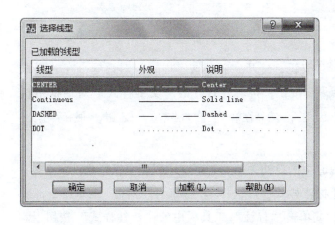

图 2-64 为"点画线"图层设置线型

图 2-65 为"点画线"图层设置颜色

步骤 5 参照前面的要求,以及创建图层和设置图层属性的方法,创建"虚线"和"标注"图层,如图 2-66 所示。

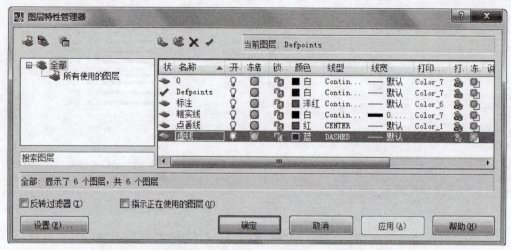

图 2-66 创建"虚线"和"标注"图层

(4)设置文字样式 要创建或修改文字样式,可选择"格式"→"文字样式"菜单命令,或直接在命令行中输入"STYLE"。该样板图所需文字样式的设置步骤如下:

步骤 1 选择"格式"→"文字样式"菜单命令,打开"文字样式"对话框,按照图 2-67 所示设置字体名和宽度因子,然后单击 应用(A) 按钮。

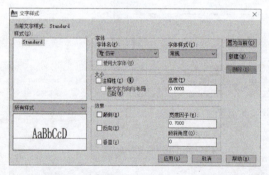

图 2-67 设置"Standard"文字样式

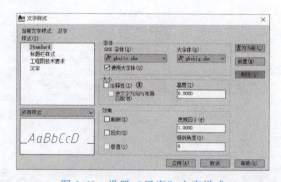

图 2-68 设置"汉字"文字样式

步骤 2 单击图 2-67 中的 新建(N)... 按钮,打开"新建文字样式"对话框,在"样式名"编辑框中输入"汉字"后单击 确定 按钮,接着在打开的"文字样式"对话框中按图 2-68 所示设置字体名和宽度因子,然后单击 置为当前(C) 按钮,最后单击 关闭(C) 按钮。

设置汉字字体时要将☐使用大字体(U)中的对钩去掉,否则字体列表中将隐藏汉字字体。

(5)设置标注样式 要修改或新建标注样式,可选择"注释"→"标注"菜单命令,或选择"标注"→"标注样式"菜单命令,或单击"标注"工具栏中的"标注样式"按钮 ,或直接在命令行中输入"D"(DIMSTYLE 命令的缩写形式)。该样板图所需标注样式的设置步骤如下：

步骤 1 打开"标注样式管理器"对话框，如图 2-69 所示。

步骤 2 单击 修改(M)... 按钮，打开"修改标注样式：ISO-25"对话框。打开"线"选项卡，将"基线间距"设置为"8"，"超出尺寸线"设置为"2"，"起点偏移量"设置为"0"，其余采用默认值，如图 2-70 所示。

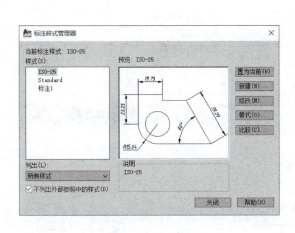

图 2-69 "标注样式管理器"对话框　　　　图 2-70 设置"线"选项卡中的参数

> **提示**
>
> "线"选项卡中的"基线间距"主要用于控制使用基线型尺寸标注（指起点相同，而端点不同的一组标注）时，两条尺寸线之间的距离；"超出尺寸线"主要用于控制尺寸界线超出尺寸线的长度；"起点偏移量"主要用于控制尺寸界线起点到定义点的偏移量。

步骤 3 打开"符号和箭头"选项卡，将"箭头"设置为"实心闭合"，"箭头大小"设置为"3.5"，"圆心标记"选择◉无(N)，"弧长符号"选择◉标注文字的上方(A)，如图 2-71 所示。

步骤 4 打开"文字"选项卡，按照图 2-72 所示设置尺寸文本所使用的文字样式、文字高度、文字位置，以及文字对齐方式等。

> **提示**
>
> "文字样式"用于定义尺寸文本所使用的文字样式。

步骤 5 打开"调整"选项卡，按照图 2-73 所示设置各个参数。

步骤 6 打开"主单位"选项卡，打开"小数分隔符"下拉列表，选择" "."(句点) "，如图 2-74 所示。"换算单位"和"公差"选项卡暂不设定，取默认值即可。最后单击 确定 按钮返回"标注样式管理器"对话框，单击 关闭(C) 按钮完成设置。

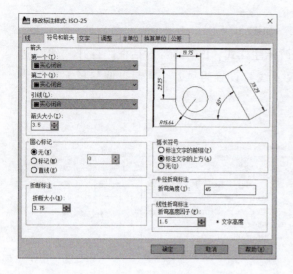

图 2-71 设置"符号和箭头"选项卡中的参数

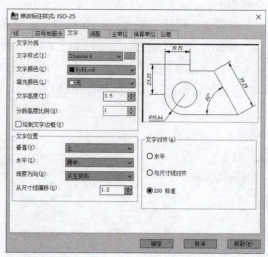

图 2-72 设置"文字"选项卡中的参数

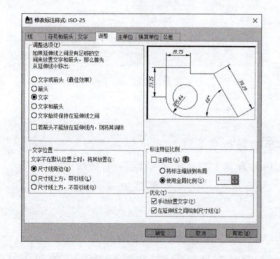

图 2-73 设置"调整"选项卡中的参数

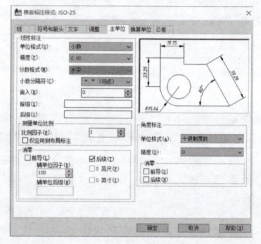

图 2-74 设置"主单位"选项卡中的参数

> **提示**
>
> "主单位"选项卡中的比例因子应根据绘图比例确定,如果采用1∶1绘图,则比例因子设为1;如果采用1∶2绘图,则比例因子设为2;如果采用2∶1绘图,则比例因子设为0.5,依此类推。

(6)绘制边框线和图框

步骤1 确认状态栏中的"正交"和"线宽"开关被打开,单击"绘图"工具栏中的"矩形"按钮 ▭ 输入"0,0"按<Enter>键,确定矩形的左下角点;然后输入"210,297"并按<Enter>键,确定矩形的另一角点。

> **提示**
> 状态栏中的"正交"主要用于控制画图时光标移动的方向。如果打开"正交"开关，则绘图时光标只能沿水平或垂直方向移动。

步骤 2 在任一打开的工具栏中单击鼠标右键，在弹出的工具栏快捷菜单中选择"图层"，打开"图层"工具栏。单击"图层"工具栏中图层名称显示框右侧的下拉按钮，打开"图层"下拉列表，单击其中的"粗实线"图层，将该图层设置为当前图层，如图 2-75 所示。

步骤 3 单击"绘图"工具栏中的"直线"按钮，输入"25，5"并按<Enter>键，确定直线的起点；然后向右移动光标，输入"180"并按<Enter>键，确定直线的长度；接着向上移动光标，输入"287"并按<Enter>键；向左移动光标，输入"180"并按<Enter>键；最后输入"c"并按<Enter>键，结束画线，如图 2-76 所示。

图 2-75 设置"粗实线"图层为当前图层

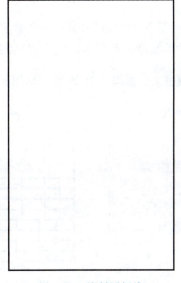

图 2-76 绘制图框线

（7）绘制标题栏

步骤 1 单击"修改"工具栏中的"偏移"按钮，输入"7"并按<Enter>键，确定偏移距离；然后单击图框底边线，确定偏移对象；接着单击图框线上方，指定偏移的方向。由于还需要偏移相同距离的 7 条线段，因此可继续选择之前偏移生成的直线，然后在该直线上方单击，直到绘制完该 7 条线段，最后按<Esc>键退出"偏移"命令。

> **提示**
> 利用"偏移"命令（OFFSET）可以创建与选定对象类似的新对象，并使它处于原对象的内侧或外侧。

步骤 2 按<Enter>键，继续执行"偏移"命令，按照前面介绍的方法绘制标题栏的竖线，如图 2-77 所示。

步骤 3 单击"修改"工具栏中的"修剪"按钮 ，单击图 2-77 所示直线 AB 后按 <Enter>键，将该直线作为修剪边；然后依次单击图 2-77 中的 C、D、E 点，对这些直线进行修剪；最后按<Enter>键，结果如图 2-78 所示。

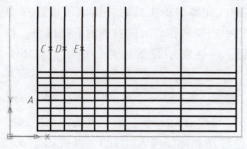

图 2-77 利用"偏移"命令复制对象

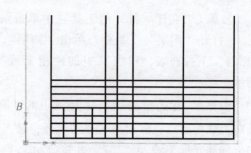

图 2-78 利用"修剪"命令修剪对象

提示

"修剪"命令（TRIM）用于修剪图形，该命令要求用户首先定义修剪边界，然后再选择希望修剪的对象。

步骤 4 参照图 1-4a 所示，利用相同的方法偏移和修剪其他直线，最终结果如图 2-79 所示。

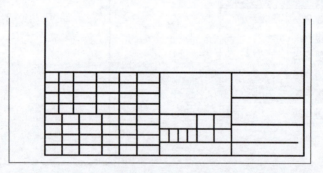

图 2-79 利用"偏移"和"修剪"命令补画其他线条

步骤 5 依次单击选中需要变换为细实线的直线（图 2-80），然后单击"图层"工具栏中的下拉按钮，接着单击"图层"下拉列表中的"0"图层（图 2-81），此时选中的直线变为了细实线，最后按<Esc>键退出。

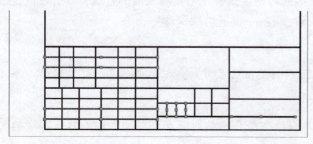

图 2-80 选择内部需要变换为细实线的直线

图 2-81 将所选图层置于"0"图层

> **提示**
>
> 常用的选择对象的方法有以下几种：
>
> 1）单击选择对象：直接单击对象可选择单个对象，反复单击可选择多个对象。
>
> 2）利用窗选方法选择对象：窗选是指先确定选择窗口的左侧角点（左上角点或左下角点），然后向右（右下或右上方）移动光标，单击确定其对角点，即自左向右拖出选择窗口，此时所有完全包含在选择窗口中的对象均被选中。
>
> 3）利用窗交方法选择对象：窗交是指先确定选择窗口的右侧角点（右上角点或右下角点），然后向左（左下或左上方）移动光标，单击确定其对角点，即自右向左拖出选择窗口，此时所有完全包含在选择窗口中，以及所有与选择窗口相交的对象均被选中。

（8）输入文字　要在标题栏中输入简短的文字，可选择"注释"→"文字"→"单行文字"菜单命令，或者执行 TEXT 命令。

步骤 1　将"0"图层设置为当前图层，向上滚动鼠标滚轮适当放大图形。

步骤 2　选择"注释"→"文字"→"单行文字"菜单命令，在标题栏左下角的方框中单击鼠标，确定文字的起点。接着系统会要求用户输入文字的高度。用户可直接输入具体数值，也可通过单击两点设置文字的高度。在此，用户可输入"3.5"并按<Enter>键，确定文字的高度。

步骤 3　系统提示输入文字的旋转角度。同样，可以直接输入具体数值，也可通过单击两点设置文字的旋转角度。在此直接按<Enter>键，确定文字的旋转角度为 0。

步骤 4　输入文字"工艺"，按两次<Enter>键结束文字输入。

步骤 5　如果需要移动输入文字的位置，则可单击"修改"工具栏中的"移动"按钮，然后单击选中要移动的文字并按<Enter>键，确定移动的对象。接着关闭状态栏中的"正交"按钮，然后在该文字的任意处单击，确定移动的起点；在合适的位置单击，确定移动的终点。

步骤 6　按照相同的方法输入其他文字，结果如图 2-82 所示。

图 2-82　输入文字

（9）保存样板图　保存图形文件的方法很简单，单击快速访问工具栏中的"保存"按钮，或者按<Ctrl+S>组合键，或者选择"文件"→"保存"菜单命令，均可打开"图形另存为"对话框。在其中选择保存文件的文件夹并输入文件名（如"A4"），然后单击"保存"按钮即可。

2.2.5 绘图范例

用 AutoCAD 画二维图形时，应先进行尺寸分析和线段分析，分清各线段性质；再画基准线和定位线；然后依次画已知线段、中间线段和连接线段。下面以方垫片和支承板为例，介绍用 AutoCAD 绘制二维图形的方法和步骤。

【例 2-22】 在 A4 样板图上按照 1∶1 绘制图 2-83 所示方垫片，并标注尺寸。

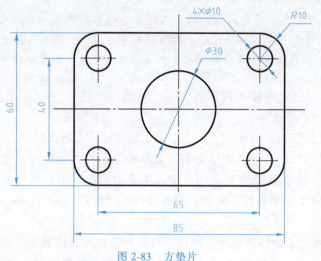

图 2-83 方垫片

方垫片 AR

方垫片

绘图步骤如下：

步骤 1 打开"A4.dwg"文件，将"粗实线"图层设置为当前图层，确认状态栏中的"正交""对象捕捉""对象追踪""动态输入"和"线宽"按钮处于打开状态。

> **提示**
> 打开"动态输入"按钮，在执行绘图或编辑操作时，光标附近将显示其所在位置的坐标、尺寸标注、长度和角度变化等提示信息，并且这些信息会随着光标的移动而动态更新。另外，打开"动态输入"按钮后，用户输入的坐标值为相对坐标。

步骤 2 单击"绘图"工具栏中的"矩形"按钮，在绘图区的适当位置单击，确定矩形的第一角点；然后输入"85，60"并按<Enter>键，确定矩形的另一角点。

步骤 3 将"点画线"图层设置为当前图层，单击"绘图"工具栏中的"直线"按钮，然后捕捉矩形左边框的中点后向左移动光标，待出现追踪线之后，输入"3"并按<Enter>键，接着水平向右移动光标，输入"91"并按<Enter>键，结束画线，如图 2-84 所示。

步骤 4 按照相同的方法绘制另一条中心线，然后将"粗实线"图层设置为当前图层。

步骤 5 单击"修改"工具栏中的"圆角"按钮，执行圆角命令。输入"r"并按<Enter>键，设置圆角半径；接着输入"10"并按<Enter>键，设置圆角半径值。输入"m"并按<Enter>键，对多组对象进行倒圆角；单击图 2-84 中的直线 AB，选择要修圆角的第一个对象；然后单击图 2-84 中的直线 BC，选择要修圆角的第二个对象；继续选择对象，绘制其他圆角；最后按<Enter>键，结束圆角命令，结果如图 2-85 所示。

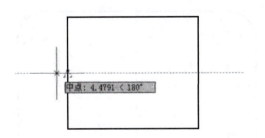 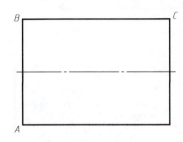

图 2-84　绘制中心线

步骤 6　单击"绘图"工具栏中的"圆"按钮 ⊘，以两条中心线的交点为圆心，绘制半径为 15 的圆。

步骤 7　按<Enter>键，继续执行"圆"命令。捕捉并单击任一圆角的圆心，然后输入半径"5"并按<Enter>键，绘制圆。

步骤 8　将"点画线"图层设置为当前图层，然后绘制半径为 5 的圆的中心线，结果如图 2-86 所示。

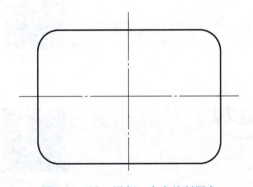 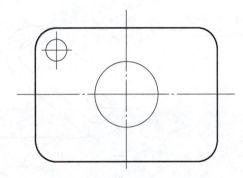

图 2-85　用"圆角"命令绘制圆角　　　　　图 2-86　绘制圆及其中心线

步骤 9　单击"修改"工具栏中的"阵列"按钮 ▦，打开"阵列"对话框，系统默认选中 ⦿矩形阵列(R)单选按钮，然后在"行数"和"列数"文本框中均输入"2"，在"行偏移"文本框中输入"-40"，在"列偏移"文本框中输入"65"，如图 2-87a 所示。接着单击"选择对象"按钮，选择半径为 5 的圆及其中心线，按<Enter>键返回"阵列"对话框，单击 确定 按钮，结果如图 2-87b 所示。

> **提示**
>
> 　　在 AutoCAD 中，使用"阵列"命令可以矩形或环形阵列复制图形，且阵列复制的每个对象都可单独进行编辑。
> 　　"阵列"对话框中"行偏移"的正负决定了行的"生长"方向为 X 轴正向或负向；"列偏移"的正负决定了列的"生长"方向为 Y 轴正向或负向。

步骤 10　将"标注"图层设置为当前图层，单击"标注"工具栏中的"直径"按钮 ⊘，然后在圆角处单击，确定标注对象。接着将光标移动到合适的位置后单击，标注半径。

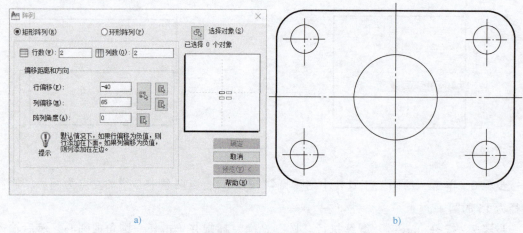

a)　　　　　　　　　　　　　　　　　　b)

图 2-87　阵列复制对象

步骤 11　根据前面讲解的标注尺寸的方法,标注其他尺寸,结果如图 2-83 所示。

【**例 2-23**】　在 A4 样板图上按照 1∶1 绘制图 2-88 所示支承板。

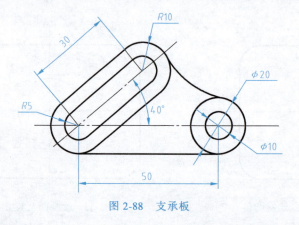

图 2-88　支承板

支承板

支承板 AR

绘图步骤如下:

步骤 1　打开 "A4. dwg" 文件,将"粗实线"图层设置为当前图层,确认状态栏中的"正交""对象捕捉""对象追踪""动态输入"和"线宽"按钮处于打开状态。

步骤 2　单击"绘图"工具栏中的"圆"按钮 ⊙,分别绘制两个间距为 30、半径值均为 5 的圆,如图 2-89 所示。

步骤 3　单击"绘图"工具栏中的"直线"按钮 ╱,然后捕捉并单击图 2-89 中的象限点 A,接着捕捉并单击图 2-89 中的象限点 B,最后按<Enter>键,绘制两圆的切线。按照相同的方法绘制另一条切线,结果如图 2-90 所示。

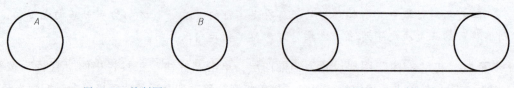

图 2-89　绘制圆　　　　　　　　　　　图 2-90　绘制切线

步骤 4 单击"修改"工具栏中的"修剪"按钮 ，然后单击选中两切线后按<Enter>键，接着单击需修剪的图形后按<Enter>键，结果如图 2-91 所示。

步骤 5 单击"修改"工具栏中的"偏移"按钮 ，将图 2-91 中的图形整体向外偏移 5 个绘图单位，结果如图 2-92 所示。

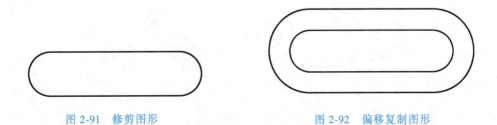

图 2-91　修剪图形　　　　　　　　　图 2-92　偏移复制图形

步骤 6 将"点画线"图层设置为当前图层，然后单击"绘图"工具栏中的"直线"按钮 ，绘制图 2-93 中的三条中心线。

步骤 7 单击"修改"工具栏中的"旋转"按钮 ，执行"旋转"命令。选中图 2-93 的全部图形后按<Enter>键，确定旋转对象；然后单击图 2-93 中的中心线的交点 A，确定旋转的基点；接着输入"40"并按<Enter>键，确定旋转的角度，结果如图 2-94 所示。

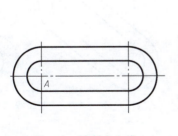
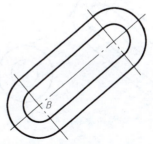

图 2-93　绘制中心线　　　　　　　　　图 2-94　旋转图形

> **提示**
>
> 使用"旋转"命令（ROTATE）可以精确地旋转一个或一组对象。旋转对象时，旋转角度是基于当前用户坐标系的。输入正值，表示按逆时针方向旋转对象；输入负值，表示按顺时针方向旋转对象。另外，如果在命令提示下选择"复制（C）"，则可以旋转复制对象。

步骤 8 将"粗实线"图层设置为当前图层，单击"绘图"工具栏中的"圆"按钮 ，捕捉图 2-94 中的中心线的交点 B，水平向右移动光标，待出现追踪线后输入"50"并按<Enter>键，然后输入"5"并按<Enter>键绘制圆。

步骤 9 按<Enter>键，绘制半径为 10 的圆，结果如图 2-95a 所示。继续按<Enter>键，执行"圆"命令。输入"t"并按<Enter>键，确定用"相切、相切、半径"的方法绘制圆。将光标移到图 2-95a 中的点 A 附近，待出现"递延切点"时单击，确定圆的第一个切点；然后将光标移到点 B 附近,待出现"递延切点"时单击,确定圆的第二个切点;接着输入半径"30"并按<Enter>键,结果如图 2-95b 所示。

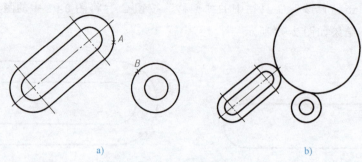

图 2-95 绘制相切圆

步骤 10 单击"修改"工具栏中的"修剪"按钮 ⊁,然后单击图 2-95a 中点 A 和点 B 所在的圆弧和圆后按<Enter>键,接着单击需要修剪的图形后按<Enter>键,结果如图 2-96 所示。

步骤 11 单击"绘图"工具栏中的"直线"按钮 ╱,利用"对象捕捉"工具栏中的"捕捉到切点"按钮绘制切线,结果如图 2-97 所示。

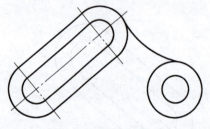

图 2-96 修剪图形

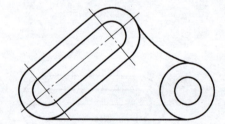

图 2-97 绘制切线

第3章 投影法基础知识

3.1 投影法

工程式样、工程技术等问题一般都采用工程图样来表示。工程图样根据使用要求和使用场合的不同，获得的方法也不同。在绘制工程图样时，通常采用投影法。所谓投影法，就是用投影的方法获得图样。在日常生活中，人们常见到当物体受到光线照射时，在物体背光一面的地上或墙上就会投下该物体的影子，这就是投影。这样的影子只能反映该物体的轮廓形状，不能反映物体内外各部分的具体形状，在工程上没有实用价值。经过人们长期研究，对日常生活中的投影加以提炼，对物体内外各部分的所有空间几何元素（点、线、面）用各种不同的线型加以具体化，从而形成工程上实用的、完整的投影法。

投影法一般分为两类：中心投影法和平行投影法。

3.1.1 中心投影法

如图 3-1 所示，投射线都自投射中心 S 出发，将空间 $\triangle ABC$ 投射到投射面 P 上，所得 $\triangle abc$ 就是 $\triangle ABC$ 的投影。这种投射线都从投射中心出发的投影法称为中心投影法，所得的投影称为中心投影。

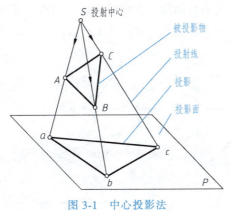

图 3-1 中心投影法

中心投影法

中心投影法主要用于绘制建筑物或产品的富有逼真感的立体图，也称为透视图。

3.1.2 平行投影法

如图 3-2 所示，若将投射中心 S 沿一不平行于投影面的方向移到无穷远处，则所有投射线将趋于相互平行。这种投射线相互平行的投影方法，称为平行投影法。平行投影法的投射中心位于无穷远处，该投影法得到的投影图形称为平行投影。投射线的方向称为投射方向。

由于平行投影法中，平行移动空间物体，即改变物体与投影面的距离时，它的投影的形状和大小都不会改变。

平行投影法按照投射线与投影面倾角的不同又分为正投影法和斜投影法两种。当投射方向（即投射线的方向）垂直于投影面时称为正投影法，如图 3-2a 所示；当投射方向倾斜于投影面时称为斜投影法，如图 3-2b 所示。正投影法得到的投影称为正投影，斜投影法得到的投影称为斜投影。正投影法能够表达物体的真实形状和大小，作图方法也较简单，因此广泛用于绘制工程图样。

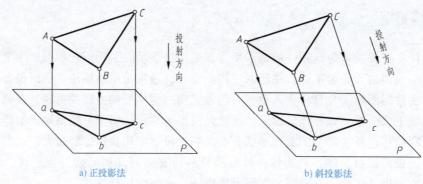

a) 正投影法　　　　　　　　　　　b) 斜投影法

图 3-2　平行投影法

3.1.3　正投影法的主要特性

点在任何情况下的投影都是点。为了充分反映正投影法的投影特性，下面对直线和平面的投影进行阐述。

1. 真实性

平行于投影面的直线段或平面图形，在该投影面上的投影反映了该直线段或平面图形的实长或实形，这种投影特性称为真实性，如图 3-3 所示。这种投影直观，便于度量。

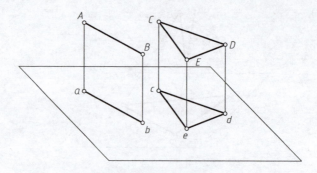

图 3-3　投影的真实性

2. 积聚性

垂直于投影面的直线段或平面图形，在该投影面上的投影积聚成为一点或一条直线，这种投影特性称为积聚性，如图 3-4 所示。这种投影简单，便于作图。

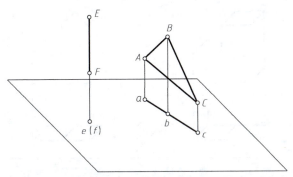

图 3-4　投影的积聚性

3. 类似性

倾斜于投影面的直线段或平面图形,在该投影面上的投影长度变短或是一个比真实图形小,但形状相似、边数相等的图形,这种投影特性称为类似性,如图 3-5 所示。这种投影便于检查错误。

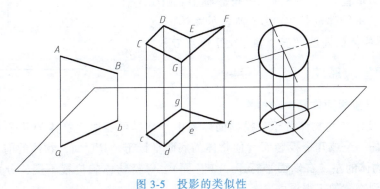

图 3-5　投影的类似性

真实性、积聚性、类似性满足了工程上经济、实用的原则,正因为这种优越性,所以国家标准规定所有机械图样一律采用正投影法绘制。

3.2　三视图的形成及其对应关系

在绘制机械图样时,将物体放置在投影面和观察者之间,通常假定人的视线为一组平行且垂直于投影面的投射线,把看到的物体用图形在投影面上表达出来,这样把投影面上所得到的正投影图称为视图。

一个视图一般是不能完整和确切地表达物体的形状和大小的,如图 3-6 所示。要想完整表达物体上下、左右、前后各部分的形状和大小,必须将物体朝几个方向进行投影,也就是多方向观察物体。常用的方法是向三个方向投影,得到三个投影图,简称三视图。

3.2.1　三投影面体系的建立

三投影面体系是由三个相互垂直的投影面组成的,如图 3-7 所示。其名称解释如下:

1) 正立投影面简称正立面,用大写字母"V"标记。

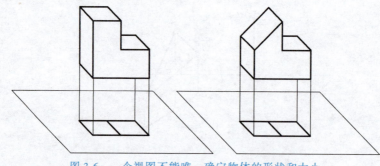

图 3-6 一个视图不能唯一确定物体的形状和大小

2) 水平投影面简称水平面，用大写字母"H"标记。

3) 侧立投影面简称侧立面，用大写字母"W"标记。

三个投影面垂直相交，得到三条投影轴 OX、OY 和 OZ。OX 轴表示物体的长度，OY 轴表示物体的宽度，OZ 轴表示物体的高度。三个轴相交于原点 O。

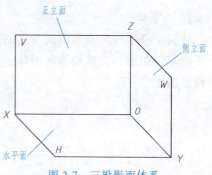

图 3-7 三投影面体系

3.2.2 三视图的形成

1. 物体在三投影面体系中的投影

如图 3-8a 所示，将物体置于三投影面体系中，并尽可能地使物体的几个主要表面平行或垂直于其中的一个或几个投影面（使物体的底面平行于"H"面，物体的前、后端面平行于"V"面，物体的左、右端面平行于"W"面）。保持物体的位置不变，分别向三个投影面作投影，得到物体的三视图。

主视图：物体在正立面上的投影，即从前向后投射所得的视图。

俯视图：物体在水平面上的投影，即从上向下投射所得的视图。

左视图：物体在侧立面上的投影，即从左向右投射所得的视图。

2. 三面投影的展开

工程中的三视图是在平面图纸上绘制的，因此我们需要将三面投影体系展开，如图 3-8b 所示。V 面保持不动，H 面向下绕 OX 轴旋转 90°，W 面向右绕 OZ 轴旋转 90°，三面展成一个平面。OY 轴一分为二，H 面的标记为 OY_H，W 面的标记为 OY_W，因此物体的"宽"在俯视图上是竖向度量的，在左视图上是横向度量的，如图 3-8c 所示。

展开后的三视图按规定不画投影面边框，也不画投影轴，无须标明视图名称，如图 3-8d 所示。

3.2.3 三视图的对应关系

1. 三视图之间的位置关系

根据三个视图的相对位置及其展开的规定，三个视图的位置关系为：以主视图为准，俯视图在其正下方，左视图在其正右方，当三个视图按此位置配置时，国家标准规定一律不标注视图的名称。

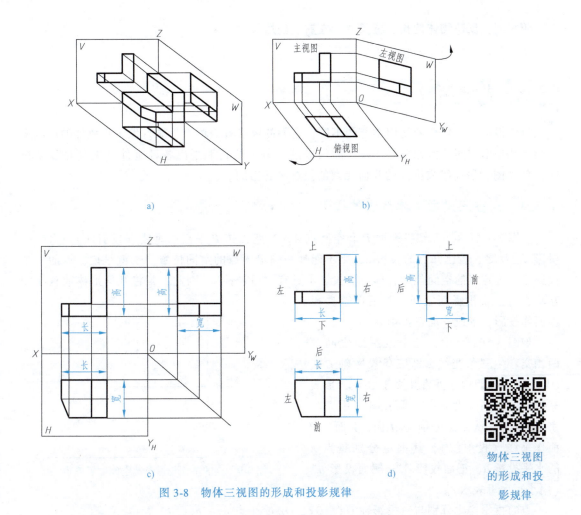

图 3-8　物体三视图的形成和投影规律

2. 三视图之间的尺寸关系

从三视图的形成过程中可以看出，三视图是在物体安放位置不变的情况下，从三个不同的方向投影所得，它们共同表达一个物体，并且每两个视图中就有一个共同尺寸，因此三视图之间存在以下的"三等"关系：

主视图和俯视图"长对正"，即长度相等，并且左右对正。

主视图和左视图"高平齐"，即高度相等，并且上下平齐。

俯视图和左视图"宽相等"，即在作图中俯视图的竖直方向与左视图的水平方向对应相等。

"长对正、高平齐、宽相等"，是三视图之间的投影规律，如图 3-8d 所示。这是画图和读图的根本规律，无论是物体的整体还是局部，都必须符合个这规律。

3. 三视图之间的方位关系

在三投影面体系中，规定 X 轴方向表示物体的长度方向，Y 轴方向表示物体的宽度方向，Z 轴方向表示物体的高度方向。长度方向反映物体的左右关系，宽度方向反映物体的前后关系，高度方向反映物体的上下关系，如图 3-8d 所示。

主视图：反映物体的长、高尺寸和上下、左右位置。

俯视图：反映物体的长、宽尺寸和左右、前后位置。
左视图：反映物体的高、宽尺寸和前后、上下位置。

3.3 点的投影

机件根据使用场合和使用功能的不同，它们的形状有简单有复杂。但不管机件的形状多复杂，都是由空间几何元素点、线、面组成的，为了顺利地画出各种机件（尤其是复杂机件）的视图，研究组成机件的几何元素的投影是必需的。

3.3.1 点在三投影面体系中的投影

如图 3-9 所示，已知投影面 P 和空间点 A，过点 A 作 P 平面的垂线（投射线），得唯一投影 a。反之，若已知点的投影 a，则不能唯一确定 A 点的空间位置。也就是说，点的一个投影不能确定点的空间位置，即单面投影不具有"可逆性"。因此，常将几何形体放置在相互垂直的三个投影面之间，然后向这些投影面作投影，形成三面正投影。

如图 3-10a 所示，三个投影面之间两两相交产生三条交线，即三条投影轴 OX、OY、OZ，它们相互垂直并交于 O 点，形成三投影面体系。设有一空间点 A（用大写字母表示），从 A 点分别向 H 面、V 面、W 面作垂线（投射线），其垂足分别是点 A 的水平投影 a、正面投影 a'、侧面投影 a''（用小写字母表示）。

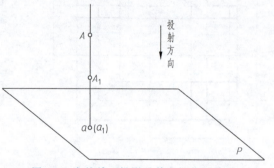

图 3-9 点的单面投影及其空间位置关系

点的投影连线分别与三投影轴 OX、OY、OZ 交于点 a_X、a_Y、a_Z。

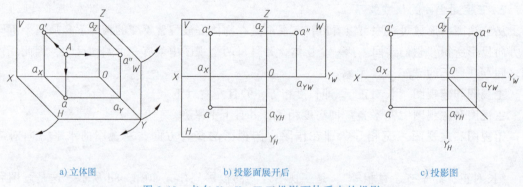

a) 立体图　　　　　　b) 投影面展开后　　　　　　c) 投影图

图 3-10 点在 V、H、W 三投影面体系中的投影

为了将三个投影 a、a'、a'' 表示在一个平面上，根据国家制图标准规定：V 面不动，H 面、W 面按图 3-10a 中箭头所示方向分别绕 OX 轴自前向下旋转 90°、绕 OZ 轴自前向右旋转 90°。这样，H 面、W 面与 V 面就重合成一个平面。这里的投影轴 OY 被分成 OY_H、OY_W 两个，随 H 面旋转的 OY 轴用 OY_H 表示，随 W 面旋转的 OY 轴用 OY_W 表示，且 OY 轴上的 a_Y 点也相应地用 a_{YH}、a_{YW} 表示，如图 3-10b 所示。投影图上不画边框线，空间点 A 在三投影

面体系中的投影图如图 3-10c 所示。在投影图中，OY 轴上的点 a_Y 因展开而分成 a_{YH}、a_{YW}。为了方便作图，可以过 O 点作一条 45°的辅助线，aa_{YH}、$a''a_{YW}$ 的延长线必与该辅助线相交于一点。

从图 3-10a、c，根据立体几何知识，可知：展开后 $a'a''$ 形成一条投影连线并与 OZ 轴交于点 a_Z，且 $a'a'' \perp OZ$ 轴。同时，$a'a_X = a''a_{YW} = Aa$，反映点 A 到 H 面的距离；$a'a_Z = aa_{YH} = Aa''$，反映点 A 到 W 面的距离；$a''a_Z = aa_X = Aa'$，反映点 A 到 V 面的距离。

从上面可以概括出点的三面投影特性：

1) 点的正面投影和水平投影的连线垂直于 OX 轴，即 $aa' \perp OX$（长对正）。
2) 点的正面投影和侧面投影的连线垂直于 OZ 轴，即 $a'a'' \perp OZ$（高平齐）。
3) 点的水平投影到 OX 轴距离等于点的侧面投影到 OZ 轴距离，即 $aa_X = a''a_Z$（宽相等）。实际作图中以 O 点作 45°辅助线来实现。

利用点在三投影面体系中的投影特性，只要知道空间一点的任意两个投影，就能求出该点的第三面投影（简称为二求三）。

3.3.2 点的三面投影与直角坐标的关系

如图 3-11a 所示，若将三投影面当作三个坐标平面，三投影轴当作三坐标轴，三轴的交点 O 作为坐标原点，则三投影面体系便是一个笛卡儿空间直角坐标系。因此，空间点 A 到三个投影面的距离，也就是 A 点的三个直角坐标 X、Y、Z。即点的投影与坐标有如下关系：

1) 点 A 到 W 面的距离：$Aa'' = a'a_Z = aa_{YH} = Oa_X = X_A$。
2) 点 A 到 V 面的距离：$Aa' = a''a_Z = aa_X = Oa_Y = Y_A$。
3) 点 A 到 H 面的距离：$Aa = a'a_X = a''a_{YW} = Oa_Z = Z_A$。

由此可见，若已知 A 点的投影（a、a'、a''），即可确定该点的坐标，也就是确定了该点的空间位置，反之亦然。从图 3-11b 可知，点的每个投影包含点的两个坐标，点的任意两个投影包含点的三个坐标，因此，根据点的任意两个投影，也可确定点的空间位置。

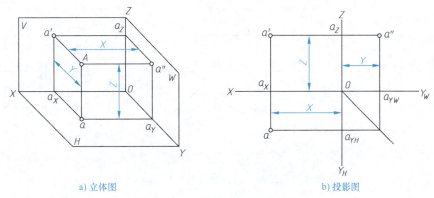

a) 立体图　　　　　　　　　　　　b) 投影图

图 3-11　点的三面投影与直角坐标

【例 3-1】 已知 A 点的直角坐标为（15，10，20），求点 A 的三面投影（图样中的尺寸单位为 mm 时，不需标注计量单位）。

解： 1) 作相互垂直的两条细直线为投影轴，并且过原点 O 作一条 45°辅助线平分 $\angle Y_H O Y_W$。依据 $X_A = Oa_X$，沿 OX 轴取 $Oa_X = 15 mm$，得到点 a_X，如图 3-12a 所示。

2）过点 a_X 作 OX 轴的垂线，在此垂线上，依据 $Z_A = a'a_X$，从 a_X 向上取 $a'a_X = 20$mm，得到点 A 的正面投影 a'；依据 $Y_A = aa_X$，从 a_X 向下取 $a_X a = 10$mm，得到点 A 的水平投影 a，如图 3-12b 所示。

3）现已知点 A 的两面投影 a'、a，可求第三面投影。即过 a 作直线垂直于 OY_H 并与 45°辅助线交于一点，过此交点作垂直于 OY_W 的直线，并与过 a' 作 OZ 轴的垂线 $a'a_Z$ 的延长线交于 a''，a'' 即为点 A 的侧面投影，如图 3-12c 所示（也可不作辅助角平分线，而在 $a'a_Z$ 的延长线上直接量取 $a_Z a'' = aa_X$ 而确定 a''）。

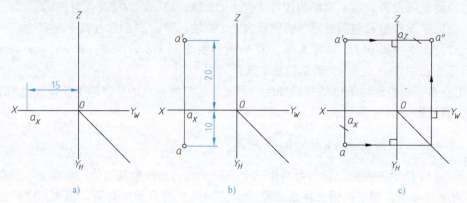

图 3-12　由点的坐标求其投影

【例 3-2】　如图 3-13 所示，已知点 A 的两个投影 a 和 a'，求 a''。

解：由于点的两个投影反映了该点的三个坐标，可以确定该点的空间位置。因而应用点的投影规律，可以根据点的任意两个投影求出第三个投影。

1）过 a' 向右作水平线，过 O 点画 45°斜线。

2）过 a 作水平线与 45°斜线相交，并由交点向上引铅垂线，与过 a' 的水平线的交点即为所求点 a''。

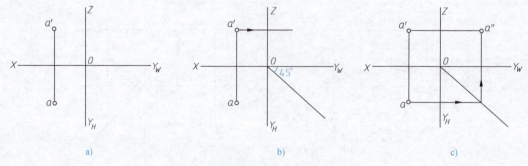

图 3-13　已知点的两个投影求第三个投影

3.3.3　两点之间的相对位置关系

1. 两点的相对位置

空间两点的相对位置，是指它们之间的左右、前后、上下的位置关系，可以根据两点的各同面投影之间的坐标关系来判别。其左右关系由两点的 X 坐标差来确定，X 值大者在左方;其前后关系由两点的 Y 坐标差来确定,Y 值大者在前方;其上下关系由两点的 Z 坐标差来确定,Z 值大者在上方。

在图 3-14a 中,可以直观地看出 A 点在 B 点的左方、后方、下方。在图 3-14b 中,也可从坐标值的大小判别出同样的结论。

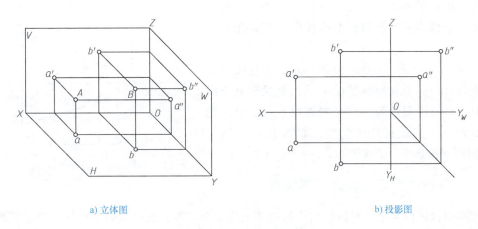

a) 立体图　　　　　　　　　　　　　　b) 投影图

图 3-14　两点的相对位置

2. 重影点

若空间的两点位于某一个投影面的同一条投射线上,则它们在该投影面上的投影必重合,这两点称为对该投影面的重影点。重影点存在着在投影重合的投影面上的投影有一个可见,而另一个不可见的问题。如图 3-15a 所示,A、B 两点的水平投影重合,沿水平投射方向从上往下看,先看见 A 点,B 点被 A 点遮住,则 B 点不可见。在投影图上,若需判断可见性,则应将不可见点的投影加圆括号以示区别,如图 3-15b 所示。需要指出的是,空间两点只能有一个投影面的投影重合,重影点的可见性判断方法如下:

1) 若两点的水平投影重合,称为对 H 面的重影点,且 Z 坐标值大者可见。
2) 若两点的正面投影重合,称为对 V 面的重影点,且 Y 坐标值大者可见。
3) 若两点的侧面投影重合,称为对 W 面的重影点,且 X 坐标值大者可见。

上述三原则,也可概括为前遮后、上遮下、左遮右。

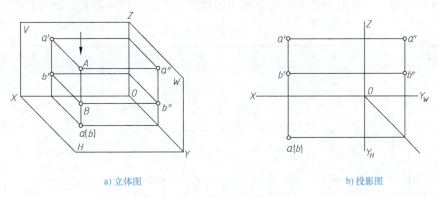

a) 立体图　　　　　　　　　　　　　　b) 投影图

图 3-15　重影点及可见性

3.4 直线的投影

空间任意两点确定一条直线,因此直线的投影就是直线上两点的同面投影(同一投影面上的投影)的连线。需要注意的是,直线的投影线(空间直线在某个投影面上的投影)规定用粗实线画。

如图 3-16 所示,直线的投影一般仍为直线(如图中直线 CE),但在特殊情况下,当直线垂直于投影面时,其投影积聚为一点(如图中直线 AB)。此外,点相对于直线具有从属性,如图中 D 点属于 CE,则同面投影中,d 属于 ce。

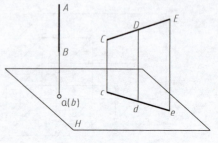

图 3-16 直线的投影

3.4.1 各种位置直线及其投影特性

在三面投影体系中,直线相对于投影面的位置有三种:投影面的平行线、投影面的垂直线、一般位置直线。前两种又统称为特殊位置直线。

另外,根据国家标准规定:空间直线与投影面的夹角称为直线对投影面的倾角,且直线与 H、V、W 三个投影面的夹角依次用 α、β、γ 表示。

1. 投影面的平行线

平行于某一投影面而倾斜于另两投影面的直线,称为投影面的平行线。根据直线所平行的投影面的不同,又可分为以下三种:

水平线——平行于 H 面,倾斜于 V、W 面的直线。
正平线——平行于 V 面,倾斜于 H、W 面的直线。
侧平线——平行于 W 面,倾斜于 V、H 面的直线。

表 3-1 列出了以上三种平行线的立体图、投影图及其投影特性。

从表 3-1 可以概括出投影面平行线的投影特性:

1) 若直线平行于某投影面,则直线在该投影面的投影反映实长,且该投影与投影轴的夹角,分别反映直线对另外两投影面的真实倾角。

2) 直线另两个投影面的投影平行于相应的投影轴,且不反映实长,比实长短。

表 3-1 投影面的平行线

直线的位置	立 体 图	投 影 图	投 影 特 性
正平线			1) $ab // OX$ $a''b'' // OZ$ 2) $a'b' = AB$ 3) $a'b'$ 反映 AB 的倾角 α、γ

(续)

直线的位置	立体图	投影图	投影特性
水平线			1) $c'd' \mathbin{/\mkern-6mu/} OX$ $c''d'' \mathbin{/\mkern-6mu/} OY_W$ 2) $cd = CD$ 3) cd 反映 CD 的倾角 β、γ
侧平线			1) $ef \mathbin{/\mkern-6mu/} OY_H$ $e''f'' \mathbin{/\mkern-6mu/} OZ$ 2) $e''f'' = EF$ 3) $e''f''$ 反映 EF 的倾角 α、β

2. 投影面的垂直线

垂直于某一投影面（必与另外两个投影面平行）的直线，称为投影面的垂直线。根据直线所垂直的投影面的不同，又可分为以下三种：

铅垂线——垂直于 H 面，平行于 V、W 面的直线。

正垂线——垂直于 V 面，平行于 H、W 面的直线。

侧垂线——垂直于 W 面，平行于 V、H 面的直线。

表 3-2 列出了这三种垂直线的立体图、投影图及其投影特性。

从表 3-2 可以概括出投影面垂直线的投影特性：

1) 直线在它所垂直的投影面上的投影积聚为一点。
2) 直线另两个投影面的投影垂直于相应的投影轴，并反映实长。

表 3-2 投影面的垂直线

直线的位置	立体图	投影图	投影特性
铅垂线			1) ab 积聚为一点 2) $a'b' \perp OX$ $a''b'' \perp OY_W$ 3) $a'b' = a''b'' = AB$

(续)

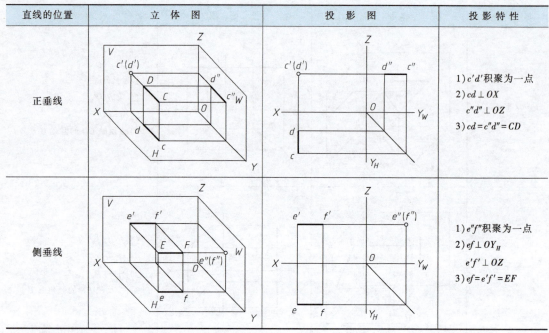

直线的位置	立体图	投影图	投影特性
正垂线			1) $c'd'$积聚为一点 2) $cd \perp OX$ $c''d'' \perp OZ$ 3) $cd = c''d'' = CD$
侧垂线			1) $e''f''$积聚为一点 2) $ef \perp OY_H$ $e'f' \perp OZ$ 3) $ef = e'f' = EF$

3. 一般位置直线

倾斜于各投影面的直线，称为一般位置直线。如图 3-17a 所示，空间直线 AB 对三个投影面都是倾斜关系，则直线的三面投影分别为 $ab = AB\cos\alpha$，$a'b' = AB\cos\beta$，$a''b'' = AB\cos\gamma$，均小于实长 AB。

图 3-17b 为直线 AB 的三面投影图，其投影特性如下：

1）三面投影都倾斜于投影轴，且投影长度均小于空间直线的实长。

2）投影与投影轴的夹角，不反映空间直线对投影面的倾角。

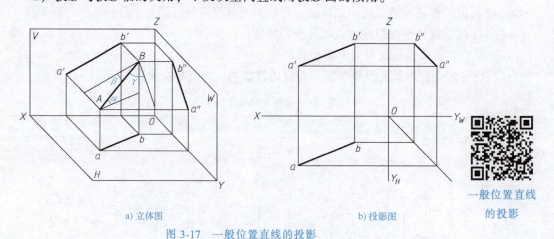

a) 立体图   b) 投影图

图 3-17 一般位置直线的投影

一般位置直线的投影

3.4.2 直线上的点

直线上点的投影特性如下：

1. 从属性

直线上点的投影必在该直线的同面投影上,该特性称为点的从属性。如图 3-18 所示,C 点在直线 AB 上,根据点在直线上投影的从属性和点的三面投影规律,可知 C 点的三面投影 c、c'、c'' 分别在直线的同面投影 ab、$a'b'$、$a''b''$ 上,并且三面投影符合点的投影规律。

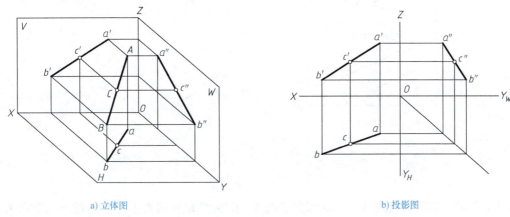

a) 立体图　　　　　　　　　　　　　　b) 投影图

图 3-18　点的从属性

2. 定比性

直线上的点分割直线之比,投影后保持不变,这个特性称为定比性,如图 3-19 所示。

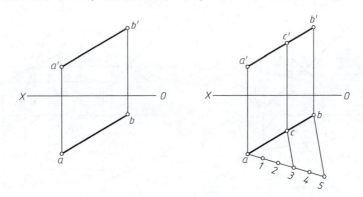

图 3-19　定比性

3.4.3　两直线的相对位置

空间两直线的相对位置关系有三种:平行、相交和交叉。其中平行和相交属于共面直线,交叉是异面直线。

1. 平行两直线

若空间两直线相互平行,则它们的同面投影必相互平行。如图 3-20a 所示,空间两直线 $AB/\!/CD$,因为两平面 $ABba/\!/CDdc$,所以在 H 面上的投影 $ab/\!/cd$。同理,可以得到 $a'b'/\!/c'd'$,$a''b''/\!/c''d''$,如图 3-20b 所示。反之,若两空间直线的同面投影是相互平行的,则该两直线在空间是平行关系。

2. 相交两直线

若空间两直线相交,则它们的同面投影必相交,且其交点符合点的投影规律。如

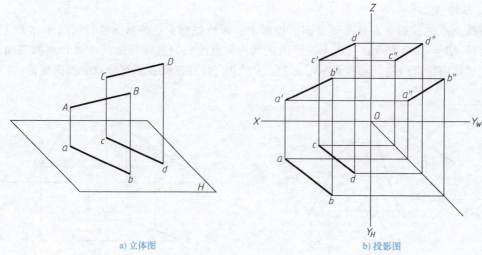

a) 立体图　　　　　　　　　　　b) 投影图

图 3-20　平行两直线

图 3-21a 所示，空间两直线 AB、CD 相交于点 K，因交点 K 在两直上，故其投影也应在两直线的同面投影上。因此，空间相交两直线的同面投影一定相交，且交点的投影符合点的投影规律，如图 3-21b 所示。反之，若空间两直线的同面投影相交，且交点的投影符合点的投影规律，则该两直线在空间必定是相交关系。

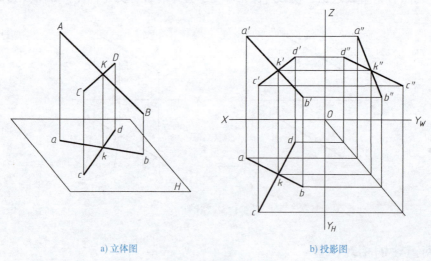

a) 立体图　　　　　　　　　　　b) 投影图

图 3-21　相交两直线

3. 交叉两直线

空间两直线既不平行又不相交的是交叉直线。

交叉两直线的同面投影可能相交，如图 3-22a 所示，但投影交点是两直线对该投影面的一对重影点，图中 ab 与 cd 的交点，分别对应 AB 上的 Ⅱ 点和 CD 上的 Ⅰ 点，按重影点可见性的判别规定，对于不可见点的投影加括号表示。交叉两直线同面投影的交点不符合点的投影规律，如图 3-22b 所示。

【例 3-3】　已知如图 3-23a 所示两侧平线，判断其是否平行。

分析：两直线处于一般位置时，只要其任意两面投影相互平行，即可判断空间两直线相

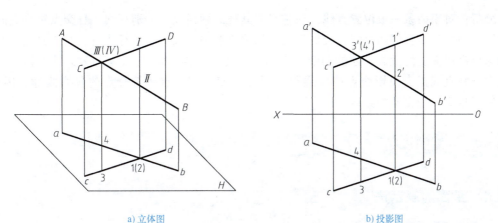

a) 立体图　　　　　　　　　　　　b) 投影图

图 3-22　交叉两直线

互平行。但是，当两直线同时平行于某一投影面时，则要检验两直线在所平行的投影面上的投影是否平行，才可判断空间两直线是否平行。如图 3-23b 所示，虽然 $ab//cd$、$a'b'//c'd'$，但是，$a''b''$ 不平行于 $c''d''$，因此，空间直线 AB 与 CD 不平行，是交叉两直线。

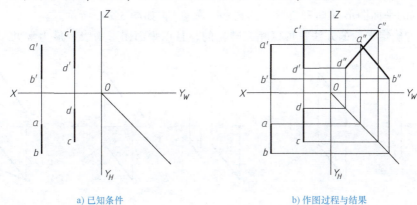

a) 已知条件　　　　　　　　　　　　b) 作图过程与结果

图 3-23　判断两直线是否平行

【例 3-4】 已知如图 3-24a 所示一般位置直线 AB 与侧平线 CD，判断其是否相交。

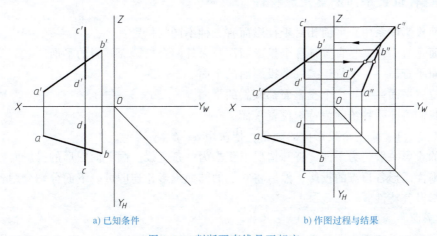

a) 已知条件　　　　　　　　　　　　b) 作图过程与结果

图 3-24　判断两直线是否相交

分析：对于两条一般位置直线，通常只要其任意两面投影分别相交，且交点符合点的投影规律，则可判断空间两直线相交。但是，当两直线中有投影面平行线时，则要检验它所平行的那个投影面上的投影，才能判断是否相交。如图 3-24b 所示，$a''b''$ 与 $c''d''$ 虽然相交，但该交点与两直线正面投影交点的连线与 Z 轴不垂直，即交点不符合点的投影规律，因此，两直线不相交，为交叉两直线。

3.5　平面的投影

3.5.1　平面的表示法

在投影图上表示空间平面可以用下列几种方法来确定：
1) 不在同一直线的三点，如图 3-25a 所示。
2) 一直线和该直线外一点，如图 3-25b 所示。
3) 两条平行直线，如图 3-25c 所示。
4) 两条相交直线，如图 3-25d 所示。
5) 任意的平面图形（如三角形、四边形、圆等），如图 3-25e 所示。

以上几种确定平面的方法是可以相互转化的，且以平面图形来表示最为常见。

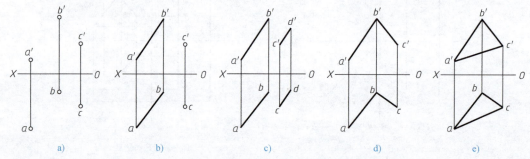

图 3-25　用几何元素表示平面

3.5.2　各种位置平面及其投影特性

在三面投影体系中，平面相对于投影面有三种不同的位置：

投影面垂直面——垂直于某一个投影面而与另外两个投影面倾斜的平面。

投影面平行面——平行于某一个投影面的平面。

一般位置平面——与三个投影面都倾斜的平面。

通常我们将前两种统称为特殊位置平面。

平面对 H、V、W 三个投影面的倾角，依次用 α、β、γ 表示。

平面的投影一般仍为平面，特殊情况下积聚为一条直线。画平面图形的投影时，一般先画出组成平面图形各顶点的投影，然后将它们的同面投影相连即可。下面分别介绍各种位置平面的投影及其特性。

1. 投影面的垂直面

在投影面的垂直面中，只垂直于 H 面的平面，称为铅垂面；只垂直于 V 面的平面，称为正垂面；只垂直于 W 面的平面，称为侧垂面。

表 3-3 列出了以上三种垂直面的立体图、投影图及其投影特性。

由表 3-3 可以概括出投影面垂直面的投影特性：

1）平面在它所垂直的投影面上的投影积聚为一条直线，该直线与投影轴的夹角反映该平面对另外两个投影面的真实倾角。

2）另外两个投影面上的投影，均为小于空间平面图形的类似形。

表 3-3 投影面垂直面

平面的位置	立 体 图	投 影 图	投影特性
铅垂面	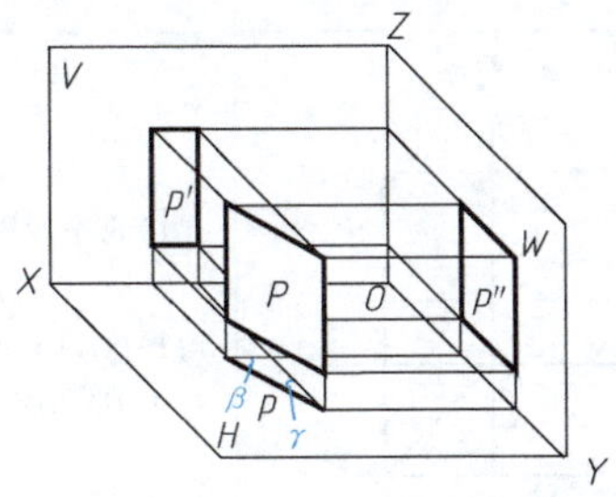	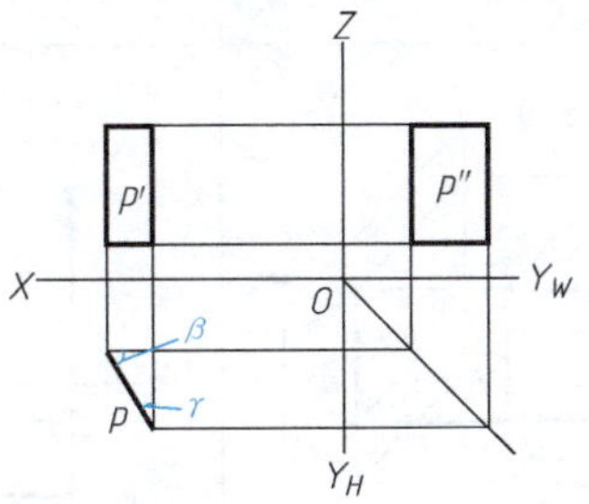	1）水平投影积聚成一条直线，并反映真实倾角 β、γ 2）正面投影、侧面投影不反映实形，为空间平面的类似形
正垂面	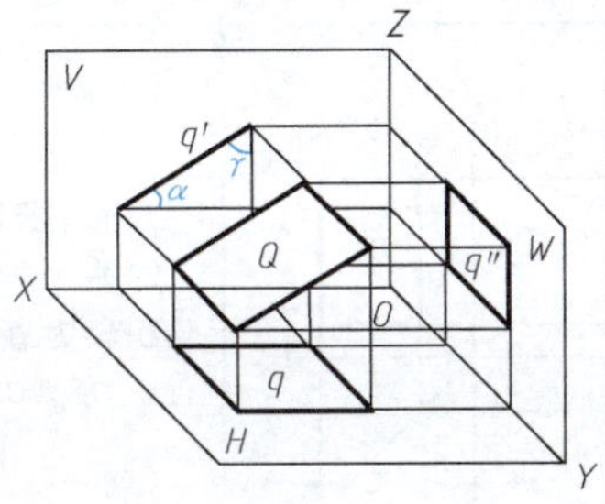	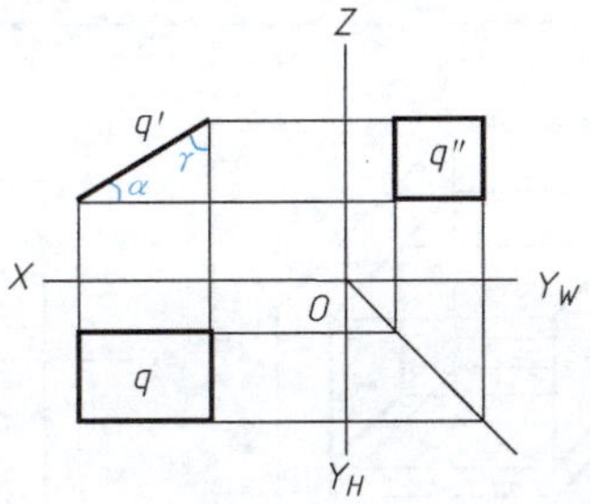	1）正面投影积聚成一条直线，并反映真实倾角 α、γ 2）水平投影、侧面投影不反映实形，为空间平面的类似形
侧垂面	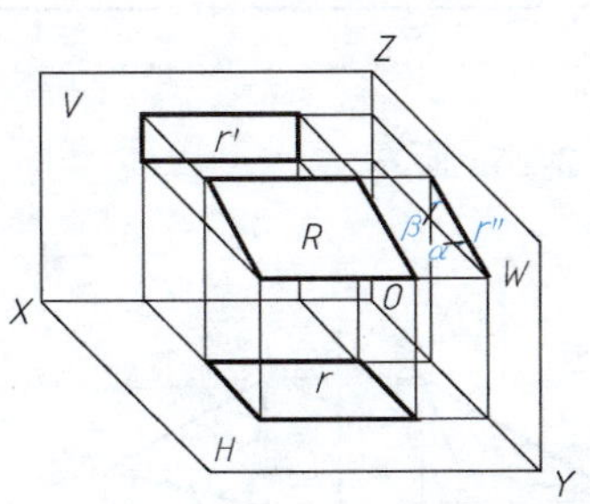	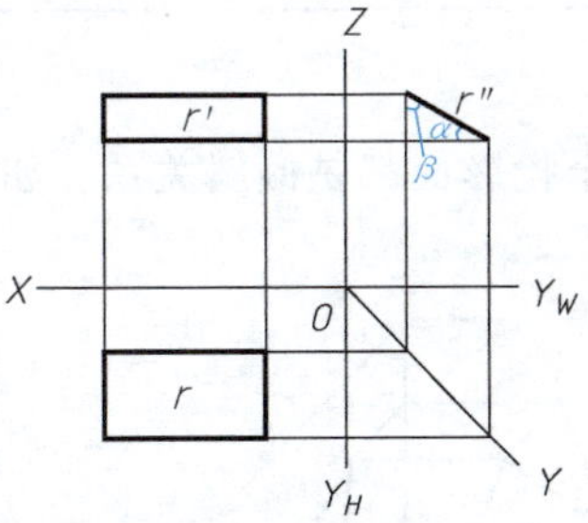	1）侧面投影积聚成一条直线，并反映真实倾角 α、β 2）水平投影、正面投影不反映实形，为空间平面的类似形

2. 投影面的平行面

在投影面的平行面中，平行于 H 面的平面，称为水平面；平行于 V 面的平面，称为正平面；平行于 W 面的平面，称为侧平面。

表 3-4 列出了以上三种平行面的立体图、投影图及其投影特性。

由表 3-4 可以概括出投影面平行面的投影特性：

1）平面在它所平行的投影面上的投影，反映实形。

2）另外两个投影面上的投影，均积聚为平行于相应投影轴的直线。

工程制图及CAD绘图

表 3-4 投影面平行面

平面的位置	立 体 图	投 影 图	投 影 特 性
水平面			1) 水平投影反映实形 2) 正面投影、侧面投影均积聚为直线,且分别平行于 OX、OY_H 轴
正平面			1) 正平投影反映实形 2) 水平投影、侧面投影均积聚为直线,且分别平行于 OX、OZ 轴
侧平面			1) 侧平投影反映实形 2) 水平投影、正面投影均积聚为直线,且分别平行于 OY_H、OZ 轴

3. 一般位置平面

一般位置平面与三个投影面都是倾斜关系,如图 3-26a 所示。

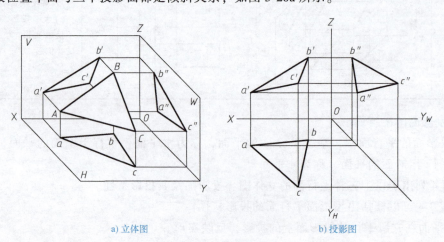

a) 立体图　　　　　　　　　b) 投影图

图 3-26 一般位置平面

一般位置平面的投影特性：三面投影均是小于空间平面图形的类似形，不反映实形，也不反映空间平面对投影面的倾角真实大小，如图 3-26b 所示。

3.5.3 平面上的点和直线

点和直线在平面上的几何条件如下：

1）平面上的点，必定在该平面的某条直线上。由此可见，在平面内取点，必须先在平面内取直线，然后在此直线上取点。

2）平面上的直线，必定通过平面上的两点；或者通过平面内一点，且平行于平面内任一条直线。

如图 3-27 所示，给出了上述几何条件的立体图，其投影图如图 3-28 所示。

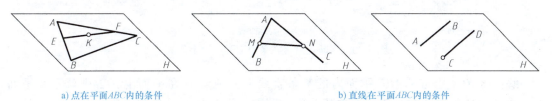

a) 点在平面ABC内的条件　　　　　　　b) 直线在平面ABC内的条件

图 3-27　平面上的点和直线立体图

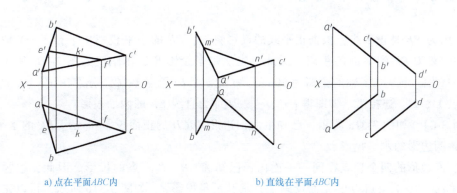

a) 点在平面ABC内　　　　　　　b) 直线在平面ABC内

图 3-28　一般位置平面内取点、线投影图

特殊位置平面由于其所垂直的投影面上的投影积聚成直线，因此，这类平面上的点和直线，在该平面所垂直的投影面上的投影，位于平面有积聚性的投影或迹线上，如图 3-29 所示。

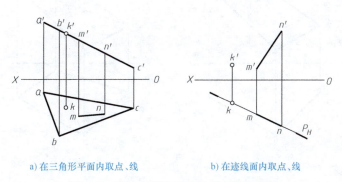

a) 在三角形平面内取点、线　　　　　　　b) 在迹线面内取点、线

图 3-29　特殊位置平面内取点、线投影图

【例 3-5】 如图 3-30a 所示，已知平面 △ABC 以及点 D 的两面投影，求：

1）判断点 D 是否在平面上。

2）在平面上作一条正平线 EF，使 EF 到 V 面的距离为 20mm。

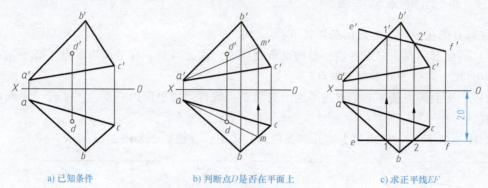

a) 已知条件　　　　b) 判断点D是否在平面上　　　　c) 求正平线EF

图 3-30　判断点是否在平面上及平面上取线

解： 1) D 点若在 △ABC 平面内的某条直线上，则点 D 在平面上，否则就不在平面上。判断方法如图 3-30b 所示：连接 ad 并延长交 bc 于点 m，在 b'c' 上作出 m 对应的正面投影点 m'，连接 a'm'，AM 必在平面 △ABC 上，但 d' 不在 a'm' 上，故点 D 不在平面上。

2) 因为 EF 是正平线，根据正平线的投影特性，EF 的水平投影应平行于 OX 轴，且到 OX 轴的距离为 EF 到 V 面的距离。因此，先从水平投影开始作图。如图 3-30c 所示，作 ef 平行于 OX 轴，且到 OX 轴的距离为 20mm。ef 交 ab、bc 于点 1、2，分别在 a'b'、b'c' 上作出其对应点 1'、2'，连接 1'、2' 即得 e'f'。ef、e'f' 即为直线 EF 的两面投影。

【例 3-6】 如图 3-31a 所示，已知平面四边形 ABCD 的正面投影和 AB、BC 的水平投影，试完成该四边形的水平投影。

解： 四边形的四个顶点在同一平面内，已知 A、B、C 三点的投影。因此，本题实际上是已知平面 ABC 上一点 D 的正面投影 d'，求其水平投影 d。如图 3-31b 所示，可以先连接 ac 和 a'c'，再连接 b'd' 交 a'c' 于 e'，在 ac 上作出 e' 的对应点 e，连接 be 并在其延长线上作出 d' 的对应点 d。最后，连接 ad 和 cd 即完成四边形的水平投影。

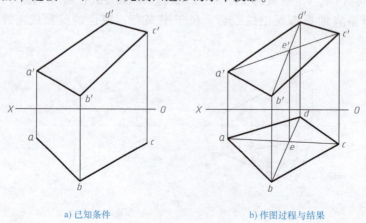

a) 已知条件　　　　b) 作图过程与结果

图 3-31　完成四边形的水平投影

3.6 基本体的投影

在生产实践中，会接触到各种形状的机件，如图 3-32 所示。这些机件的形状虽然复杂多样，但都是由一些简单的立体经过叠加、切割或相交等形式组合而成的。把这些形状简单且规则的立体称为基本几何体，简称为基本体。

 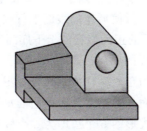 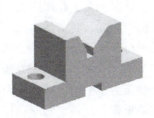

图 3-32　机件的组成

基本体是构成复杂物体的基本单元，一般也称基本体为简单形体。基本体的大小、形状是由其表面限定的。按其表面性质不同，可分为平面立体和曲面立体两类。

1. 平面立体

表面是由平面围成的立体，简称平面体。例如，棱柱、棱锥、棱台等，如图 3-33 所示。

图 3-33　平面立体

2. 曲面立体

表面是由曲面和平面或曲面围成的立体，又称为回转体。例如，圆柱、球、圆锥、圆环、圆台等，如图 3-34 所示。

图 3-34　曲面立体

由于平面立体的表面均为平面，各表面相交形成棱线，故可将绘制平面立体的投影归结为绘制其各表面的投影，或者归结为绘制各棱线及各顶点的投影。

3.6.1 平面立体的投影

1. 棱柱

棱柱分为直棱柱（侧棱与底面垂直）和斜棱柱（侧棱和底面倾斜）两类。棱柱上下底面是两个形状相同且互相平行的多边形，各个侧面都是矩形或平行四边形。上下底面是正多边形的直棱柱称为正棱柱。下面以六棱柱为例。

（1）安放位置　安放形体时要考虑两个因素：一要使形体处于稳定状态，二要考虑形体的工作状况。为了作图方便，应尽量使形体的表面平行或垂直于投影面，以便于选择正确的主视图。为此，将如图3-35a所示的正六棱柱的上下底面平行于 H 面放置，并使其前后两个侧面平行于 V 面，则可得正六棱柱的三面投影图。

（2）投影分析　图3-35b所示为正六棱柱的三面投影图。因为上下两底面是水平面，前后两个棱面为正平面，其余4个棱面是铅垂面，所以它的水平投影是一个正六边形，它是上下底面的投影，反映了实形，正六边形的6个边即为6个棱面的积聚投影，正六边形的6个顶点分别是6条棱线的水平积聚投影。正六棱柱的前后棱面是正平面，它的正面投影反映实形，其余4个棱面是铅垂面，因而正面投影是其类似形。合在一起，其正面投影是3个并排的矩形线框。中间的矩形线框为前后棱面反映实形的重合投影，左右两侧的矩形线框为其余4个侧面的重合投影。此线框的上下两边即为上下两底面的积聚投影。它的侧面投影是两个并排的矩形线框，是4个铅垂棱面的重合投影。

（3）作图步骤

1）布置图面，画中心线、对称线等作图基准线。

2）画水平投影，即反映上下两底面实形的正六边形。

3）根据正六棱柱的高，按投影关系画正面投影。

4）根据正面投影和水平投影，按投影关系画铅垂面（即侧面）投影。

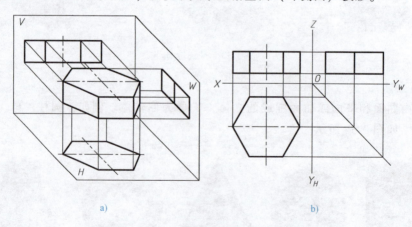

图3-35　正六棱柱的投影及三视图

2. 棱锥

棱锥的底面为多边形，各侧面为若干具有公共顶点的三角形。当棱锥的底面是正多边形，各侧面是全等的等腰三角形时，称为正棱锥。下面以正三棱锥为例，如图3-36所示。正三棱锥的底面为正三角形，三个棱面为全等的等腰三角形，轴线通过底面重心并与底面相互垂直，三条棱线交汇于锥顶点。

（1）安放位置　使正三棱锥的底面与水平面平行，后面的棱角与侧面相互垂直，其底面边线为侧垂线。

（2）投影分析

1）俯视图：由于底面平行于水平面，其水平投影△abc反映底面的实形。正三棱锥的顶点S的水平投影s在△abc的重心上，三个棱面均与水平面倾斜，其水平投影分别为△sab、△sbc、△sca，反映棱面的类似形。

2）主视图（正面投影）：为由两个小三角形线框组成的大三角形线框，底面垂直于正面，其投影积聚为一条直线a'b'c'，锥顶点S的正面投影位于a'b'c'的垂直平分线上，s'到a'b'c'的距离等于正三棱锥的高。左右两个棱面倾斜于正面，其正面投影为左右两个小三角形线框，为棱面的类似形，后棱面也倾斜于正面，其正面投影为类似形，为外轮廓大三角形线框，其投影△s'a'c'为不可见。

3）左视图：为一斜三角形线框，底面垂直于侧面，其投影积聚为一条直线a"b"(c")，为左视图三角形的底边，后棱面垂直于侧面，其投影积聚为一条直线s"a"(c")，左右两个棱面倾斜于侧面，其投影为两两重影的三角形线框，为棱面的类似形。

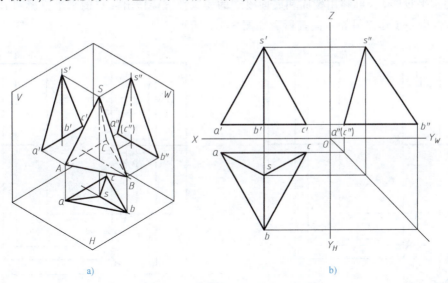

a)　　　　　　　　　　　b)

图 3-36　正三棱锥的投影及三视图

（3）作图步骤（图3-36b）

1）画投影轴。

2）画反映底面实形的俯视图。画等边三角形abc，由重心s连sa、sb、sc。

3）根据"长对正"和正三棱锥的高度画主视图。

4）根据"宽相等、高平齐"画左视图。注意：锥顶点的侧面投影位置，由正面及水平投影按投影规律作图得到。

5）检查后加深。

3.6.2　平面立体上点的投影

平面立体的表面都是平面多边形，在其表面上取点的作图问题，实质上就是平面上取点作图的应用。其作图的基本原理是：平面立体上的点和直线一定在立体表面上。由于平面立体的各表面存在着相对位置的差异，必然会出现表面投影的相互重叠，从而产生各表面投影的可见与不可见问题，因此，对于表面上的点和线还应考虑它们的可见性。判断立体表面上点和线可见与否的原则是：如果点、线所在的表面投影可见，那么，点、线的同面投影一定可见，否则不可见。

立体表面取点的求解问题一般是指已知立体的三面投影和它表面上某一点的一面投影，要求该点的另两面投影，解决问题的基本思路如下：

1. 从属性法

如果点位于立体表面的某条棱线上，那么，点的投影必定在棱线的投影上，即可利用线上点的"从属性"求解。

2. 积聚性法

如果点所在的立体表面对某投影面的投影具有积聚性，那么，点的投影必定在该表面对这个投影面的积聚投影上。

如图 3-37a 所示，在五棱柱的后棱面上给出了 A 点的正面投影（a'），在上底面上给出了 B 点的水平投影 b，可利用棱面和底面投影的积聚性直接作出 A 点的水平投影和 B 点的正面投影，再进一步作出另外一面投影，如图 3-37b 所示。

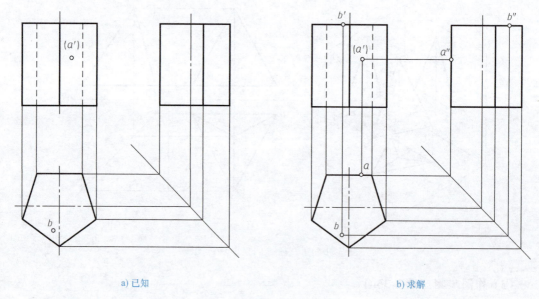

a) 已知　　　　　　　　　　　　　　　b) 求解

图 3-37　在五棱柱的表面定点

3. 辅助线法

当点所在的立体表面无积聚性投影时，必须利用作辅助线的方法来帮助求解。这种方法是先过已知点在立体表面作一辅助直线，求出辅助直线的另两面投影，再依据点的"从属性"，求出点的各面投影。

如图 3-38a 所示，在三棱锥的 SEG 棱面上给出了点 A 的正面投影 a'，又在 SFG 棱面上给出了点 B 的水平投影 b，为了作出 A 点的水平投影 a 和 B 点的正面投影 b'，可运用前面讲过的在平面上定点的方法，即首先在平面上画一条辅助线，然后在此辅助线上定点。

如图 3-38b 所示说明了这两个投影的画法，图中过 A 点作一条平行于底边的辅助线，而过 B 点作一条通过锥顶的辅助线，所求的投影 a、b′ 都是可见的，再依据投影原理作出整个立体及表面点的侧面投影。

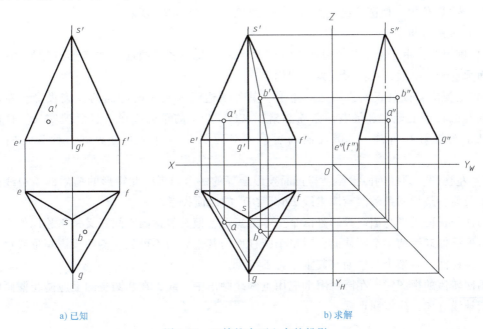

a) 已知　　　　　　　　　　　　　b) 求解

图 3-38　三棱锥表面上点的投影

3.6.3　回转体的投影

表面全由曲面或由曲面和平面共同围成的形体为曲面体。常见曲面体有圆柱、圆锥、圆球等。它们的曲表面均可看作是由一条动线绕某固定轴线旋转而成的，这类曲面体又称为回转体，其曲表面称为回转面。动线称为母线，母线在旋转过程中的任一具体位置称为曲面的素线。曲面上有无数条素线。

图 3-39 所示为回转面的形成。图 3-39a 表示一条直母线围绕与它平行的轴线旋转形成的圆柱面；图 3-39b 表示一条直母线围绕与它相交的轴线旋转形成的圆锥面；图 3-39c 表示一曲母线圆围绕其直径旋转而形成的球面。

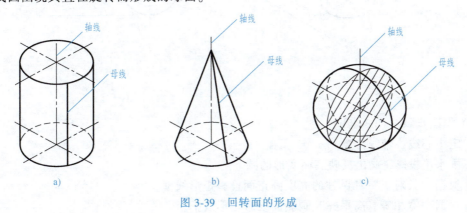

a)　　　　　　　　　　b)　　　　　　　　　　c)

图 3-39　回转面的形成

1. 圆柱的三视图

(1) 形体分析　圆柱由圆柱面和两个底面组成。圆柱的上下两个底面为直径相同且相互平行的两个圆面，轴线与底面垂直。

(2) 投影位置　使圆柱的轴线垂直于水平面，如图 3-40a 所示。

(3) 投影分析

1) 俯视图：由于上下两个底面平行于水平面，其投影反映底面的实形且重影为一圆，圆柱面垂直于水平面，其投影积聚在圆周上。

2) 主视图：圆柱正面投影为一矩形，其上下边线为圆柱两底面的积聚投影，左右两条边线是圆柱面上最左、最右两条轮廓素线 AA_1、CC_1 的正面投影，且反映实长。这两条素线从正面投射方向看，是圆柱面前后两部分可见与不可见的分界线，称为正向轮廓素线。

3) 左视图：圆柱侧面投影是与正面投影全等的一个矩形。此矩形的前后两条边线是圆柱面上最前、最后两条侧向轮廓素线 BB_1、DD_1 的侧面投影。

圆柱的正面投影与侧面投影是两个全等的矩形，但其表达的空间意义是不相同的。正面投影矩形线框表示前半个圆柱面，后半个圆柱面与其重影为不可见；侧面投影矩形线框表示左半个圆柱面，右半个圆柱面与其重影为不可见。

画回转体的视图时，在圆视图上应用点画线画出中心线，在非圆视图上应防止漏画轴线或画错轴线方向，应特别重视。

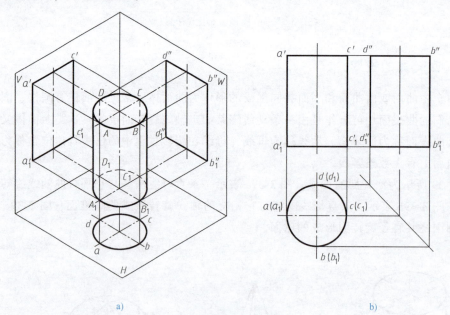

图 3-40　圆柱的三视图

(4) 作图步骤（图 3-40b）

1) 定中心线、轴线位置。

2) 画水平投影，画出反映底面实形的圆。

3) 根据"长对正"和圆柱的高度画正面投影矩形线框。

4) 根据"宽相等、高平齐"画侧面投影矩形线框。

5)检查后加深。

圆柱体三视图的视图特征:两个视图为矩形线框,第三视图为圆。

2. 圆锥的三视图

(1)形体分析 圆锥由圆锥面和底面圆组成,轴线通过底面圆心并与底面垂直。

(2)投影位置 使圆锥轴线与水平面垂直,如图3-41a所示。

(3)投影分析

1)俯视图:圆锥的水平投影为一个圆,此圆反映底面圆的实形,也反映圆锥面的水平投影。圆锥顶点的水平投影落在圆心上,圆锥面的水平投影可见,底面的不可见。

2)主视图和左视图:为全等的两个等腰三角形线框,其两腰表示圆锥面上不同位置轮廓素线的投影。正面投影中 $s'a'$ 和 $s'c'$ 是圆锥面上最左、最右两条正向轮廓素线 SA 和 SC 的正面投影,侧面投影中 $s''b''$ 和 $s''d''$ 是圆锥面上最前、最后两条侧向轮廓素线 SB 和 SD 的侧面投影。这些素线对于其他投射方向不是轮廓素线,因此不必画出。

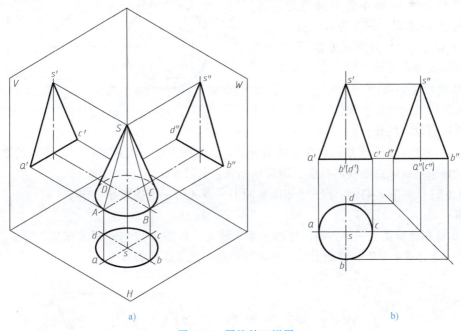

图3-41 圆锥的三视图

(4)作图步骤(图3-41b)

1)定中心线、轴线位置。

2)画水平投影,画出反映底面实形的圆。

3)根据"长对正"和圆锥的高画正面投影三角形线框。

4)根据"宽相等、高平齐"画侧面投影三角形线框。

5)检查后加深。

圆锥体三视图的视图特征:两个视图为三角形线框,第三视图为圆。

3.6.4 回转体上点的投影

曲面立体表面上的点的投影作图,与在平面上取点的原理一样。

1. 圆柱面上的点

圆柱面上的点必定在圆柱面的一条素线或一个纬圆上。当圆柱面具有积聚投影时，圆柱面上点的投影必在同面积聚投影上。

【例 3-7】 如图 3-42 所示，已知圆柱面上的点 M、N 的正面投影，求另两面的投影。

分析：M 点的正面投影可见，又在中心点画线的左面，由此判断 M 点在左、前半圆柱面上，侧面投影可见。N 点的正面投影不可见，又在中心点画线的右面，由此判断 N 点在右、后半圆柱面上，侧面投影不可见。

作图：

1) 求点 m、m''。因圆柱面的水平投影具有积聚性，故 m 必在前半圆周的左部，m'' 可由 m 和 m' 求得，m'' 点为可见点。

2) 求点 n、n''。其作图方法与 M 点相同，其侧面投影不可见。

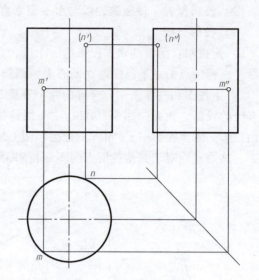

图 3-42 圆柱表面上的点

2. 圆锥面上的点

圆锥体的投影没有积聚性，在其表面上取点的方法有以下两种：

(1) 素线法 圆锥面是由许多素线组成的。圆锥面上任一点必定在经过该点的素线上，因此，只要求出过该点素线的投影，即可求出该点的投影。

【例 3-8】 如图 3-43a 所示，已知圆锥面上一点 A 的正面投影 a'，求 a、a''。

分析：

1) A 点在圆锥面上，一定在圆锥的一条素线上，故过 A 点与锥顶 S 相连，并延长交底面圆周于 I 点，SI 即为圆锥面上的一条素线，求出此素线的各投影。

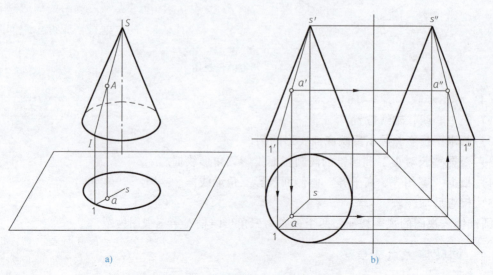

图 3-43 素线法求圆锥表面上的点

2）根据点线的从属关系，求出点的各投影。

作图（图 3-43b）：

1）过 a′作素线 SⅠ的正面投影 s′1′。

2）求 s1。在水平投影上求出 1 点，连接 s1 即为素线 SⅠ的水平投影。

或先求出 SⅠ的侧面投影，根据从属关系求出 A 点的侧面投影 a″。

3）由 a′求出 a，由 a 及 a′求出 a″。

（2）**纬圆法**　由回转面的形成可知，母线上任意一点的运动轨迹为圆，该圆垂直于旋转轴线，把这样的圆称为纬圆。圆锥面上任一点必然在与其高度相同的纬圆上，因此，只要求出过该点的纬圆的投影，即可求出该点的投影。

【例 3-9】　如图 3-44a 所示，已知圆锥面上一点 A 的正面投影 a′，求 a、a″。

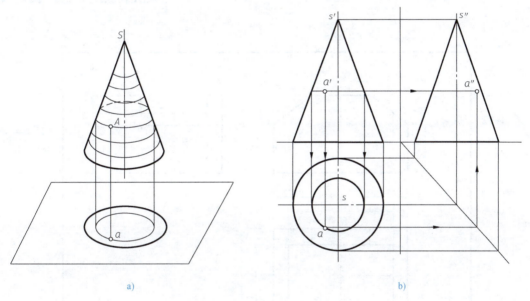

图 3-44　纬圆法求圆锥表面上的点

分析：过 A 点作一纬圆，该圆的水平投影为圆，正面投影、侧面投影均为直线，A 点的投影一定在该圆的投影上。

作图（图 3-44b）：

1）过 a′作纬圆的正面投影，此投影为一直线。

2）画出纬圆的水平投影。

3）由 a′求出 a，由 a 及 a′求出 a″。

4）判别可见性，两投影均可见。

由上述两种作图方法可知，当 A 点的任意投影为已知时，均可用素线法或纬圆法求出它的其余两面投影。

3.7　在 AutoCAD 中绘制三视图

除了使用前一节所讲解的尺规作图外，还可以使用 AutoCAD 绘图软件绘制三视图。在

工程制图及CAD绘图

使用该软件绘图时,"长对正、高平齐"的投影规律可通过"对象捕捉""极轴追踪"和"对象追踪"等功能来实现,而"宽相等"可通过尺寸或其他方法来实现。

【例3-10】 根据工件三维图(图3-45)和工作样图(图3-46),使用1∶1的比例在AutoCAD中绘制三视图,并标注尺寸。

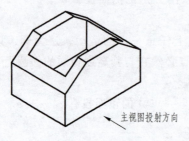

图3-45 三维图

绘制三视图

三维图 AR

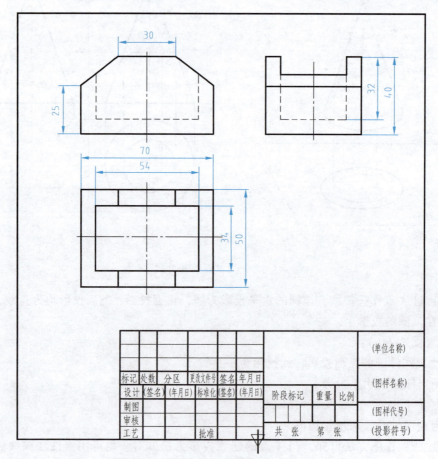

图3-46 工作样图

绘图步骤:
1. 设置样板图
步骤1 单击快速访问工具栏中的"打开"按钮,或按<Ctrl+O>组合键,打开"选择文件"对话框,然后在该对话框的"搜索"列表框中单击,找到 2.2 节定制的"A4.dwg"文件,最后单击"打开"按钮打开该文件。

步骤 2 确认状态栏中的"极轴追踪""对象捕捉"对象追踪""动态输入"和"线宽"按钮均处于打开状态。然后右击"极轴追踪"按钮,在弹出的快捷菜单中选择"设置"选项,在打开的对话框中将极轴增量角设置为"30"。

步骤 3 单击"修改"工具栏中的"旋转"按钮 ⟲,采用窗交方式选取整个图形并按<Enter>键,确定旋转对象,然后捕捉并单击图幅边框的左下角点作为旋转基点,接着输入旋转角度值"90"并按<Enter>键,结果如图 3-47 所示。

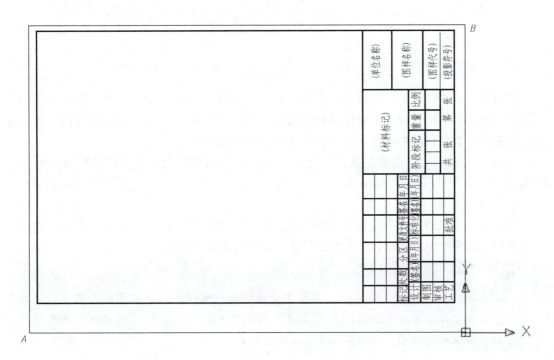

图 3-47 旋转图框及标题栏

步骤 4 选择"工具"→"新建 UCS"→"原点"菜单命令,然后捕捉并单击图 3-47 所示图幅边框的左下角点 A,将坐标系原点移到此处,各坐标轴的方向与图 3-47 相同。

步骤 5 在命令行中输入"limits",按<Enter>键可重新设置绘图界限。根据命令行提示依次单击图 3-47 所示的端点 A 和 B,以指定图形界限的左下角点和右上角点。

2. 绘制方向符号和对中符号

步骤 1 将"0"图层设置为当前图层。单击"绘图"工具栏中的"直线"按钮 ✎,在绘图区任意位置单击,确定方向符号(等边三角形)的下角点,然后依次输入"-1.5,3"("-1.5,3"表示与上一点的相对直角坐标,输入完成后应按<Enter>键,下同)"3,0"和"c"(表示封闭图形并结束画线,此处实际上是绘制等边三角形的右边线),结果如图 3-48 所示。

步骤 2 单击"修改"工具栏中的"移动"按钮,然后选取所绘制的三角形并按<Enter>键,接着捕捉图 3-49a 所示三角形上边线的中点并竖直向下移动光标,待出现竖直

工程制图及CAD绘图

极轴追踪线时输入值"3",按<Enter>键以指定移动基准,最后捕捉下面图框线的中点并单击,结果如图3-49b所示。

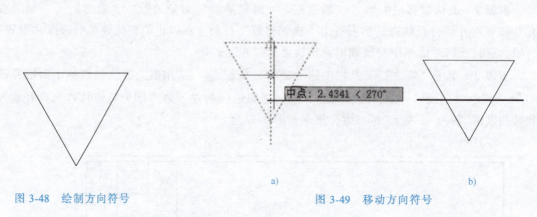

图3-48 绘制方向符号　　　　　图3-49 移动方向符号

步骤3 将"粗实线"图层设置为当前图层。执行"直线"命令,捕捉图框线的中点并向上移动光标,待出现竖直极轴追踪线时输入值"5"并按<Enter>键,接着向下移动光标,捕捉图幅边框线的中点并单击,最后按<Enter>键结束命令。

步骤4 按<Enter>键重复执行"直线"命令,分别为其余三条图幅边框线绘制对中符号。

3. 绘制三视图

在绘制完图纸的方向符号和对中符号后,接下来应绘制三视图。在使用AutoCAD绘制三视图时,无须绘制基准线,只需按照投影关系绘制各视图即可。

> **提示**
> 在AutoCAD中绘制三视图时,需根据该物体的形成过程三个视图配合着画,切忌一个视图画完再画另一个视图。本例按照先绘制基本体(长方体)的投影,再绘制切角,接着绘制长方体槽,最后标注尺寸的顺序绘制。

步骤1 单击"绘图"工具栏中的"矩形"按钮 □,在绘图区的合适位置单击,以指定俯视图中矩形的左下角点,输入"@70,50",按<Enter>键指定矩形的右上角点。

步骤2 按<Enter>键重复执行"矩形"命令,捕捉图3-49左图所示的端点并竖直向上移动光标,在合适位置单击后输入"@70,40",按<Enter>键以指定主视图中矩形线框的右上角点。

步骤3 重复执行"矩形"命令,采用同样的方法捕捉上步所绘矩形的右下角点并水平向右移动光标,采用同样的方法绘制长为50、宽为40的矩形,结果如图3-50右图所示。

步骤4 执行"直线"命令,捕捉图3-51所示的端点 A 并向上移动光标,待出现竖直极轴追踪线时输入值"25"并按<Enter>键,然后绘制图中所示的水平直线。

步骤5 按<Enter>键重复执行"直线"命令,捕捉水平直线 BC 的中点并向左移动光标,待出现水平极轴追踪线时输入值"15"并按<Enter>键,接着捕捉并单击端点 E,以绘制图中所示的直线 EF。采用同样的方法绘制另外一条倾斜直线 MN。

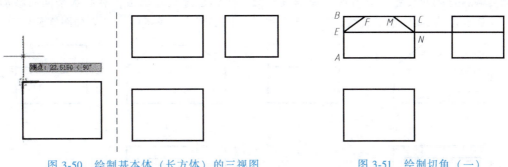

图 3-50 绘制基本体（长方体）的三视图　　　　图 3-51 绘制切角（一）

步骤 6　单击"修改"工具栏中的"修剪"按钮 ，按<Enter>键将所有对象作为修剪边界，然后在要修剪掉的对象上单击，最后按<Enter>键结束命令，结果如图 3-52 主视图所示。

步骤 7　执行"直线"命令，分别捕捉图 3-52 所示的端点 A、B 并向下移动光标，待出现竖直极轴追踪线与直线 CD 的交点时单击，依次绘制图中所示的两条竖直直线。

步骤 8　单击"修改"工具栏中的"偏移"按钮 ，将俯视图中的矩形向其内侧偏移8。然后单击"修改"工具栏中的"修剪"按钮 修剪图形，结果如图 3-53 俯视图所示。

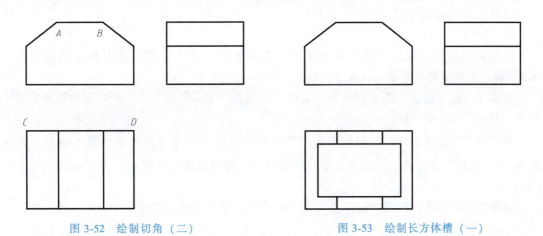

图 3-52 绘制切角（二）　　　　　　　　图 3-53 绘制长方体槽（一）

步骤 9　将"虚线"图层设置为当前图层。执行"直线"命令，捕捉图 3-54a 所示直线 AB 的中点并向上移动光标，待出现竖直极轴追踪线时输入值"8"并按<Enter>键；接着捕捉端点 C 并向上移动光标，待出现两条垂直相交的极轴追踪线时单击；继续向上移动光标，找到极轴与主视图左侧斜线的交点时单击；最后按<Enter>键结束画线命令，图中两条虚线就画好了。

步骤 10　单击"修改"工具栏中的"镜像"按钮 ，选取上一步所绘制的两条虚线为镜像对象，并以水平虚线的右端点和主视图中任一水平直线的中点连线为镜像线进行镜像复制，结果如图 3-54b 所示。

步骤 11　执行"直线"命令，捕捉图 3-54a 所示直线 EF 的中点并向左移动光标，待出现水平极轴追踪线时输入值"17"并按<Enter>键，接着向下移动光标并捕捉主视图中竖直虚线与倾斜直线的交点，待出现两条垂直相交的极轴追踪线时单击，然后水平向右移动光标，绘制长度为34的水平直线，接着向上移动光标绘制第3条虚线，结果如图3-54b所示。

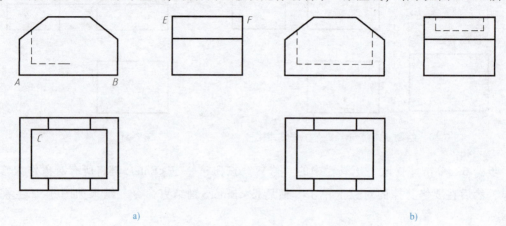

图3-54 绘制长方体槽（二）

步骤12 选取左视图中的三条细虚线，然后将其置于"粗实线"图层。然后单击"修改"工具栏中的"修剪"按钮 -/--，修剪左视图上边线的中间部分，如图3-55所示。

步骤13 执行"直线"命令，利用"对象捕捉"和"对象追踪"功能绘制左视图中的其他虚线，结果如图3-55所示。

4. 标注尺寸

绘制完图形后，需认真检查各视图（主要检查线型是否正确，是否有多线或漏线情况），确认无误后便可开始标注尺寸。

步骤1 将"标注"图层设置为当前图层。在任一工具栏上右击，从弹出的快捷菜单中选择"标注"，打开"标注"工具栏。

步骤2 单击"标注"工具栏中的"线性"按钮 ⊢⊣，分别捕捉并单击图3-55所示的端点A、B，然后向左移动光标并在合适的位置单击，确定放置尺寸线的位置，结果如图3-56所示。

步骤3 参照工作样图中的标注，在"标注"工具栏中选择所需命令标注其他尺寸。

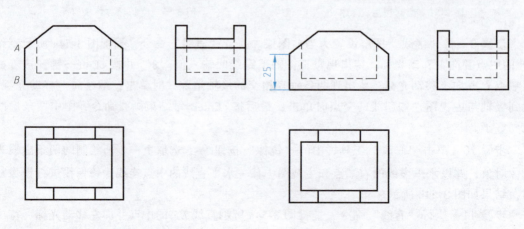

图3-55 绘制长方体槽（三）　　　　　图3-56 标注线性尺寸

提示

在标注尺寸时,若所标注的尺寸数字和箭头的大小不合适,则可选择"格式"→"标注样式"菜单命令,然后在打开的对话框中选择要修改的标注样式并单击"修改"按钮,接着在打开的"修改标注样式"对话框的"符号和箭头"和"文字"选项卡中设置其大小。本例将其设置为7。

第4章 立体表面交线

机械零件大多数是由一些基本体根据不同的要求组合而成的,基本体之间的相交或相切在立体表面会出现一些交线。常见的交线可分为两类:一类是平面与立体表面相交产生的交线;另一类是两立体表面相交产生的交线。

4.1 截交线

在机件上常有平面与立体相交(平面截切立体)而形成的交线,平面与立体表面相交的交线称为截交线。这个平面称为截平面,形体上截交线所围成的平面图形称为截断面,被截切后的形体称为截断体,如图4-1所示。

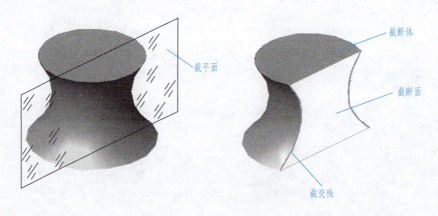

图4-1 截交线的概念

从图4-1中可知,截交线既在截平面上,又在形体表面上,它具有以下性质:
1) 立体的截交线为立体表面与截平面的共有线,立体截交线上的点为立体表面与截平面上的共有点。
2) 因为截交线属于截平面上的线,所以截交线一般是封闭的平面折线或带有曲线的平面图形。
3) 截交线的形状取决于被截立体的形状及截平面与立体的相对位置。

4.1.1 平面立体的截交线

平面立体的截交线是一封闭的平面多边形。多边形的各边是截平面与立体表面的共有线，而多边形的顶点是截平面与立体棱线的共有点。因此，求平面立体的截交线，实质就是求截平面与被截各棱线的共有点的投影问题。

【例 4-1】 试求四棱锥的截交线。

分析：如图 4-2 所示，四棱锥被截切，截交线为四边形，其顶点分别是四条棱线与截平面的交点。因此，只要求出截交线四个顶点在各投影面上的投影，然后依次连接各点的同面投影，即得截交线的投影。因为该截交线的正面投影具有积聚性（已知），所以只需求出截交线的水平投影和侧面投影。

作图步骤如图 4-2 所示。

1）作特殊点。以正面投影图轮廓线上的 1′、2′、3′、(4′) 为特殊点，由 Ⅰ、Ⅱ、Ⅲ、Ⅳ四点的正面投影和水平投影可作出它们的侧面投影，并且其点 1 是最高点，点 3 是最低点，主视图中点 2′可见，点 4′不可见。根据对该四棱锥截交线的分析，其截平面是任意四边形。

2）依次用直线连接 1″、2″、3″、4″，即得截交线的侧面投影。

3）加粗轮廓线。

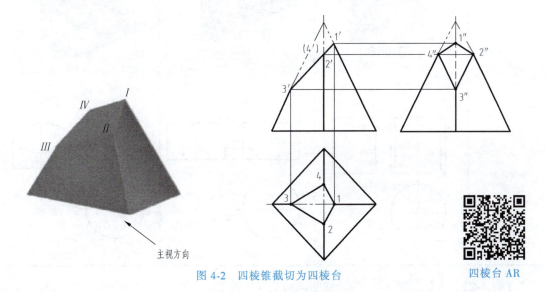

图 4-2　四棱锥截切为四棱台　　　　　　四棱台 AR

4.1.2　回转体的截交线

1. 截交线的画法

当平面与回转体相交时，所得的截交线是闭合的平面图形，截交线的形状取决于回转面的形状和截平面与回转面轴线的相对位置。一般为平面曲线，有时为曲线与直线围成的平面图形、椭圆、三角形、矩形等，但当截平面与回转面的轴线垂直时，任何回转面的截交线都是圆。求回转体截交线投影的一般步骤如下：

1）分析截平面与回转体的相对位置，从而了解截交线的形状。

2）分析截平面与投影面的相对位置，以便充分利用投影特性，如积聚性、实形性。

3）当截交线的形状为非圆曲线时，应求出一系列共有点。先求出特殊点（大多数在回转体的转向轮廓线上），再求一般点，对回转体表面上的一般点则采用辅助线的方法求得，然后光滑连接共有点，求得截交线投影。

2. 圆柱的截交线

根据截平面对圆柱轴线的位置不同，其截交线有三种情形：矩形、圆、椭圆。圆柱体截交线的形式见表 4-1。当截交线为平面曲线时，应先作出所有特殊点的投影，再作出一定数量的一般点的投影，最后光滑连线并判断可见性，可见的线画成粗实线，不可见的线画成虚线。其中应以圆柱截切产生圆和矩形为主，熟悉求取直线的位置和长度的方法。

表 4-1 圆柱体截交线的形式

截平面的位置	与轴线平行	与轴线垂直	与轴线倾斜
轴测图		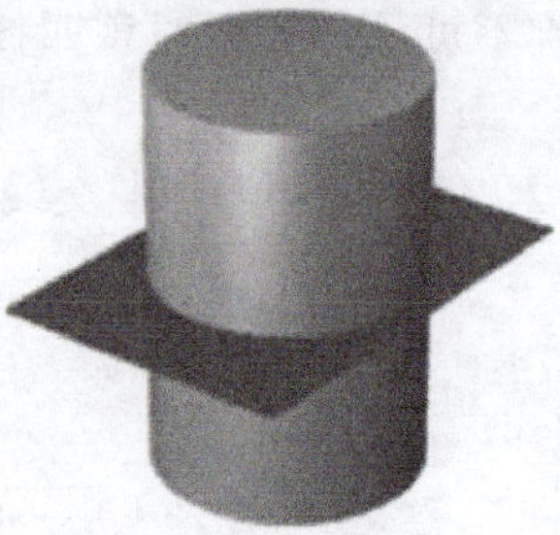	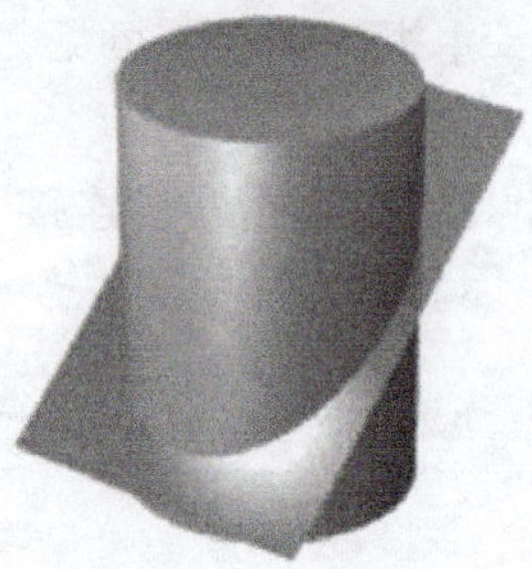
投影图	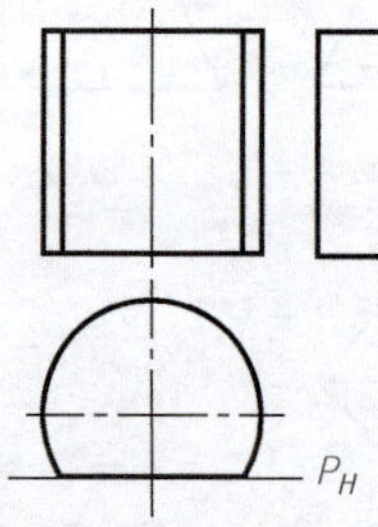	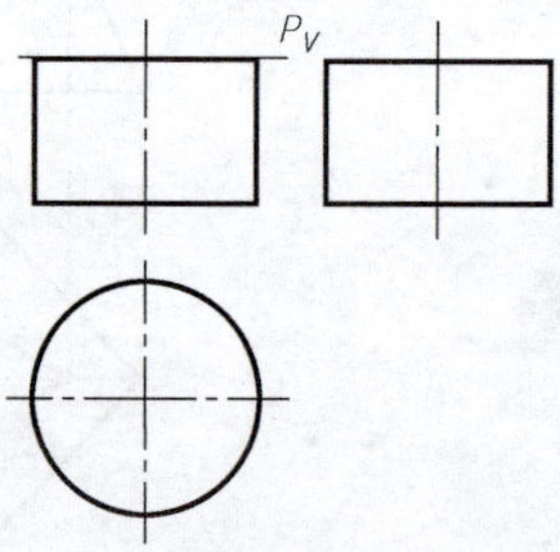	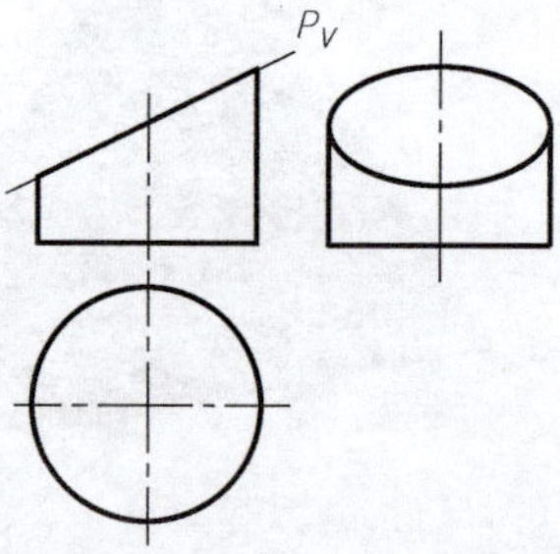

【例 4-2】 求作如图 4-3a 所示截断体的截交线投影。

解：作图步骤如图 4-3b 所示。

1）作特殊点。以正面投影图各转向轮廓线上的 a'、b'、c'、(d') 为特殊点，由 A、B、C、D 四点的正面投影和水平投影可作出它们的侧面投影 a''、b''、c''、d''，并且其中点 A 是最高点，点 B 是最低点。根据对圆柱截交线椭圆的长、短轴分析，可以看出垂直于正面的 CD 是短轴，而与它垂直的直径 AB 是椭圆的长轴，长、短轴的侧面投影 $a''b''$、$c''d''$ 仍应互相垂直。

2）作一般点。在主视图上取 f'、(e')、h'、(g') 点，其水平投影 f、e、h、g 在圆柱面积聚性的投影上。因此，可求出侧面投影 f''、e''、h''、g''。一般取点的多少可根据作图准确程度的要求而定。

3）依次光滑连接 a''、e''、d''、g''、b''、h''、c''、f''、a'' 即得截交线的侧面投影。

常见圆柱体的截交线三视图见表 4-2。

第4章 立体表面交线

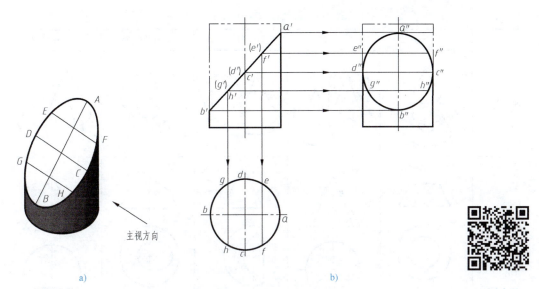

a)　　　　　　　　　　　　　　b)

图 4-3　圆柱截切为椭圆

画图步骤

表 4-2　常见圆柱体的截交线三视图

截平面的位置	圆柱体切槽	圆柱孔切槽	方形通孔
轴测图			
投影图			

3. 圆锥的截交线

根据截平面对圆锥轴线的位置不同，其截交线有五种情形：圆、椭圆、抛物线（截平面平行任一素线）、双曲线（截平面平行轴线）及三角形（截平面过锥顶）。

圆锥体截交线的形式见表 4-3。

表 4-3　圆锥体截交线的形式

截平面的位置	与轴线垂直	过圆锥顶点	平行于任一素线	与轴线倾斜	与轴线平行
轴测图	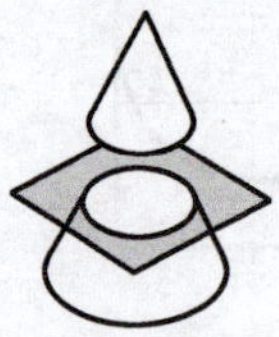	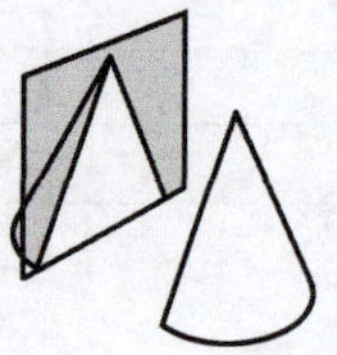	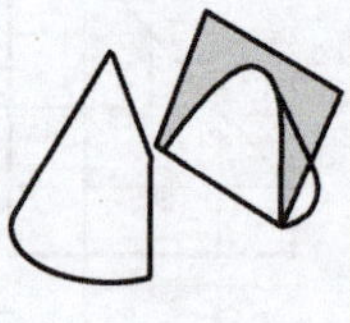	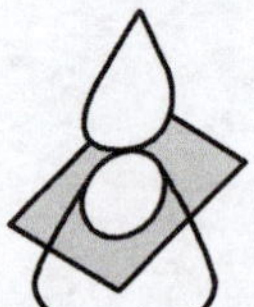	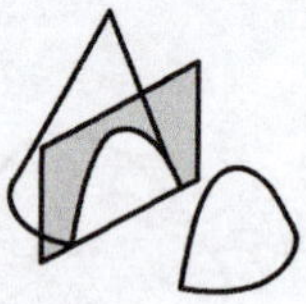
投影图	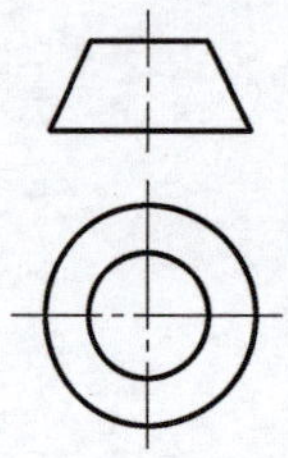	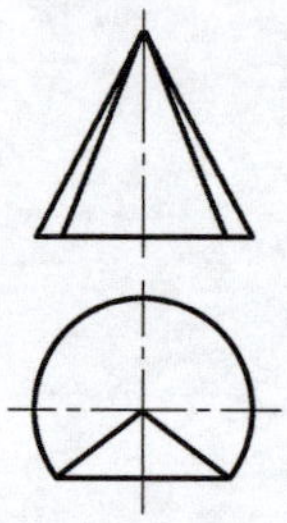	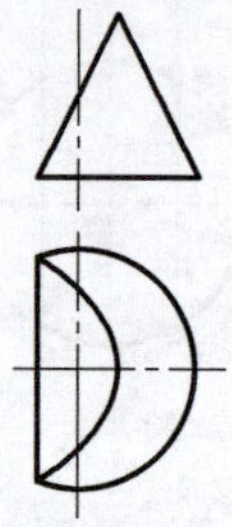	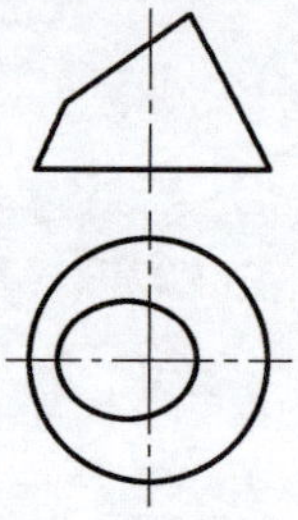	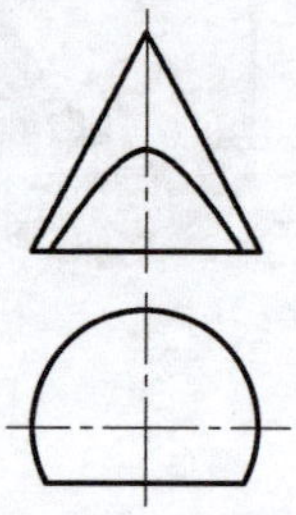
截交线的形状	圆	等腰三角形	抛物线加直线	椭圆	双曲线加直线

【例 4-3】 如图 4-4a 所示,画出圆锥被正垂面切割后的投影。

分析:截平面与圆锥轴线倾斜,所得截交线为一椭圆。因为截平面为正垂面,所以截交线的正面投影积聚在 q' 上,水平投影和侧面投影均为椭圆。

作图步骤:

1) 作特殊点。如图 4-4b 所示,椭圆长轴上的两个端点 A、B 是截交线上的最高、最低和最右、最左点,也是圆锥转向轮廓线上的点,可利用投影关系由 a'、b' 求得 a、b 和 a''、b''。椭圆短轴上的两个端点 C、D 是截交线上的最前、最后点,其正面投影 c'、d' 与 $a'b'$ 的中点重合,利用辅助纬圆法可求得 c、d 和 c''、d''。如图 4-4c 所示,椭圆上的 E、F 点也是转向轮廓线上的点,由 e'、f' 求得 e''、f'' 和 e、f。

2) 作中间点。如图 4-4c 所示,用辅助纬圆法在特殊点之间再作出若干中间点。

3) 依次连接各点的水平投影和侧面投影即为所求,如图 4-4d 所示。

4. 圆球的截交线

截平面与球的截交线均为圆。当截平面平行投影面时,截交线在该投影面上的投影反映真实大小的圆,而另两面投影则分别积聚成直线。

截平面与圆球的交线见表 4-4。

表 4-4　截平面与圆球的交线

截平面的位置	与 V 面平行	与 H 面平行	与 V 面垂直
轴测图	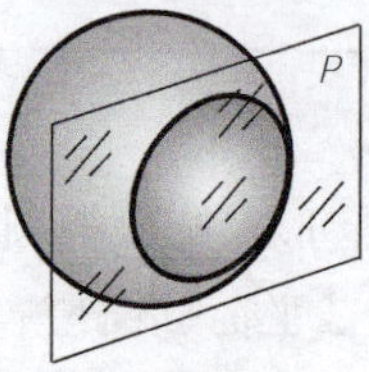	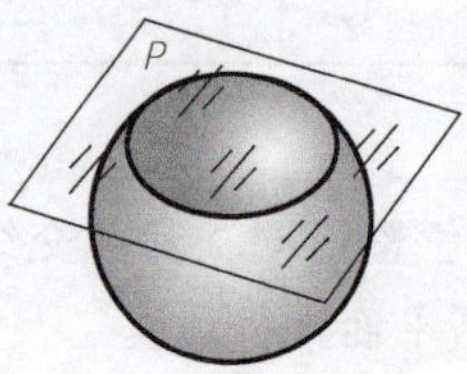	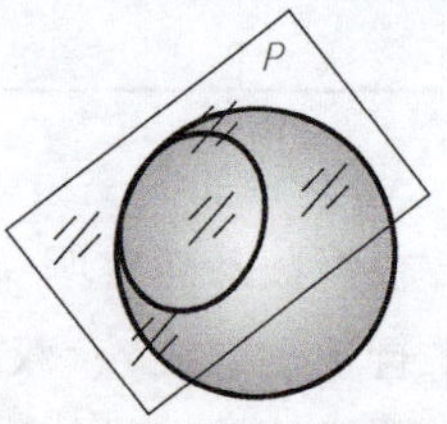

第4章 立体表面交线

（续）

截平面的位置	与 V 面平行	与 H 面平行	与 V 面垂直
投影图	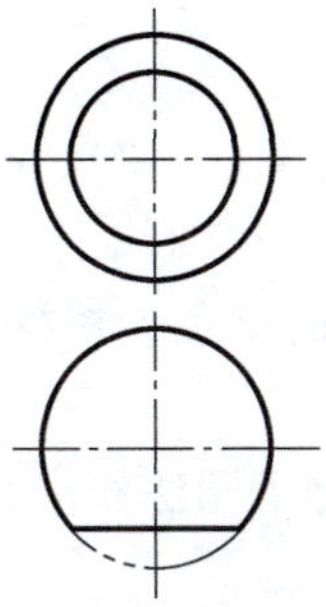	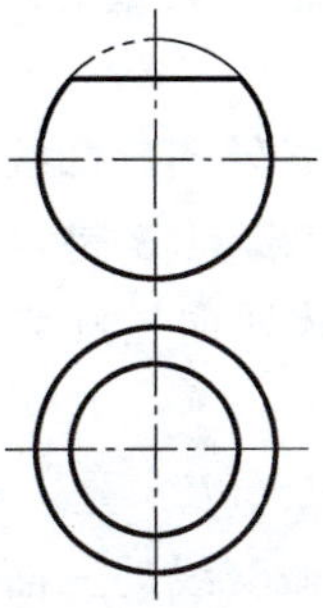	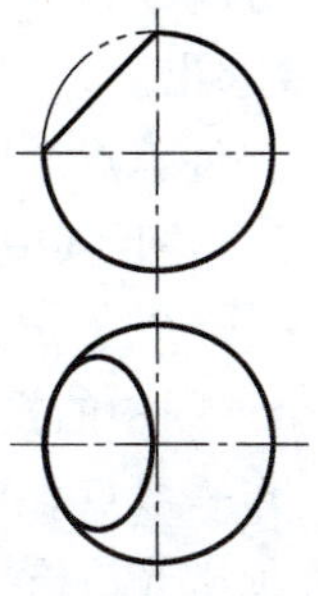

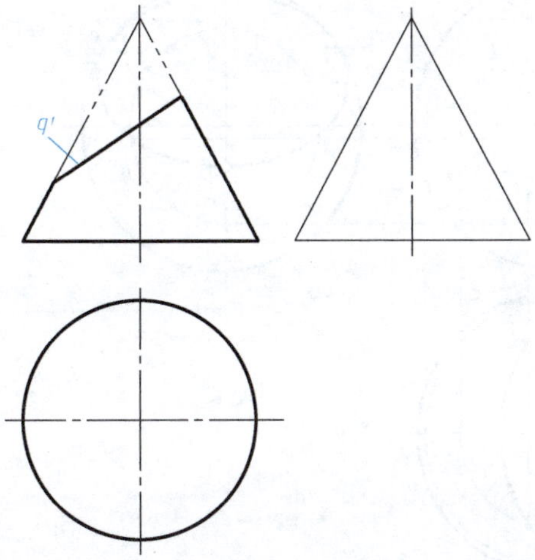

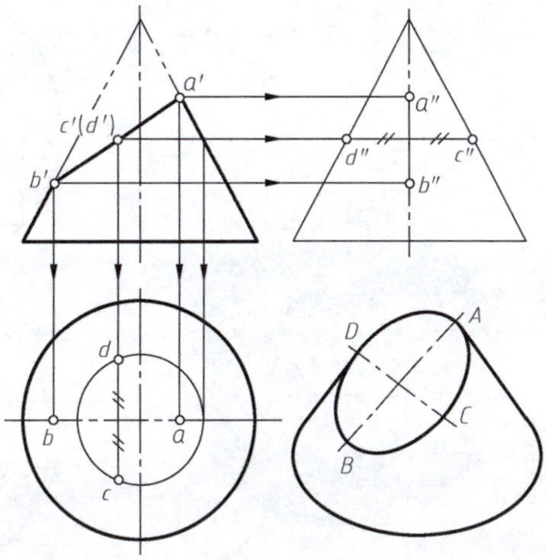

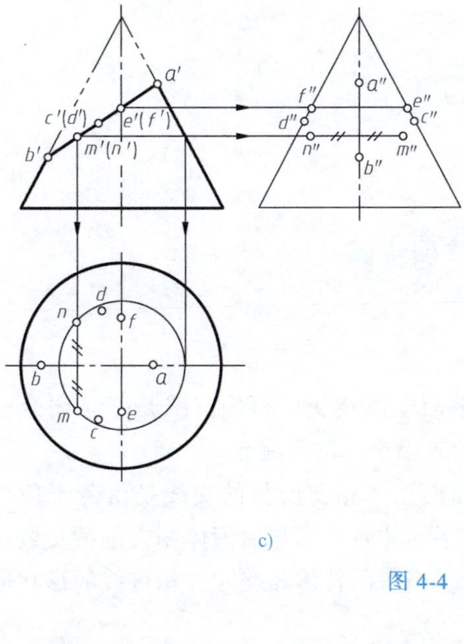

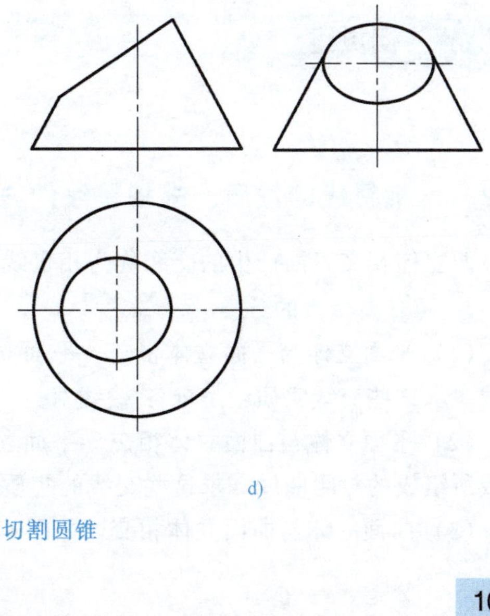

图 4-4　正垂面切割圆锥

【例 4-4】 求作如图 4-5a 所示截断体的截交线投影。

解：作图步骤如图 4-5b 所示。

1) 分析。该截平面垂直于 V 面，其截交线的正面投影积聚为一直线，水平投影和侧面投影需要求出。

2) 作特殊点。以正面投影图各转向轮廓线上的 a'、b'、c'、(d')、e'、(f')、g'、(h') 为特殊点，并且其中点 A 是最高点，点 B 是最低点，两点都在轴线上，点 c'、(d') 是中点，点 e'、(f')、g'、(h') 是球体转向轮廓素线与截平面的交点。根据以上分析找出特殊点在三个视图中的投影。

3) 作一般点。点 i'、(j')、k'、(l') 是一般点，根据辅助圆法作出其三面投影。

4) 依次光滑连接各点，即得截交线的三面投影。

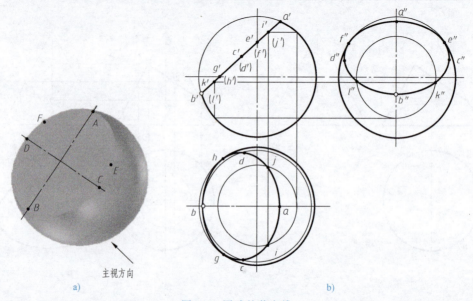

图 4-5 圆球的截交线

4.2 相贯线

4.2.1 相贯线的性质、求相贯线的方法和作图步骤

两立体相交表面产生的交线称为相贯线。

1. 两立体相贯的分类

（1）平面立体与平面立体相交　平面立体与平面立体相交所得的交线是一条闭合空间曲线。求这些交线实质就是求各棱线对另一立体的表面交点的问题。

（2）平面立体与曲面立体相交　平面立体与曲面立体相交所得的交线是由若干段平面曲线所组成的封闭曲线。求这些交线的实质就是求平面体各平面与曲面体相交的截交线。

（3）曲面立体与曲面立体相交　如图 4-6 所示，当两回转体相交时，相贯线的形状取决于回转体的形状、大小以及轴线的相对位置。

图 4-6　曲面立体与曲面立体相交

2. 相贯线的性质

1）相贯线是两立体表面的共有线，是两立体表面共有点的集合。

2）相贯线是两相交立体表面的分界线。

3）一般情况下相贯线是封闭的空间曲线，特殊情况下可以是平面曲线或直线段。

根据上述性质可知，求相贯线就是求两回转体表面的共有点，将这些点光滑地连接起来，即得相贯线。

3. 求相贯线的常用方法

（1）用积聚性法求相贯线　利用面上取点的方法求相贯线。当相交的两回转体中，只要有一个是圆柱且其轴线垂直于某投影面时，圆柱面在这个投影面上的投影具有积聚性，因此，相贯线在这个投影面上的投影就是已知的。这时，根据相贯线共有点的性质，利用面上取点的方法求得相贯线的其余投影。

（2）用辅助平面法求相贯线　用一辅助平面与两回转体同时相交，辅助平面分别与两回转体相交得两组截交线，这两组截交线的交点为相贯线上的点。常用的辅助平面为投影面的平行面或垂直面，以使辅助平面与两立体表面交线的投影为直线或圆。

4. 求相贯线的作图步骤

1）首先分析回转体的轴线与投影面的垂直情况，找出回转体的积聚性投影。

2）作特殊点。特殊点一般是相贯线上处于极端位置的点，有最高点、最低点、最前点、最后点、最左点、最右点，这些点通常是曲面转向轮廓线上的点，求出相贯线上的特殊点，便于确定相贯线的范围和变化趋势。

3）作一般点。为准确作图，需要在特殊点之间插入若干一般点。

4）判别可见性。相贯线只有同时位于两个回转体的可见表面上时，其投影才是可见的。

5）光滑连接。只有相邻两素线上的点才能相连，连接要光滑，注意轮廓线要到位。

5. 利用积聚性法求相贯线

作图步骤如图 4-7 所示。

1）分析。两圆柱轴线垂直相交，相贯的两圆柱直径不等，相贯线为一条封闭的空间曲线，且前后对称，左右也对称，水平投影和侧面投影均有积聚性，容易画出，只需求出正面投影即可。因此，可先确定相贯线的特殊点（最高、最低、最左、最右），再确定一般位置点，光滑连接即可。

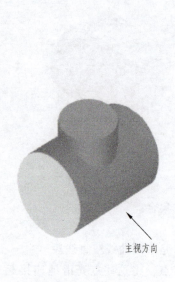
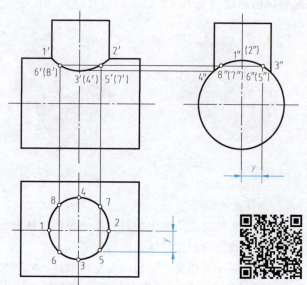

图 4-7 两圆柱正交的相贯线画法

两圆柱正交 AR

2）作特殊点。直立圆柱中最左、最右素线与水平圆柱最上面的交点 1、2 是相贯线的最左、最右点，也是最高点，根据点、线投影关系可求出这两点的另两面投影。直立圆柱中最前、最后素线与水平圆柱的交点 3、4 是相贯线的最前、最后点，也是最低点，侧面投影 3″、4″可直接求出，由此求出 3、4 和 3′、4′。

3）作一般点。在水平投影上取相贯线上的点 5、6、7、8，再求另两个方向的投影。

4）依次光滑连接各点，即得相贯线的正面投影。

6. 利用辅助平面法求相贯线

作图步骤如图 4-8 所示。

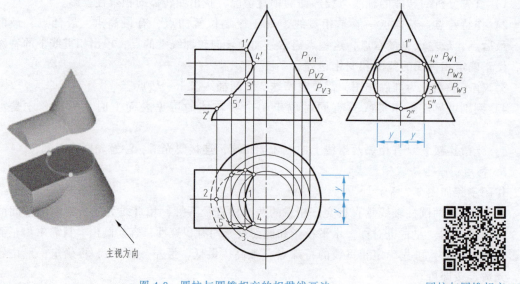

图 4-8 圆柱与圆锥相交的相贯线画法

圆柱与圆锥相交 AR

1)分析。圆柱与圆锥垂直相交,利用辅助平面法求共有点画图。选取水平面为辅助平面。圆柱的侧面投影有积聚性,是一个圆,圆锥的正面投影和侧面投影显示原形,容易画出。

2)作特殊点。由侧面投影可知,$1''$、$2''$是相贯线上最高点和最低点的投影,它们是两回转体正面投影外形轮廓线的交点,可直接定出 $1'$、$2'$,并由此投影确定水平投影 1、2;而 $3''$ 是相贯线上最前面点的投影,它在圆柱水平投影外形轮廓线上。过圆柱轴线作水平面 P_2 为辅助平面,求出平面 P_2 与圆锥的截交线的正面投影 P_{V2},利用辅助圆法可求出相贯线最前面点的水平投影 3,并由此求出正面投影 $3'$。

3)作一般点。在最高点 1 和最低点 2 之间作水平面 P_1 为辅助平面,并作出 P_1 与圆锥的截交线的正面投影 P_{V1}、侧面投影 P_{W1} 及水平投影(圆),P_{W1} 与水平圆柱的侧面投影的前交点即为一般点 4 的侧面投影 $4''$,根据"宽相等"求出一般点 4 的水平投影;并由此求出正面投影 $4'$;同理,再作一水平辅助平面 P_3,可求出一般点 5 的三面投影 $5''$、5、$5'$。

4)依次光滑连接各点,即得相贯线的正面投影和水平面投影。

4.2.2 相贯线的产生

1. 两圆柱正交的相贯线

两圆柱正交的相贯线在机械零件上是常见的,它可能在立体的外表面,也可能在立体的内表面,见表 4-5。

表 4-5 两圆柱正交的相贯线

两圆柱相交	外表面相交	外表面与内表面相交	内表面相交
轴测图			
投影图			

2. 两圆柱直径变化的相贯线

两圆柱直径变化的相贯线见表 4-6,它表明了当两圆柱相贯时,两圆柱面的直径大小变化对相贯线空间形状和投影形状变化的影响。这里要特别指出的是,当轴线相交的两圆柱面公切于一个球面时两圆柱面的直径相等,相贯线是平面曲线(椭圆),且椭圆所在的平面垂直于两条轴线所决定的平面。

表 4-6　两圆柱直径变化的相贯线

两圆柱直径变化	垂直圆柱直径小于水平圆柱直径	两圆柱直径相等	垂直圆柱直径大于水平圆柱直径
轴测图	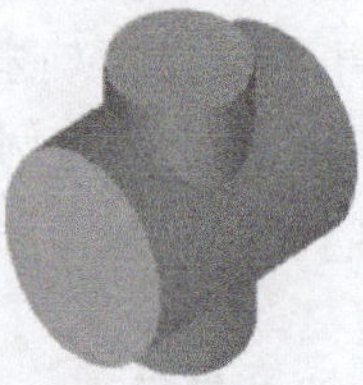	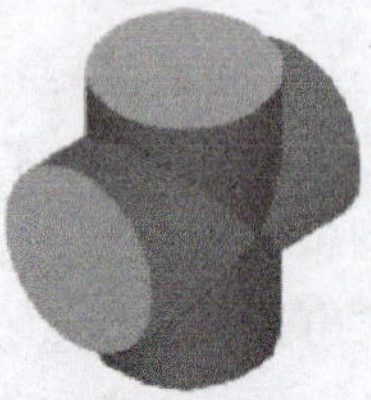	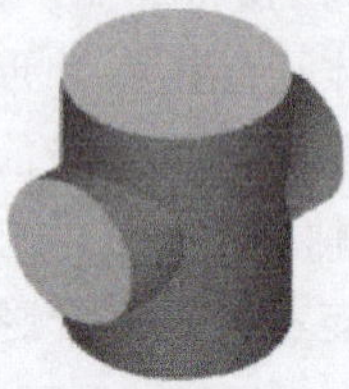
投影图	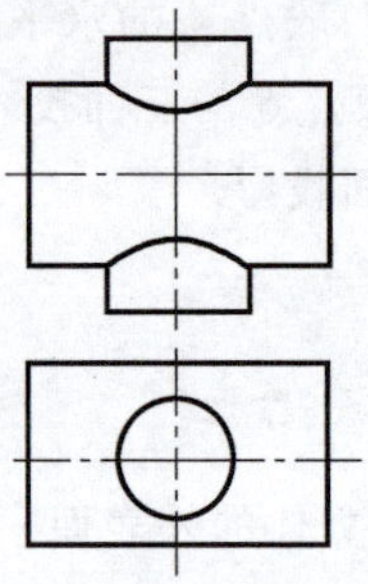	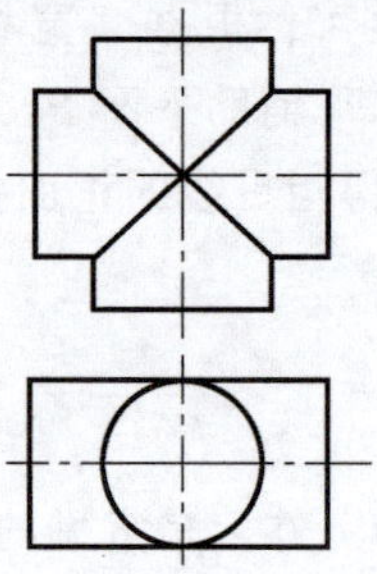	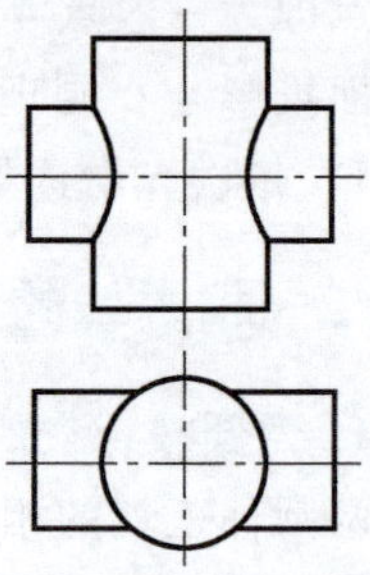

3. 两圆柱位置变化的相贯线

垂直圆柱向前运动得到不同的相贯线形状，见表 4-7。

表 4-7　两圆柱位置变化的相贯线

两圆柱位置变化	垂直圆柱向前运动			
轴测图	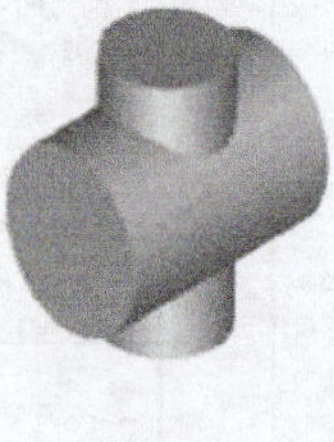	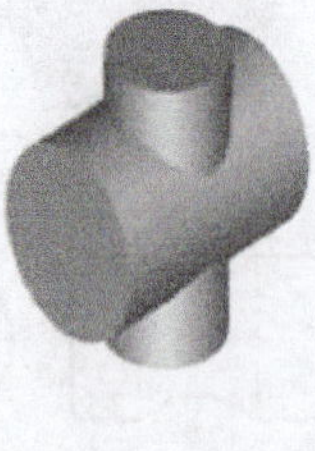	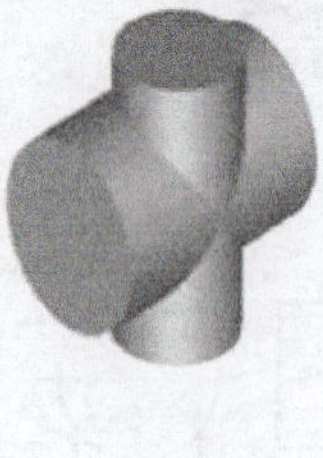	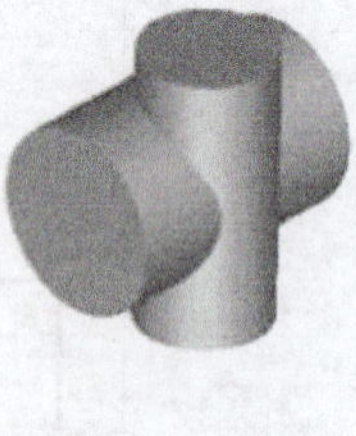
投影图	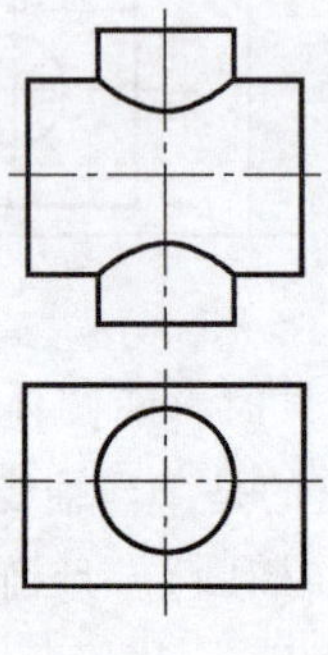	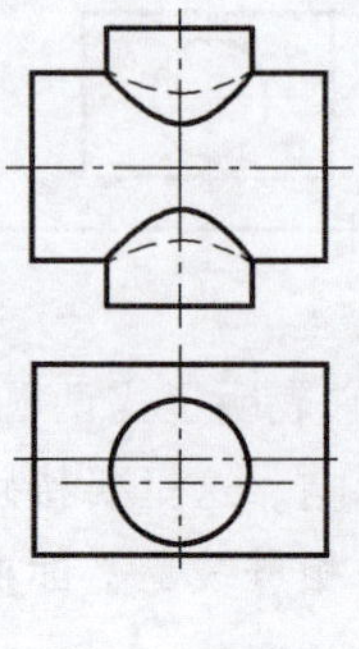	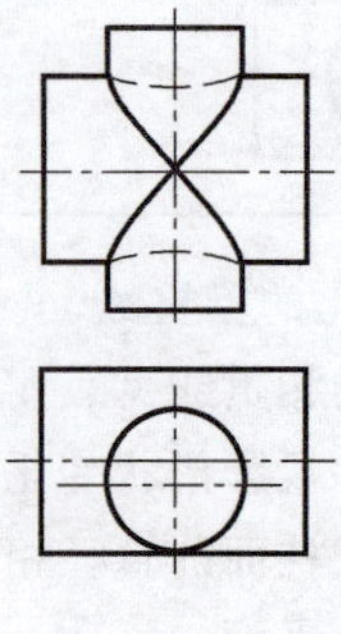	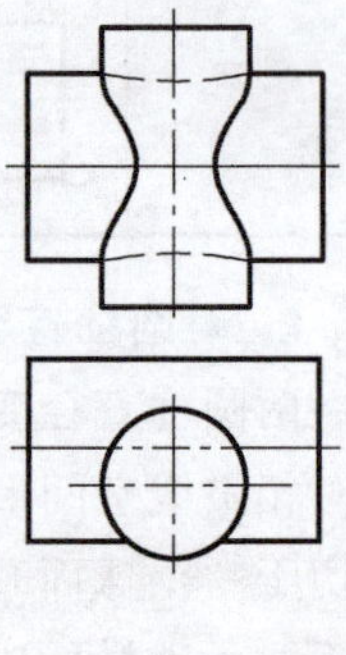

4. 圆柱与圆锥相交直径变化的相贯线

正交的圆柱与圆锥相对大小和位置的变化将引起相贯线的变化。圆柱直径增大时，相贯线的形状见表 4-8；水平圆柱向前运动时，相贯线的形状见表 4-9。

表 4-8　不同直径的圆柱与圆锥相交

圆柱直径变化	圆柱穿过圆锥	圆柱与圆锥公切于球面	圆锥穿过圆柱
轴测图	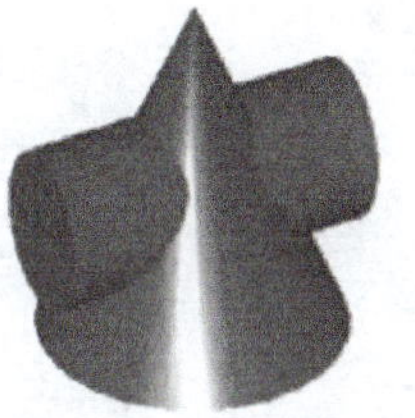		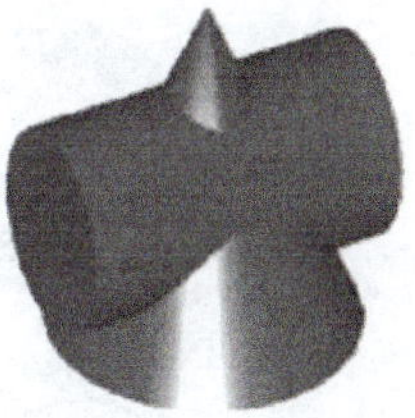
投影图	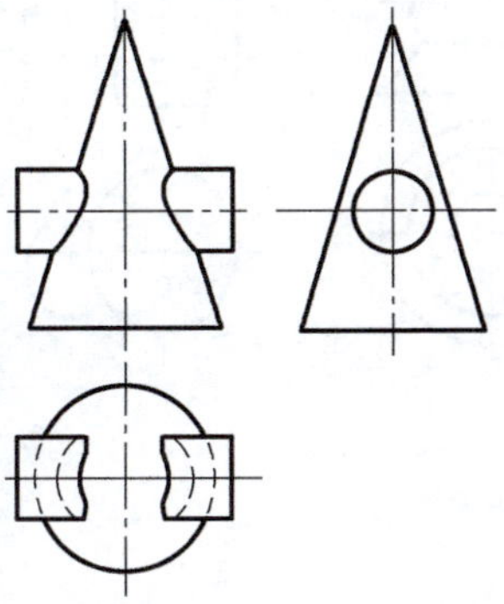	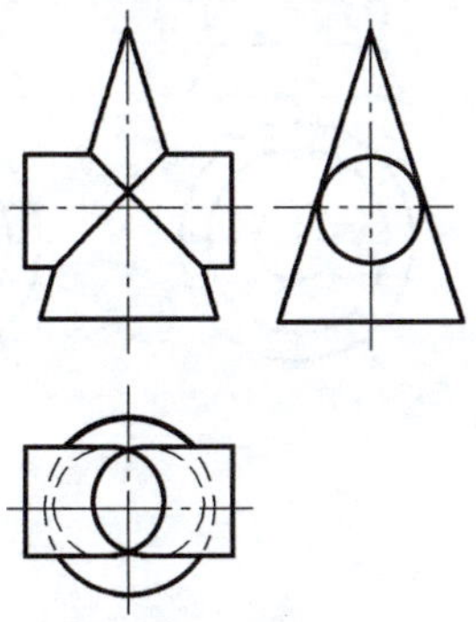	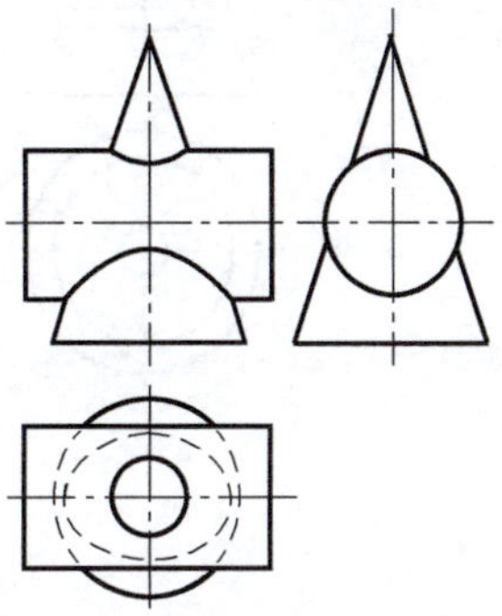

表 4-9　圆柱与圆锥位置变化的相贯线

圆柱位置变化	水平圆柱向前运动		
轴测图	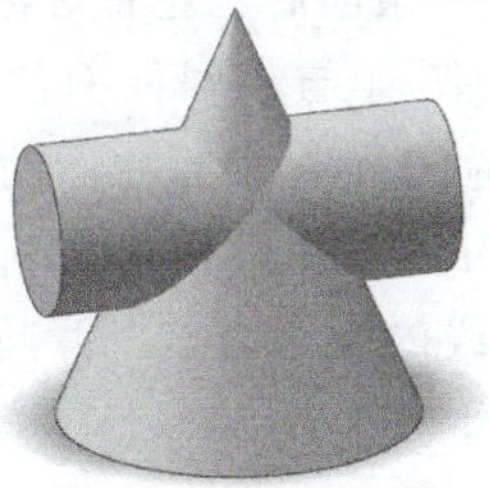	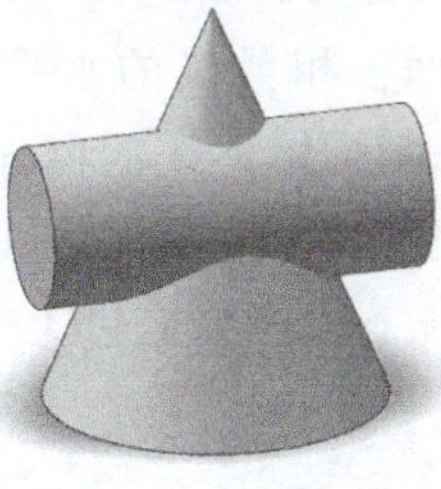	
投影图	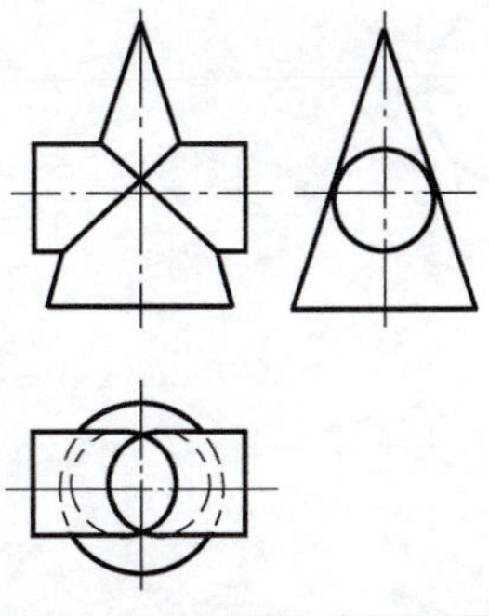	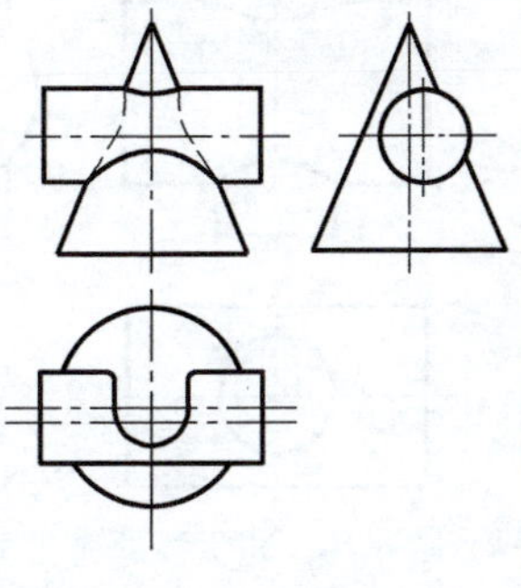	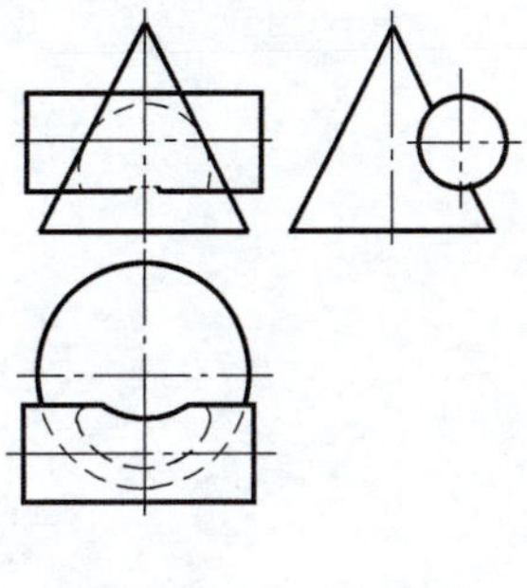

5. 相贯线的特殊情况

1）当相交两回转体具有公共轴线时，相贯线为圆，在与轴线平行的投影面上相贯线的投影为一直线段，在与轴线垂直的投影面上相贯线的投影为圆的实形，如图 4-9a、b、c 所示。

2）当圆柱与圆柱相交时，若两圆柱的轴线平行，则其相贯线为直线，如图 4-9d 所示。

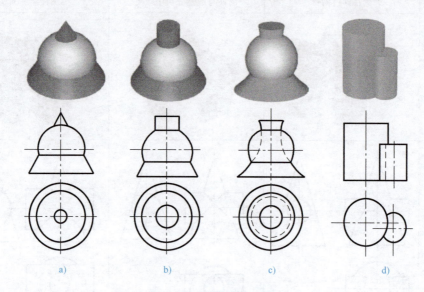

图 4-9 相贯线的特殊情况

6. 相贯线的简化画法

当不需要准确求作两圆柱正交相贯线的投影时，可采用简化画法，即用圆弧或直线代替相贯线。

1）轴线正交且平行于 V 面的两圆柱相贯，相贯线是一条前后、左右对称的闭合空间曲线，小圆柱的轴线垂直于水平面，相贯线的水平投影为圆（与小圆柱面的积聚性投影重合），大圆柱面的轴线垂直于侧面，相贯线的侧面投影为圆（与大圆柱面的积聚性投影重合），只需补画相贯线的正面投影。相贯线的正面投影可用与大圆柱半径相等的圆弧来代替。圆弧的圆心在小圆柱的轴线上，圆弧通过 V 面转向线的两个交点，并凸向大圆柱的轴线，如图 4-10 所示。

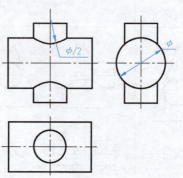

图 4-10 相贯线的简化画法（一）

2) 对于轴线垂直偏交且平行于 V 面的两圆柱相贯，非圆曲线的相贯线可简化为直线，如图 4-11 所示。

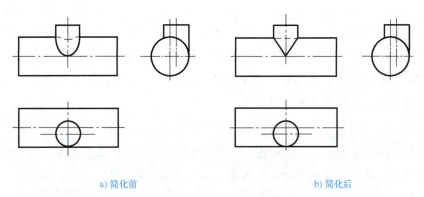

a) 简化前　　　　　　　　　　　　b) 简化后

图 4-11　相贯线的简化画法（二）

4.3　在 AutoCAD 中绘制截交线和相贯线

【例 4-5】　根据零件三维视图（图 4-12）及二维草图（图 4-13），在 AutoCAD 中绘制其工作图样，并标注尺寸。

图 4-12　三维视图　　　　　　　　　　　　绘制截交线　三维视图 AR

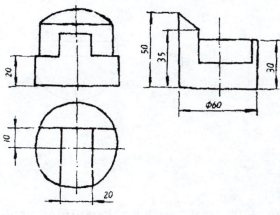

图 4-13　二维草图

工程制图及CAD绘图

绘图步骤：

1. 绘制基本体（圆柱体）

步骤1 启动AutoCAD软件，然后打开2.2节定制的"A4.dwg"文件，并确认状态栏中的"极轴追踪""对象捕捉""对象追踪""动态输入"和"线宽"按钮均处于打开状态。

步骤2 绘制基本体三视图。将"粗实线"图层设置为当前图层，并利用"矩形"命令 ▭ 和"圆"命令 ⊙ 在合适位置绘制基本体（圆柱体）的三视图，接着将"点画线"图层设置为当前图层，并绘制其对称中心线。

> **提示**
> 若中心线的比例不合适，则可选择"格式"→"线型"命令，在弹出的"线型管理器"对话框中设置非连续线型的比例因子，本例设置值为0.4。

2. 绘制第一切角

步骤1 将"粗实线"图层设置为当前图层，然后利用"直线"命令 ／ 在左视图中绘制图4-14a所示的两条直线。其中，水平直线的尺寸为40，垂直直线的尺寸为20；选择"偏移"命令 ，将俯视图中的水平中心线向其上方偏移10，以绘制截交线AB；参照图中的提示，利用"直线"命令 ／ 和"对象捕捉追踪"功能绘制主视图中的两条截交线。

步骤2 执行"直线"命令，捕捉左视图中的端点C并水平向左移动光标，当其与圆柱右素线相交时单击，然后继续水平向左移动光标，待水平极轴追踪线与圆柱左素线相交时单击，绘制直线FG。

步骤3 选择截交线AB，将其置于"粗实线"图层，以修改其线型。利用"修改"工具栏中的"修剪"命令来修剪图形，结果如图4-14b所示。

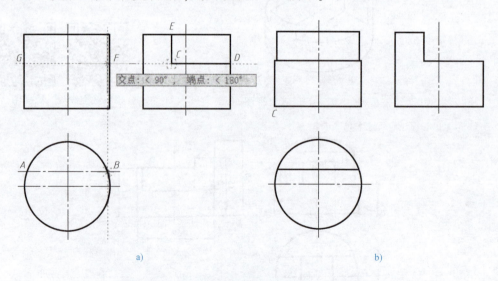

a)　　　　　　　　　　b)

图4-14　绘制第一切角

3. 绘制左右对称切角

步骤1 绘制俯视图。使用"偏移"命令 将俯视图中的竖直中心线向其左右侧各偏

第4章 立体表面交线

移 10，然后选择"修剪"命令 剪掉多余线条，并将其置于"粗实线"图层，其俯视图结果如图 4-15a 所示。

步骤 2 绘制主视图。选择"直线"命令 ，然后捕捉图 4-14b 所示的端点 *C* 并竖直向上移动光标，待出现竖直极轴追踪线时输入"20"并按<Enter>键，接着水平向右移动光标，绘制图 4-15a 所示的直线 *AB*。重复执行"直线"命令 ，利用"对象捕捉追踪"功能绘制主视图中的两条竖直直线 *CD* 和 *EF*。

步骤 3 执行"延伸"命令 ，然后选择直线 *AB* 并按<Enter>键，接着单击直线 *IJ*、*KL* 及 *MN* 的下端点，将其延伸至直线 *AB*。最后选择"修剪"按钮 修剪图形，主视图结果如图 4-15b 所示。

步骤 4 选择"偏移"命令 ，依次单击图 4-15a 所示的交点 *G* 和端点 *H*，设置偏移距离，接着选择左视图中的竖直中心线，并在其右侧单击，最后将偏移所得的直线置于"粗实线"图层，如图 4-15b 所示。

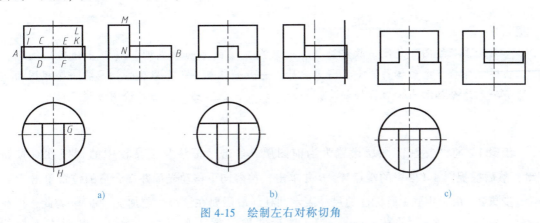

图 4-15 绘制左右对称切角

步骤 5 利用"修改"工具栏中的"修剪"命令 修剪左视图，结果如图 4-15c 所示。

4. 绘制侧垂面切去的角

步骤 1 绘制左视图。利用"偏移"命令 将左视图中凸台上表面向下偏移 5，然后利用"直线"命令 绘制图 4-16a 所示的直线 *AB*。接着选择"延伸"命令 ，选取竖直中心线为延伸边界，将直线 *AB* 进行延伸。

步骤 2 绘制主视图。选择"椭圆"命令 ，根据命令行提示输入"C"并按<Enter>键（表示通过指定椭圆中心点及两半轴长度方式绘制椭圆），然后捕捉延伸线的下端点并水平向左移动光标，待极轴追踪线与主视图中的竖直中心线相交时单击，确定椭圆中心点；接着移动光标，待出现图 4-16a 所示的提示时单击，确定椭圆长轴半径；最后单击交点 *C*，确定椭圆短轴半径，绘制出椭圆。

步骤 3 选择"修剪"命令 修剪图形，并按<Delete>键删除不需要的线条，最后使用"直线"命令 绘制图 4-16b 所示的直线 *EF*。

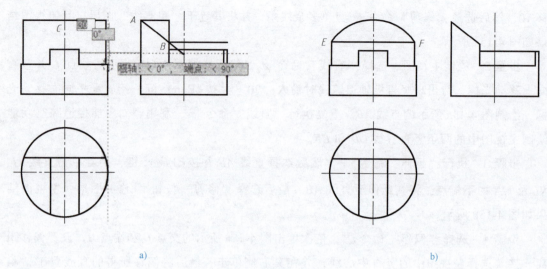

图 4-16　绘制侧垂面切去的角

> **提示**
> 无论手工绘图还是使用软件绘图，一定要按该图形的形成过程（形体分析）绘制三视图，即将一个形体的三个视图画完后，再开始绘制下一个形体。切忌将一个视图的所有轮廓线全都画出来后再绘制其他视图，这样不仅容易乱，而且绘图速度反而慢。

5. 标注尺寸

步骤 1　将"标注"图层设置为当前图层。单击"标注"工具栏中的"线性"按钮 ├┤，然后捕捉图 4-17a 中的端点 A、B 并单击，接着向下移动光标并在合适的位置单击。

步骤 2　由于步骤 1 所标注的尺寸表示圆柱，故需要在该尺寸前加上"φ"。为此，可在命令行中输入"ED"并按 <Enter> 键，然后选取步骤 1 所标注的尺寸，此时文本框如图 4-17a 所示。在该尺寸数字前输入"%%c"，然后在绘图区其他位置单击退出该文本编

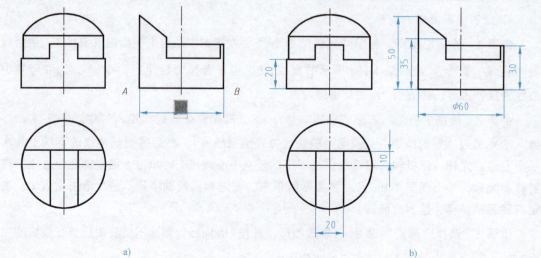

图 4-17　标注尺寸

辑，最后按<Enter>键结束命令。

步骤 3 采用同样的方法，利用"标注"工具栏中的相关命令标注其他尺寸，结果如图 4-17b 所示。

> **提示**
>
> 在标注尺寸时，若所标注的尺寸数字和箭头的大小不合适，则可选择"格式"→"标注样式"菜单命令，然后在打开的对话框中选择要修改的标注样式进行修改。本例中将文字和箭头大小均设为 7。

【例 4-6】 根据零件三维视图（图 4-18）及二维草图（图 4-19），在 AutoCAD 中绘制其工作图样，并标注尺寸。

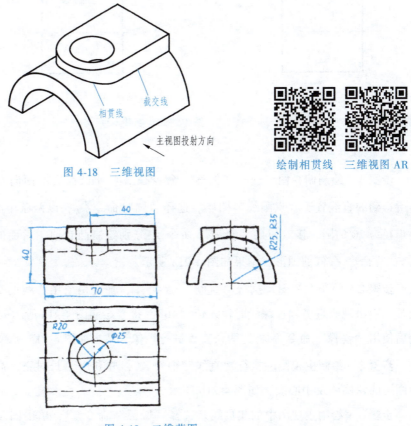

图 4-18 三维视图　　　绘制相贯线　三维视图 AR

图 4-19 二维草图

绘图步骤：

1. 绘制基本体（半圆筒）

步骤 1 打开第 2.2 节定制的"A4.dwg"文件，并确认状态栏中的"极轴追踪""对象捕捉""对象追踪""动态输入"和"线宽"按钮均处于打开状态。

步骤 2 绘制左视图。将"粗实线"图层设置为当前图层，并利用"圆"命令 ⊙、"直线"命令 ╱ 和"修剪"命令 ⊁ 在合适位置绘制图 4-20a 所示的左视图。

工程制图及CAD绘图

步骤3 绘制主视图和俯视图。执行"直线"命令，并结合"对象捕捉追踪"功能依次绘制主视图和俯视图中半圆筒的外轮廓线，然后绘制中心线和主视图中的虚线，如图4-20a所示。

步骤4 执行"偏移"命令，设置偏移距离为10，然后依次选择并复制俯视图中的上下边线并将其置于"虚线"图层，结果如图4-20b所示。

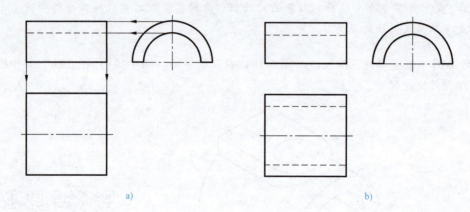

图 4-20 绘制基本体

2. 绘制凸台

步骤1 绘制俯视图。选择"偏移"命令，将半圆筒右端面向左偏移40，然后将偏移所得到的直线置于"点画线"图层。选择"圆"命令，以两条中心线的交点为圆心绘制半径为20的圆，接着使用"直线"命令分别绘制凸台前、后面的轮廓线，最后使用"修剪"命令修剪图形，结果如图4-21a所示。

步骤2 绘制左视图。执行"直线"命令，捕捉两条中心线的交点并竖直向上移动光标，待出现竖直极轴追踪线时输入值"40"，接着绘制图4-21a所示的两条直线 AB 和 BC，最后使用"镜像"命令将这两条直线进行镜像，结果如图4-21b所示。

步骤3 绘制主视图。执行"直线"命令，并利用"长对正、高平齐"绘制凸台主视图上的轮廓线及中心线，如图4-21b所示。

步骤4 绘制主视图中的相贯线。选择"圆弧"命令，单击图4-21b所示的端点 E，然后根据命令行提示输入"E"并按<Enter>键，接着单击端点 F，以指定圆弧的端点，输入"R"，按<Enter>键后输入圆弧半径值"35"，按<Enter>键结束命令。最后，使用"修剪"命令修剪图形，结果如图4-22所示。

3. 绘制凸台上的通孔

步骤1 绘制俯视图和左视图。选择"圆"命令，以俯视图中两条中心线的交点为圆心绘制直径为25的圆，然后将左视图中的竖直中心线分别向其左、右侧偏移12.5，并将偏移得到的直线置于"虚线"图层，最后对其进行修剪，结果如图4-23所示。

第4章 立体表面交线

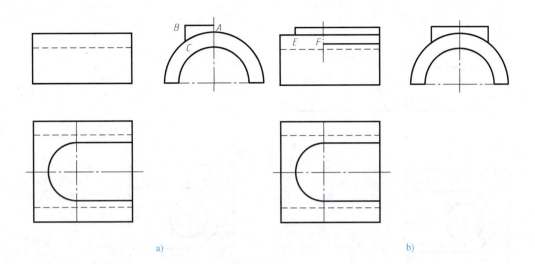

图 4-21 绘制凸台（一）

步骤 2 绘制主视图。将主视图中的竖直中心线分别向其左、右侧偏移 12.5，然后执行"圆弧"命令 ，分别以图 4-23 所示的交点 A 为圆弧的起点，以交点 B 为圆弧的终点，绘制半径为 25 的圆弧。

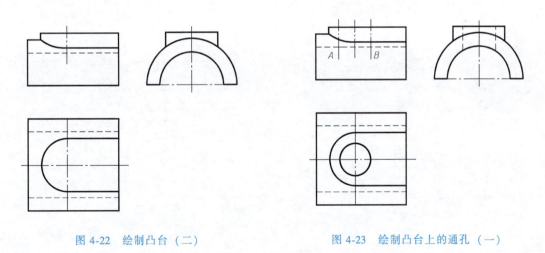

图 4-22 绘制凸台（二）　　　　图 4-23 绘制凸台上的通孔（一）

步骤 3 使用"修剪"命令 修剪掉多余线条，并将上一步所绘制的圆弧和偏移所得到的中心线置于"虚线"图层，结果如图 4-24 所示。

4. 标注尺寸

步骤 1 将"标注"图层设置为当前图层。单击"标注"工具栏中的"直径"按钮 ，然后在要标注直径的圆上单击，移动光标并在合适的位置单击即可标注其直径尺寸。

步骤 2 采用同样的方法，分别利用"标注"工具栏中的"线性"按钮 和"半径"按钮 标注图 4-25 所示的其他尺寸。

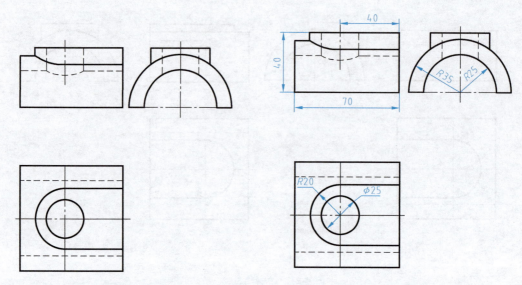

图 4-24　绘制凸台上的通孔（二）　　　　图 4-25　标注尺寸

第5章 组 合 体

5.1 组合体的形体分析

多数机械零件都可看成是由若干基本几何体组合而成的。由两个或两个以上的基本几何体组成的物体,称为组合体。

组成组合体的这些基本形体一般都是不完整的,它们被以各种方式叠加或切割以后,往往只是基本形体的一部分,因此这些不完整的基本形体在三个投影面上形成了各种各样的投影。

5.1.1 形体分析法

假想将一个复杂的组合体分解成若干个基本形体,分析这些基本形体的形状、组合形式以及它们的相对位置关系,以便于进行画图、看图和标注尺寸,这种分析组合体的方法称为形体分析法。

任何复杂的物体都可看成是由若干个基本几何体组合而成的,这些基本形体可以是完整的,也可以是经过钻孔、切槽等加工的。如图 5-1 所示的轴承座,可看成由套筒、底板、肋板、支承板及凸台组合而成。在绘制组合体视图时,应首先将组合体分解成若干简单的基本体,并按各部分的位置关系和组合形式画出各基本形体的投影,综合起来,即得到整个组合体视图。

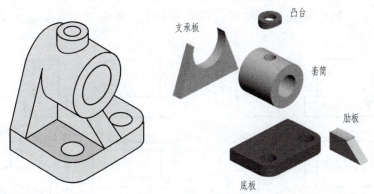

图 5-1 轴承座的形体分析

5.1.2 组合体的组合形式

按组合体中各基本形体组合时的相对位置关系以及形状特征,组合体的组合形式可分为叠加、切割和综合三种形式。

1. 叠加

构成组合体的各基本形体相互堆积、叠加而成的组合体称为叠加式组合体，如图 5-2a 所示。

2. 切割

从较大基本形体中挖切出较小基本形体而形成的组合体称为切割式组合体，如图 5-2b 所示。

3. 综合

既有叠加又有切割的组合体称为综合式组合体，如图 5-2c 所示。

a) 叠加式组合体　　　b) 切割式组合体　　　c) 综合式组合体

图 5-2　组合体的组合形式

5.1.3　组合体的表面连接关系

组合体的表面连接关系有平齐、相切和相交三种形式。弄清组合体表面连接关系，对画图和看图都很重要。

1. 平齐和不平齐

当两基本形体叠加时，若同一方向上的表面处在同一个平面上，则称该表面平齐（又称共面），此时两平齐面之间无分界线，如图 5-3a 所示；若同一方向上的表面处在不同的平面上，则称该表面不平齐（又称相错），此时不平齐面之间有分界线，如图 5-3b 所示。

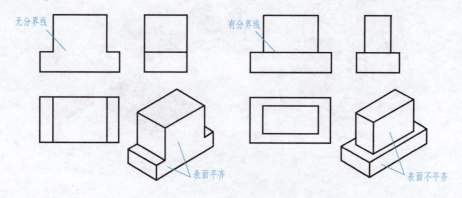

a) 两基本体表面平齐　　　b) 两基本体表面不平齐

图 5-3　两基本体表面平齐与不平齐

2. 相切

当两基本形体表面相切时，两相邻表面形成光滑过渡，其结合处不存在分界线，因此在视图上一般不画出分界线，如图5-4所示。

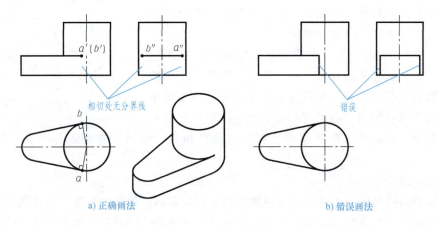

图5-4 两基本体表面相切

3. 相交

当两基本体表面相交时，其结合处产生交线，该交线应在视图中画出，如图5-5所示。

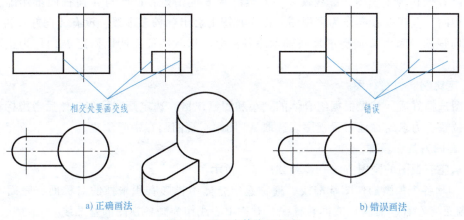

图5-5 两基本体表面相交

5.2 组合体三视图的画法

画组合体的视图时，首先要运用形体分析法将组合体合理地分解为若干个基本形体，并按照各基本形体的形状、组合形式、形体间的相对位置和表面连接关系，逐步地进行作图。实际上就是将复杂物体简单化的一种思维方式。下面结合实例，介绍组合体三视图的画法。

5.2.1 叠加型组合体视图的画法

以图5-6所示的轴承座为例，介绍叠加型组合体视图的画图方法和步骤。

1. 形体分析

画组合体视图之前，应对组合体进行形体分析，了解组成组合体的各基本形体的形状、组合形式、相对位置及其在某方向上是否对称，以便对组合体的整体形状有一个总体的概念，为画其视图做好准备。

如图 5-6 所示的轴承座，按它的结构特点可分为套筒、底板、肋板、支承板及凸台五部分。底板、肋板、支承板以平面的形式相叠加组合，并且底板与支承板的后表面平齐；套筒与支承板相切，不需要画轮廓线；肋板与套筒的外圆柱面相交，其交线为两条素线；套筒与凸台相贯，但两者直径不相等，其相贯线是圆弧。

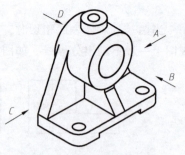

图 5-6 轴承座的形体分析

2. 主视图的选择

在形体分析的基础上，先确定主视图的投射方向和物体的摆放位置。三视图中主视图是最主要的视图，一般选择反映其形状特征最明显、反映形体间相互位置关系最多的投射方向作为主视图的投射方向；物体的摆放位置应反映位置特征，并使其表面相对于投影面尽可能多地处于平行或垂直位置，也可选择其自然位置。在此前提下，还应考虑使俯视图和左视图上虚线尽可能地减少。

若以 D 向作为主视图，虚线较多，显然没有 B 向清楚；C 向与 A 向视图虽然虚、实线的情况相同，但若以 C 向作为主视图，则左视图上会出现较多虚线，没有 A 向好；再比较 B 向与 A 向视图，因为 B 向更能反映轴承座各部分的形状特征，所以确定 B 向作为主视图的投射方向。

3. 定比例、布置视图

视图选择好后，首先根据组合体的大小和图幅规格，选定画图比例；然后考虑标注尺寸所需的位置，力求匀称地布置视图。选取 A3 图幅，视图画在中间位置。

4. 画图方法和步骤

轴承座三视图的画图方法和步骤如图 5-7 所示。

(1) 画各个视图的作图基准线　通常选组合体中投影有积聚性的对称面、底面（上或下）、端面（左右、前后）或回转轴线、对称中心线作为画各视图的基准线。

(2) 按形体分析画各个基本形体的三视图　为了快速而准确地画出组合体的三视图，画底稿时还应注意以下方面：

1) 画图时，一般先从形状特征明显的部分入手，先画主要部分，后画次要部分；先画看得见的，后画看不见的；先画圆或圆弧，后画直线。这样有利于保持投影关系，提高作图的准确性。很明显，轴承座的主要部分是套筒，因此要先画。套筒与底板之间具有直接相对的位置关系，其次画底板。

2) 每个形体应先从具有积聚性或反映实形的视图开始，然后画其他投影，并且三个视图最好同时进行绘制，可避免漏线、多线，以确保投影关系正确和提高绘图效率。

3) 注意各形体之间表面的连接关系。

4) 要注意各形体间内部融为整体的部分。绘图时，不应将形体间融为整体而不存在的轮廓线画出。

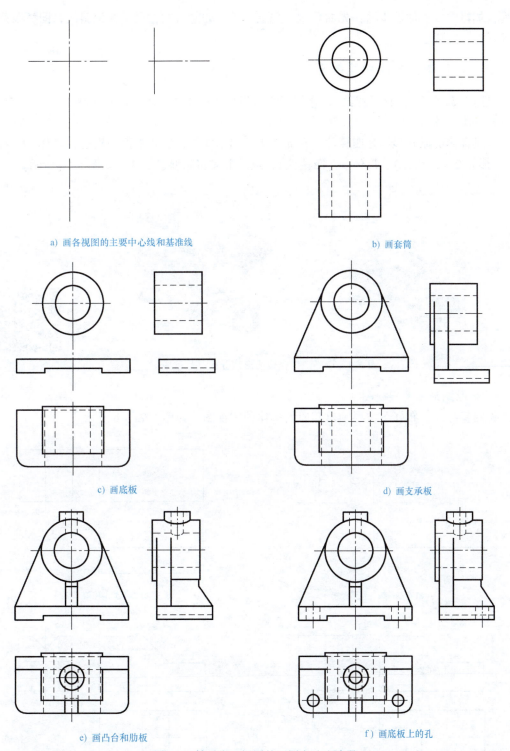

图 5-7 轴承座三视图的画图方法和步骤

5）检查、加粗。底稿完成后，在三视图中依次核对各组成部分的投影关系；分析相邻两形体连接处的画线有无错误，是否多线、漏线；再以实物或轴测图与三视图对照，确认无误后,加粗图线。加深步骤:先曲后直,先上后下,先左后右,最后加深斜线,同类线型应一起加深,完成绘图。

5.2.2 切割型组合体视图的画法

以图 5-8a 所示的组合体为例,介绍切割型组合体视图的画图方法和步骤。

1. 形体分析

该组合体的原始形体是四棱柱,在此基础上用不同位置的截平面分别切去形体 1(四棱柱)、形体 2(三棱柱)、形体 3(四棱柱),最后形成切割型组合体,如图 5-8b 所示。

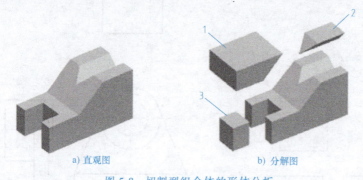

a) 直观图　　　　　　b) 分解图

图 5-8　切割型组合体的形体分析　　　　　切割型组合体 AR

2. 画原始形体的三视图

先画基准线,布好图,再画出其原始形体的三视图,如图 5-9a、b 所示。

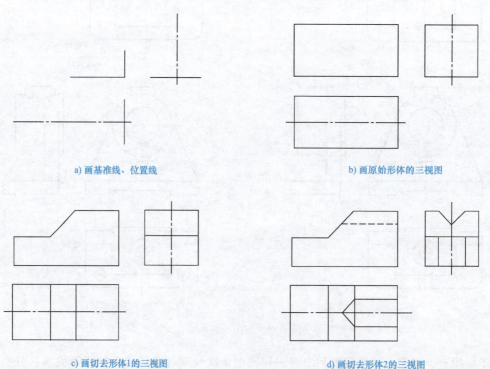

a) 画基准线、位置线　　　　　　b) 画原始形体的三视图

c) 画切去形体1的三视图　　　　　　d) 画切去形体2的三视图

图 5-9　切割型组合体三视图的画图方法和步骤

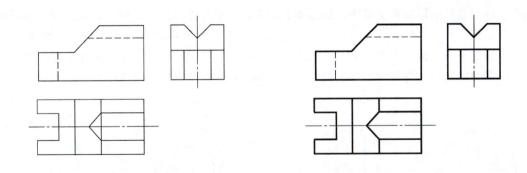

e) 画切去形体3的三视图　　　　　　　　　　f) 加粗、描深

图 5-9　切割型组合体三视图的画图方法和步骤（续）

3. 画截平面的三视图

画各截平面的三视图时，应从各截平面具有积聚性和反映其形状特征的视图开始画起，如图 5-9c、d、e 所示。

4. 检查、描深

各截平面的投影完成后，仔细检查投影是否正确，是否有缺漏和多余的图线，准确无误后，按国家标准规定的线型加粗、描深，如图 5-9f 所示。

5.3　组合体的尺寸标注

视图只能表达组合体的结构形状，而要表达组合体的大小，则不但需要标注出尺寸，而且标注的尺寸必须完整、清晰，并符合国家标准关于尺寸标注的规定。

5.3.1　尺寸标注的基本要求

1. 正确

标注的尺寸数值应准确无误，标注方法要符合国家标准中有关尺寸注法的基本规定。

2. 完整

标注尺寸必须能唯一确定组合体及各基本形体的大小和相对位置，做到无遗漏、不重复。

3. 清晰

尺寸的布局要整齐、清晰，便于查找和看图。

5.3.2　尺寸基准

尺寸基准是确定尺寸位置的几何元素。组合体常选用其底面、重要的端（侧）面、对称平面、回转体的轴线以及圆的中心线等作为尺寸基准。有时，为了加工和测量方便，除了主要基准外，还可有附加的基准，这种基准称为辅助基准。辅助基准与主要基准间必须有直接的联系。

在组合体的长、宽、高三个方向中，每个方向至少要有一个尺寸基准。当形体复杂时，

工程制图及CAD绘图

允许有一个或几个辅助尺寸基准。如图 5-10a 所示，该组合体左右对称，以通过圆柱体轴线的侧平面作为长度方向的尺寸基准，由此标注出底板上两个圆柱孔长度方向的尺寸 30；该组合体后面平齐，以后面作为宽度方向的尺寸基准，标注出后面到圆柱孔宽度方向的尺寸 28；以底板的底面作为高度方向的尺寸基准，标注出高度方向的尺寸 34。

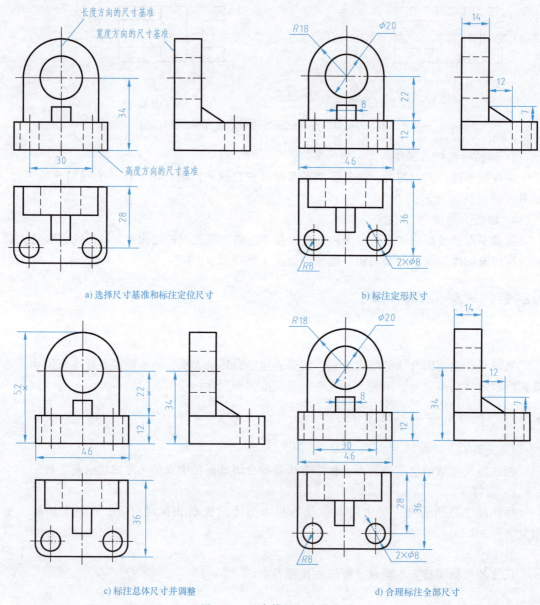

图 5-10 组合体的尺寸种类

5.3.3 组合体的尺寸种类

1. 定位尺寸

定位尺寸是确定组合体中各组成部分相对位置的尺寸，如图 5-10a 所示的 34、30、28 属于定位尺寸。

2. 定形尺寸

定形尺寸是确定组合体中各基本形体的形状和大小的尺寸，如图 5-10b 所示的 *R*18、*ϕ*20、*R*8、2×*ϕ*8 等尺寸是定形尺寸。

3. 总体尺寸

总体尺寸是确定组合体外形的总长、总宽和总高的尺寸。若定形、定位尺寸已标注完整，则在加注总体尺寸时，应对相关的尺寸做适当调整，避免出现封闭尺寸链。

标注总体尺寸的注意事项如下：

1）标注总体尺寸时，往往会出现多余的尺寸，这时就必须对已标注的定位和定形尺寸做适当调整。如图 5-10c 所示，34、12、22 均为高度方向的尺寸，标注尺寸 34、12，不标注尺寸 22。

2）标注总体尺寸时，如遇回转体，一般不以轮廓线为界直接标注其总体尺寸，而是标注中心高，如图 5-10c 所示，不标注总高尺寸 52，它由中心高尺寸 34 和 *R*18 决定。合理标注全部尺寸如图 5-10d 所示。

4. 机件上常见端盖、底板和法兰盘的标注

图 5-11 所示为机件上常见端盖、底板和法兰盘的标注，由该图可知，在板上用作穿螺钉的孔、槽等的中心定位尺寸都应注出，而且由于板的基本形状和孔、槽的分布形式不同，其中心定位尺寸的标注形式也不一样。如在类似长方形板上按长、宽两个方向分布的孔、槽，其中心定位尺寸按长、宽两个方向进行标注；在类似圆形板上按圆周分布的孔、槽，其中心定位尺寸往往是用标注定位圆（用细点画线画出）直径的方法标注。

5.3.4 组合体尺寸标注的步骤

标注组合体的尺寸时，首先应运用形体分析法分析形体，找出该组合体长、宽、高三个方向的主要基准，分别注出各基本形体之间的定位尺寸和各基本形体的定形尺寸，然后标注总体尺寸并进行调整，最后校对全部尺寸。

现以轴承座为例，说明标注组合体尺寸的具体步骤。

1. 对组合体进行形体分析

将轴承座分成五个基本形体，初步考虑每个基本形体的定形尺寸。

2. 选定尺寸基准

依次确定轴承座长、宽、高三个方向的主要基准：通过套筒轴线的侧平面作为长度方向的主要基准，通过套筒的正平面（后端面）作为宽度方向的主要基准，底板的底面可作为高度方向的主要基准，凸台的顶面为高度方向的辅助尺寸基准，如图 5-12 所示。

3. 逐个标注各基本形体的定形尺寸和定位尺寸

通常首先标注组合体中最主要的基本形体的尺寸，在这个轴承座中是套筒（轴承），然后在余下的基本形体中标注与尺寸基准有直接联系的基本形体的尺寸，最后标注已标注尺寸的基本形体旁边且与它有尺寸联系的基本形体的尺寸。

1）标注套筒与凸台。因为套筒与凸台相贯，所以高度方向定位尺寸相同，是底板高度与支承板高度之和（5+20=25），确定套筒与凸台相对于底板的上下位置；宽度方向的定位尺寸 18 和 10，确定套筒与凸台的前后位置；定形尺寸 *ϕ*20、*ϕ*14、*ϕ*10、*ϕ*6 确定其形状大小，如图 5-13a 所示。

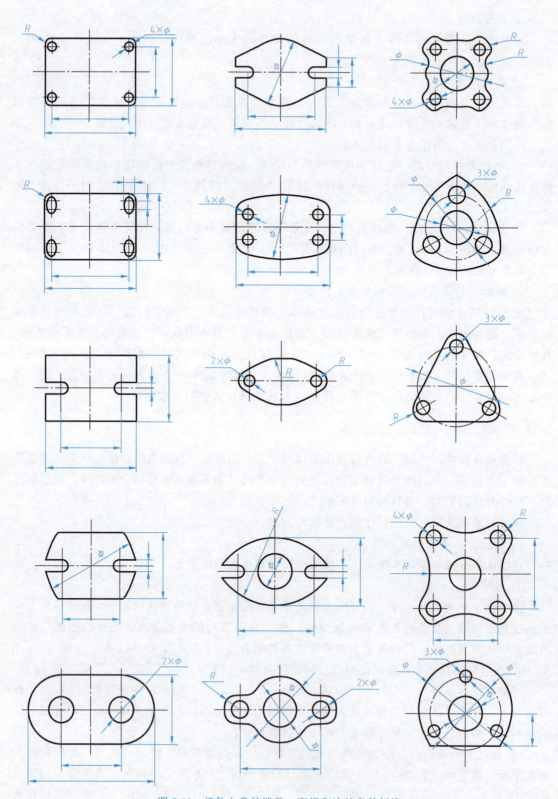

图 5-11 机件上常见端盖、底板和法兰盘的标注

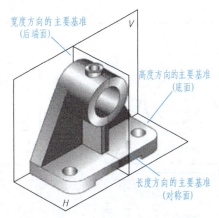

图 5-12 轴承座的尺寸基准

2)标注底板。底板长、宽、高三个方向的定位尺寸分别是 40、20 和 5;圆孔的定位尺寸是 30 和 12;凹槽的定形尺寸是 22 和 2;圆孔的定形尺寸是 $R5$ 和 $2×\phi4$,如图 5-13b 所示。

3)标注支承板。支承板的长度 40、凹圆弧 $\phi20$、高度 20 省略不标,由套筒和底板的尺寸来确定。标注宽度方向的定形尺寸是 4,确定支承板的前后位置,如图 5-13c 所示。

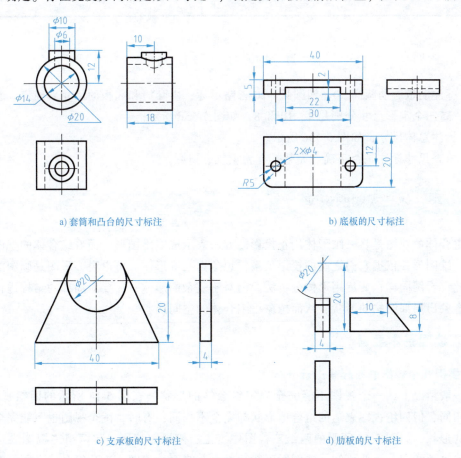

a) 套筒和凸台的尺寸标注　　　　　　　　b) 底板的尺寸标注

c) 支承板的尺寸标注　　　　　　　　d) 肋板的尺寸标注

图 5-13 轴承座的尺寸标注

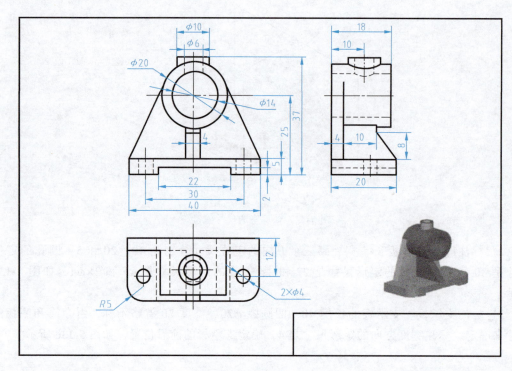

e) 总体尺寸标注

图 5-13 轴承座的尺寸标注（续）

4）标注肋板。肋板高 20、凹圆弧 φ20 省略不标，由套筒和底板的尺寸来确定。肋板的长、宽、高三个定形尺寸分别是 4、10 和 8，如图 5-13d 所示。

5）标注总体尺寸，如图 5-13e 所示。

6）检查尺寸标注是否正确、完整，有无重复、遗漏。

5.4 组合体三视图的识读

画组合体的视图是将三维形体用正投影的方法表示成二维图形，而看组合体的视图，则立足于二维图形并依据它们之间的投影关系，想象出三维形体。可以说，看图是画图的逆过程。因此，看图同样也要运用形体分析法。但对于复杂的形体，还要对局部的结构进行线面分析，想象出局部结构的形状，从而想象出组合体的空间形状。

5.4.1 读图基本要领

1. 要把几个视图联系起来进行分析

在一般情况下，一个视图不能完全确定组合体的形状。在图 5-14 所示的四组视图中，主视图相同，但四组视图表达的组合体形状却完全不相同；有时，两个视图也不能完全确定组合体的形状，如图 5-15 所示的两组三视图中，主、俯视图相同，但两组三视图表达的组合体形状也不相同。由此可知，看图时不能只看一个或两个视图，表达组合体必须要有反映形状特征的视图，即主视图。看图时，一般应以主视图为中心，将几个视图联系起来进行分析，才能想象出组合体的形状。

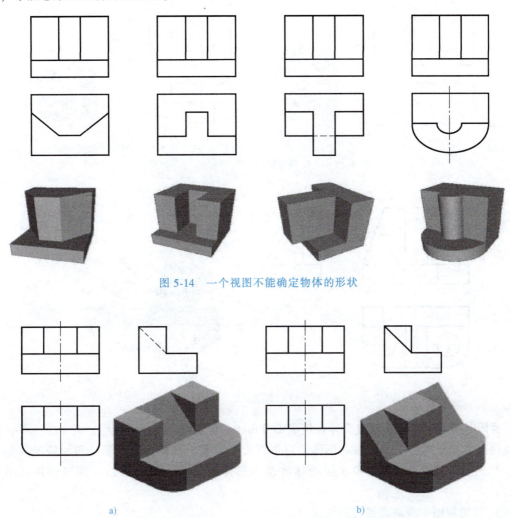

图 5-14 一个视图不能确定物体的形状

图 5-15 两个视图不能确定物体的形状

2. 寻找特征视图

把物体的形状特征及相对位置反映得最充分的那个视图称为**特征视图**。

从最能反映组合体形状和位置特征的视图看起。如图 5-16a、b 所示的两组三视图中，主、俯视图完全相同，与左视图结合起来才能看清楚物体。因为主视图是反映主要形状特征的投影，左视图是最能反映位置特征的投影，看图时应先看主视图、左视图。

主视图是反映组合体整体的主要形状和位置特征的视图。但组合体的各组成部分的形状和位置特征不一定全部集中在主视图上，有时是分散于各个视图上。

如图 5-17 所示的支架，由三个基本体叠加而成，主视图反映了该组合体的形状特征，同时也反映了形体 Ⅰ 的形状特征；左视图主要反映形体 Ⅱ 的形状特征；俯视图主要反映形体 Ⅲ 的形状特征。看图时，应当抓住有形状和位置特征的视图，如分析形体 Ⅰ 时，应从主视图看起；分析形体 Ⅱ 时，应从左视图看起；分析形体 Ⅲ 时，应从俯视图看起。

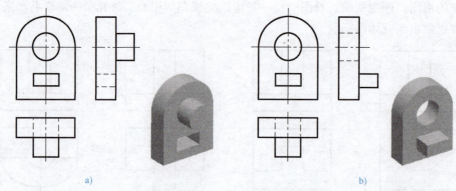

图 5-16 从反映形状和位置特征的视图看起

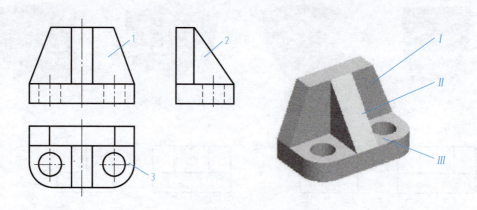

图 5-17 支架的形体分析

看图时要善于抓住反映组合体各组成部分形状与位置特征较多的视图,并从它入手,就能较快地将其分解成若干个基本形体,再根据投影关系,找到各基本形体所对应的其他视图,并经分析、判断后,想象出组合体各基本形体的形状,最后达到看懂组合体视图的目的。

3. 弄清视图中线条与线框的含义

(1) 视图中的每一条图线(直线或曲线) 表示具有积聚性的面(平面或柱面)的投影;表示表面与表面(两平面、两曲面或一平面与一曲面)交线的投影;表示曲面轮廓线在某方向上的投影,如图 5-18 所示。

(2) 视图中的封闭线框 表示平面、曲面、孔积聚的投影,一个面(平面或曲面)的投影,表示曲面及其相切的组合面(平面或曲面)的投影,如图 5-19 所示。

(3) 相邻的封闭线框 表示不共面、不相切的两不同位置的表面,如图 5-20a、b 所示;线框里有另一线框,表示凸起或凹下的表面,如图 5-20c 所示;线框边上有开口线框和闭口线框,分别表示通槽和不通槽,如图 5-20d、e 所示。

5.4.2 看图方法和步骤

1. 形体分析法

看叠加型组合体的视图时,根据投影规律,分析基本形体的三视图,从图上逐个识别出

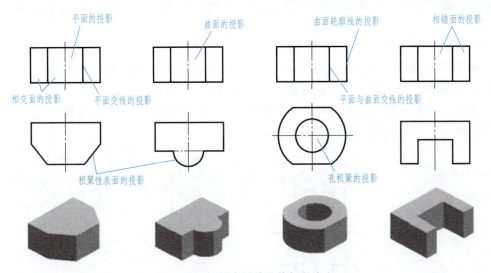

图 5-18　视图中图线和线框的含义

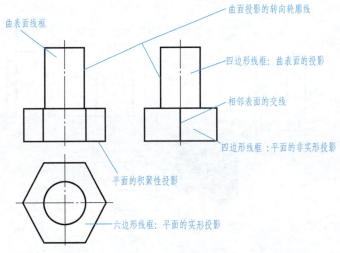

图 5-19　封闭线框的含义

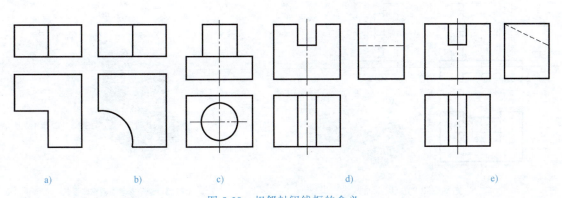

图 5-20　相邻封闭线框的含义

基本形体的形状和相互位置，再确定它们的组合形式及其表面连接关系，综合想象出组合体的形状。

应用形体分析法看图的特点：从体出发，在视图上分线框。

下面以图 5-21 所示的支承架为例，介绍应用形体分析法看图的方法和步骤。

(1) 划线框，分形体　从主视图看起，并将主视图按线框划分为 1′、2′、3′，并在俯视图和左视图上找出其对应的线框 1、2、3 和 1″、2″、3″，将该组合体分为立板 Ⅰ、凸台 Ⅱ 和底板 Ⅲ 三部分，如图 5-21a 所示。

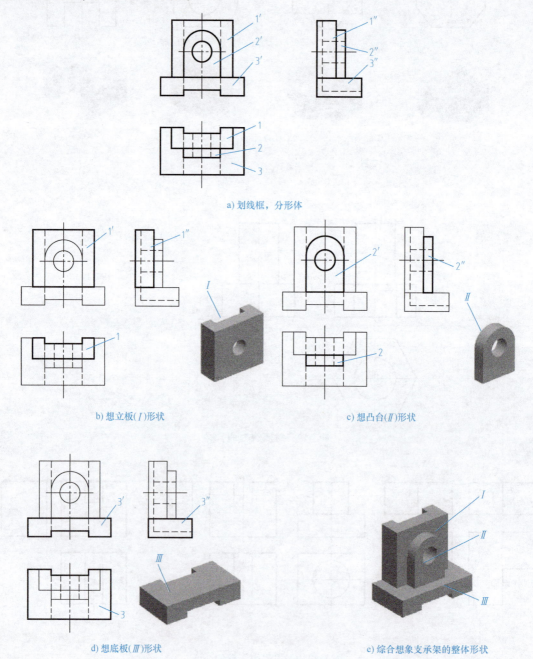

a) 划线框，分形体

b) 想立板(Ⅰ)形状

c) 想凸台(Ⅱ)形状

d) 想底板(Ⅲ)形状

e) 综合想象支承架的整体形状

图 5-21　用形体分析法看支承架视图的方法和步骤

(2) 对投影，想形状　按照"长对正、高平齐、宽相等"的投影关系，从每个基本形体的特征视图开始，找出另外两个投影，想象出每个基本形体的形状，如图 5-21b、c、d 所示。

(3) 合起来，想整体　根据各基本形体所在的方位，确定各部分之间的相互位置及组合形式，从而想象出支承架的整体形状，如图 5-21e 所示。

2. 线面分析法

看图时，在应用形体分析法的基础上，对一些较难看懂的部分，特别是对切割型组合体的被切割部位，还要根据线面的投影特性，分析视图中线和线框的含义，弄清组合体表面的形状和相对位置，综合起来想象出组合体的形状。这种看图方法称为线面分析法。线面分析法看图的特点：从面出发，在视图上分线框。

现以图 5-22 所示的压块为例，介绍用线面分析法看图的方法和步骤。

先分析整体形状，压块三个视图的轮廓基本上都是矩形，因此它的原始形体是一个长方体。再分析细节部分，压块的右上方有一阶梯孔，其左上方和前后面分别被切掉一角。

从某一视图上划分线框，并根据投影关系，在另外两个视图上找出与其对应的线框或图线，确定线框所表示的面的空间形状和对投影面的相对位置。

(1) 压块左上方的缺角　如图 5-22a 所示，在俯、左视图上相对应的等腰梯形线框 p 和 p''，在主视图上与其对应的投影是一倾斜的直线 p'。由正垂面的投影特性可知，P 平面是梯形的正垂面。

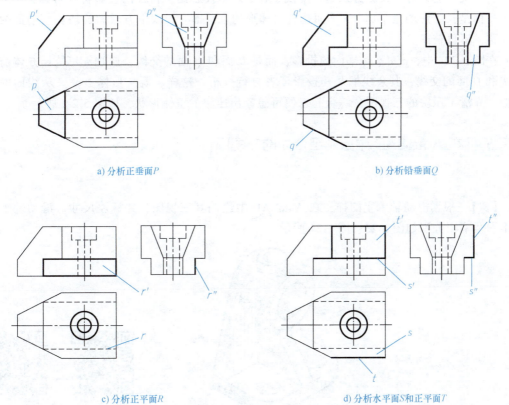

a) 分析正垂面 P　　　　　　　　b) 分析铅垂面 Q

c) 分析正平面 R　　　　　　　　d) 分析水平面 S 和正平面 T

图 5-22　用线面分析法看压块视图的方法和步骤

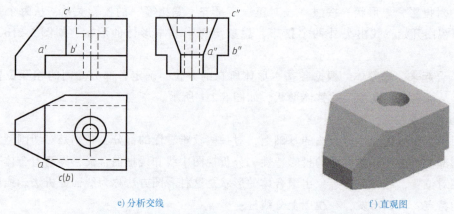

e) 分析交线　　　　　　　　　　　f) 直观图

图 5-22　用线面分析法看压块视图的方法和步骤（续）

（2）压块左方前后对称的缺角　如图 5-22b 所示，在主、左视图上相对应的投影七边形线框 q′和 q″，在俯视图上与其对应的投影为一倾斜直线 q。由铅垂面的投影特性可知，Q 平面是七边形铅垂面。同理，处于后方与之对称的位置也是七边形铅垂面。

（3）压块下方前后对称的缺块　如图 5-22c、d 所示，它们由两个平面切割而成。其中，一个平面 R 在主视图上为一可见的矩形线框 r′，在俯视图上的对应投影为水平线 r（虚线），在左视图上的对应投影为垂直线 r″。另一个平面 S 在俯视图上是有一边为虚线的直角梯形 s，在主、左视图上的对应投影分别为水平线 s′和 s″。由投影面平行面的投影特性可知，R 平面和 T 平面是长方形的正平面，S 平面是直角梯形的水平面。压块下方后面的缺块与前面的缺块对称，不再赘述。

在图 5-22e 中，a′b′不是平面的投影，而是 R 面和 Q 面的交线，同理 b′c′是长方体前方面 T 和 Q 面的交线，其余线框及其投影读者自行分析。这样，既从形体上，又从线面的投影上，弄清了压块的三视图，综合起来便可想象出压块的整体形状，如图 5-22f 所示。

5.5　在 AutoCAD 中绘制组合体的三视图

【例】　根据滑动轴承座图样，在 AutoCAD 中绘制其三视图，并标注尺寸。滑动轴承座三维图及草图分别如图 5-23、图 5-24 所示。

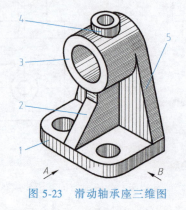

图 5-23　滑动轴承座三维图

滑动轴承
座画法

滑动轴承
座 AR

第5章 组合体

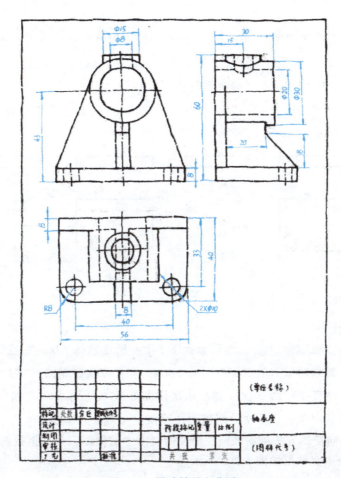

图 5-24 滑动轴承座草图

绘图步骤介绍如下。
1. 绘制底板 1

步骤 1 启动 AutoCAD 软件，然后打开 2.2 节定制的"A4.dwg"文件，并确定状态栏中的"极轴追踪""对象捕捉""动态输入"和"线宽"按钮处于打开状态。

步骤 2 将"粗实线"图层设置为当前图层，然后利用"矩形"命令绘制底板长方体的三视图，接着选择"圆角"命令，将圆角半径设置为8，输入"T"后按<Enter>键，接着输入"T"，按<Enter>键后采用修剪模式，输入"M"后按<Enter>键，最后依次选择要修圆角的对象进行修圆角。

步骤 3 选择"圆"命令，然后单击"对象捕捉"工具栏中的"临时追踪点"按钮，接着捕捉图 5-25a 所示直线 AB 的中点并向下移动光标，待出现竖直极轴追踪线时输入值"33"并按<Enter>键，接着捕捉出现的临时点并水平向右移动光标，待出现水平极轴追踪线时输入值"20"并按<Enter>键，接着根据命令行提示绘制半径为 5 的圆。

步骤 4 绘制上一步所绘圆在主视图中的投影（中心线和两条虚线），并将各线置于相应图层。将"点画线"图层设置为当前图层，为俯视图中的圆添加中心线，结果如图 5-25a

139

所示。

步骤 5 依次选择俯视图中的圆、圆上的中心线，以及主视图中该圆的投影，然后选择"镜像"命令 ⚐，分别将所选对象以主视图中两条水平直线的中点连线为镜像线进行复制镜像，结果如图 5-25b 中主视图和俯视图所示。

步骤 6 使用"复制"命令 ⚐ 或"直线"命令 ⚐ 绘制左视图中圆的投影，结果如图 5-25b 中左视图所示。

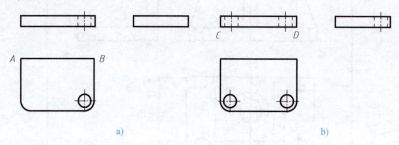

图 5-25　绘制底板 1

2. 绘制圆柱筒 3

步骤 1 选择"圆"命令 ⚐，然后捕捉图 5-25b 所示直线 *CD* 的中点并向上移动光标，待出现竖直极轴追踪线时输入值"43"并按<Enter>键，依次绘制图 5-26a 所示的同心圆。

步骤 2 选择"直线"命令 ⚐，然后依次捕捉图 5-26a 所示的中点和象限点，待出现图中所示的极轴追踪线时单击，依次绘制该圆柱筒在左视图中的投影。

步骤 3 采用同样的方法绘制该圆柱筒在俯视图中的投影，并根据投影的可见性将相关图线置于相应图层中，结果如图 5-26b 所示。

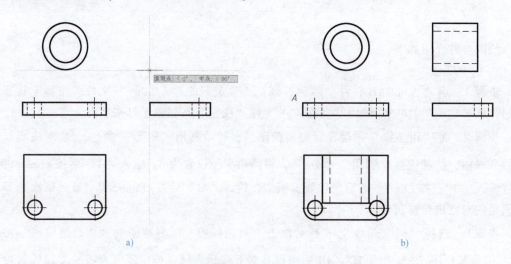

图 5-26　绘制圆柱筒 3

3. 绘制肋板 5

步骤 1 选择"直线"命令 ⚐，单击图 5-26b 所示的端点 *A* 然后在绘图区右击，在弹出的快捷菜单中选择"切点"选项，绘制图 5-27a 所示的切线 *AB*。采用同样的方法绘制另一条切线 CD。

步骤 2　重复执行"直线"命令,捕捉俯视图左上角端点并向下移动光标,输入值"8"后按<Enter>键,然后捕捉切线的端点,待出现图 5-27a 所示的极轴追踪线时单击,最后按<Enter>键结束命令。采用同样的方法绘制其右侧直线,结果如图 5-27b 所示。

步骤 3　重复执行"直线"命令,采用同样的方法绘制肋板 5 在左视图中的投影直线,结果如图 5-27b 所示。

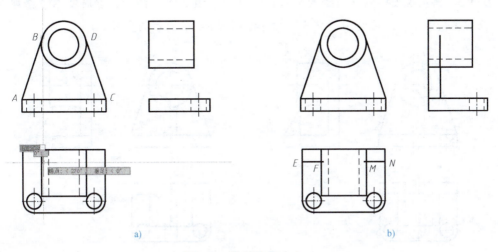

图 5-27　绘制肋板 5（一）

步骤 4　使用"修剪"命令 ，修剪俯视图和左视图中多余的线条,然后选择"直线"命令,绘制肋板 5 在俯视图中不可见的线条,结果如图 5-28 所示。

4. 绘制肋板 2

步骤 1　将"点画线"图层设置为当前图层,然后利用"直线"命令依次绘制中心线。

步骤 2　利用"偏移"命令,将主视图和俯视图中的竖直中心线分别向左、右侧偏移 4,将左视图中的直线 AB 向其右侧偏移 20；然后选择"直线"命令,捕捉图 5-29 所示的交点并向右移动光标,待其与直线 AB 相交时单击,接着水平向右移动光标,待其与直线 CD 相交时单击,最后按<Enter>键结束命令。

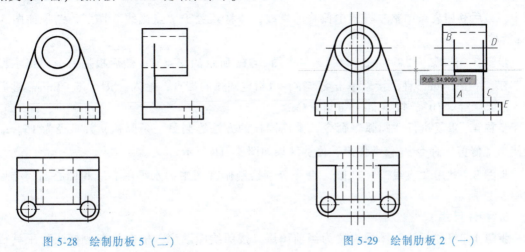

图 5-28　绘制肋板 5（二）　　　　　图 5-29　绘制肋板 2（一）

步骤3 使用"修剪"命令修剪左视图中多余的线条,然后选择"直线"命令,捕捉图5-29所示的端点 E 并单击,输入"@-12,18"并按<Enter>键,结果如图5-30a所示。

步骤4 使用"修剪"命令修剪左视图和俯视图中多余的线条,然后将俯视图中偏移所得到的直线置于"虚线"图层。接着选择"直线"命令,分别以两条虚线的下端点为起点绘制两条竖直直线,结果如图5-30b所示。

步骤5 将主视图中偏移所得的两条直线置于"粗实线"图层,然后使用"修剪"命令修剪多余线条,最后使用"直线"命令绘制图5-30b所示的直线 AB。

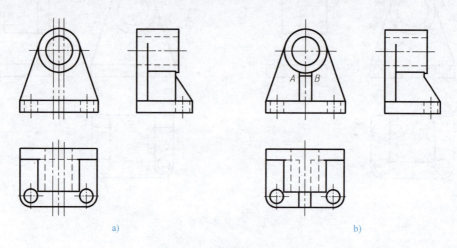

图5-30 绘制肋板2(二)

5. 绘制凸台4

步骤1 使用"偏移"命令,将主视图中的竖直中心线向其左、右两侧各偏移4、7.5,将水平中心线向上偏移17,然后使用"修剪"命令修剪多余的线条,并将各线置于相应图层,结果如图5-31a所示。

步骤2 使用"偏移"命令,将左视图中最左端竖直直线向其右侧偏移15,将水平中心线向上偏移17,然后使用"复制"命令,将主视图中所绘制的四条直线复制至左视图中,最后利用夹点调整左视图中偏移的直线,并将其置于"点画线"图层,结果如图5-31a所示。

步骤3 选择"圆弧"命令,单击图5-31a所示的交点 E,然后根据命令行提示输入"E"并按<Enter>键,接着单击交点 F,以指定圆弧的端点,输入"R",按<Enter>键后输入圆弧半径"10",按<Enter>键结束命令。

步骤4 重复执行"圆弧"命令,采用同样的方法绘制另一条圆弧,其半径为15。最后使用"修剪"命令修剪图形,修剪结果如图5-31b所示。

步骤5 利用"直线"和"圆"命令分别绘制俯视图中的水平中心线和同心圆,结果如图5-32所示。

6. 标注尺寸

步骤1 将"标注"图层设置为当前图层。按照绘图顺序,依次单击"标注"工具栏

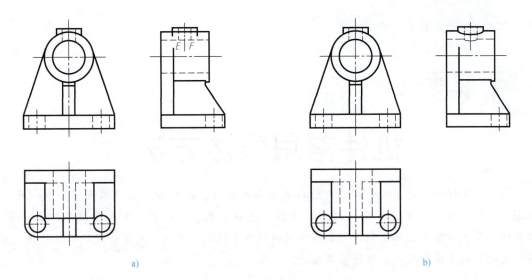

图 5-31 绘制凸台 4（一）

中的"线性"按钮、"直径"按钮或"半径"按钮等逐个形体标注尺寸。

步骤 2 对于线性尺寸前需要添加"φ"符号的尺寸标注，可在命令行中输入"DIMEDIT"并按<Enter>键，然后选取要进行编辑的所有尺寸并按<Enter>键即可，其标注结果如图 5-33 所示。

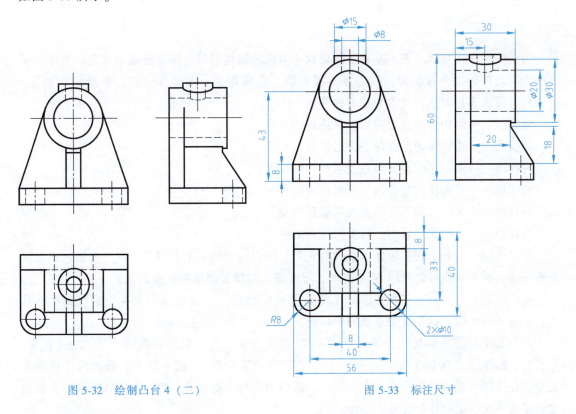

图 5-32 绘制凸台 4（二）　　　图 5-33 标注尺寸

第6章 机件常用表达方法

在工程实际中,为了清楚表达内外结构复杂的机件,国家标准《技术制图》和《机械制图》规定了绘制物体技术图样的基本方法,包括视图、剖视图、断面图及简化画法等。掌握这些表达方法是正确绘制和阅读机械图样的基本前提。灵活运用这些表达方法清楚、简洁地表达机件是绘制机械图样的基本原则。

6.1 视图

视图(GB/T 17451—1998、GB/T 4458.1—2002)主要用于表达机件外部结构形状。视图分为基本视图、向视图、局部视图和斜视图四种。视图一般只画可见部分,必要时才用细虚线表达不可见部分。

6.1.1 基本视图

为了分别表达物体上下、左右、前后六个方向的结构形状,国家标准中规定:用正六面体的六个面作为六个投影面,称为基本投影面。将物体置于六面体中间,如图 6-1a 所示,分别向各投影面投射,得到六个基本视图:

主视图——由物体的前方向后投射得到的视图;
俯视图——由物体的上方向下投射得到的视图;
左视图——由物体的左方向右投射得到的视图;
右视图——由物体的右方向左投射得到的视图;
仰视图——由物体的下方向上投射得到的视图;
后视图——由物体的后方向前投射得到的视图。

为了在同一平面上表示物体,必须将六个投影面展开到一个平面上。展开时规定正立投影面不动,其余各投影面按图 6-1b 所示,展开到正立投影面所在的平面上。

投影面展开后,六个基本视图的位置如图 6-1c 所示,一旦物体的主视图被确定后,其他基本视图与主视图的位置关系也随之确定,此时,可不标注视图的名称。

六个基本视图在度量上,满足"三等"对应关系:主、俯、仰视图"长对正";主、左、右、后视图"高平齐";俯、左、仰、右视图"宽相等"。这是读图、画图的依据和出发点。在反映空间方位上,俯、左、仰、右视图中靠近主视图的一侧,是物体的后方,远离主视图的一侧,是物体的前方。

第6章 机件常用表达方法

图 6-1 六个基本视图的形成及展开

六个基本视图的形成及展开

6.1.2 向视图

向视图是可以自由配置的视图。向视图必须标注，其标注方法：在向视图的上方标注 "X"（"X" 为大写拉丁字母，注写时按 A、B、C、…的顺序）；在相应视图附近用箭头指明投射方向，并标注相同字母（图 6-2）。

采用向视图的目的是便于利用图纸空间。向视图是基本视图的另一种表达方式，是移位（不旋转）配置的基本视图。向视图的投射方向应与基本视图的投射方向一一对应。表示投射方向的箭头应尽可能配置在主视图或左、右视图上，以便所获视图与基本视图一致。

6.1.3 局部视图

局部视图是将物体的某一部分向基本投影面投射所得的视图。当物体在平行于某基本投影面的方向上仅有某局部形状需要表达，而又没有必要画出其完整的基本视图时，可采用局

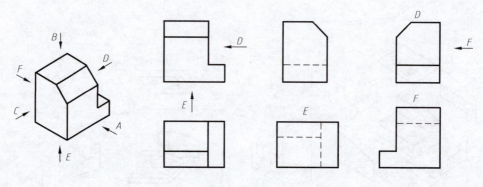

图 6-2 向视图

部视图以局部地表达机件的外形。如图 6-3 中的 A 向和 B 向视图，它们分别表达了左、右两个凸台的形状。

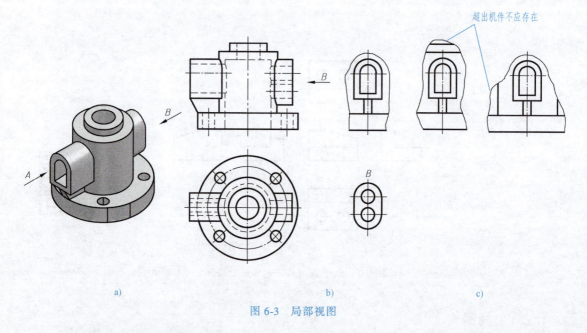

图 6-3 局部视图

1. 局部视图的配置及标注

局部视图应按以下三种形式配置，并进行必要的标注。

1）按基本视图的配置形式配置，当与相应的另一视图之间没有其他图形隔开时，可不必标注，如图 6-3 中的 A 向局部视图。

2）按向视图的配置形式配置和标注，如图 6-3 中的 B 向局部视图。

3）按第三角画法配置在视图上所需表示的局部结构的附近，并用细点画线将两者相连，无中心线的图形也可用细实线联系两图，此时，无须另行标注（图 6-4）。

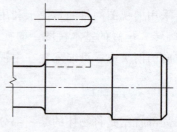

图 6-4 局部视图按第三角画法配置

2. 局部视图的画法

局部视图是从完整的图形中分离出来的，这就必须与相邻的其他部分假想地断裂，其断裂边界一般用波浪线（图6-3的A向局部视图）或双折线（图6-4）绘制。当局部视图的外轮廓封闭时，不必画出其断裂边界线，如图6-3中的B向局部视图。注意：波浪线表示物体断裂边界的投影，空洞处和超出机件处不应存在，如图6-3c所示。

图6-5分别给出了仅上下对称和上下、左右均对称的两种机件的表示法，这种将对称机件的视图只画一半或四分之一的画法也是符合局部视图的定义的，此时，可将其视为是以细点画线作为断裂边界的局部视图的特殊画法。采用这种画法的目的是节省时间和图幅，作图时应在对称中心线的两端画出两条与其垂直的平行细实线。

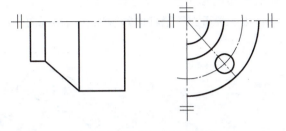

图6-5 对称机件的局部视图

6.1.4 斜视图

斜视图是物体向不平行于基本投影面的平面投射所得的图形。

当物体具有倾斜结构，其倾斜表面在基本视图上既不反映实形，又不便于标注尺寸，读图、画图都不方便。为了清楚地表达倾斜部分的形状，可选择增加一个平行于该倾斜表面且垂直于某一基本投影面的辅助投影面，将该倾斜部分向辅助投影面投射，这样得到的视图称为斜视图，如图6-6所示。

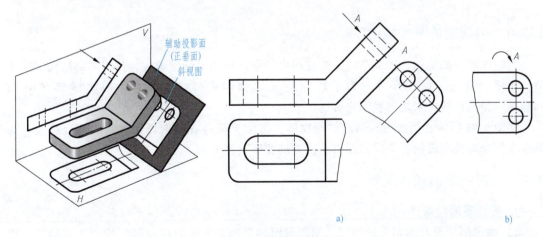

图6-6 斜视图的形成

斜视图中只画倾斜部分的投影，用波浪线或双折线断开，其他部分省略不画。

画斜视图时应注意：斜视图的尺寸大小必须与相应的视图保持联系，严格按投影关系作图。斜视图通常按向视图的配置形式配置及标注。按箭头方向配置在相应视图的附近，在斜视图的上方水平地注写与箭头处相同

斜视图的形成　斜视图AR

的字母，以表示斜视图的名称。在相应视图附近用垂直于倾斜表面的箭头指明投射方向，如图 6-6a 中的 A 向斜视图。必要时允许将斜视图旋转配置。旋转的角度以不大于 90°为宜。此时应加注旋转符号，旋转符号的方向要与实际旋转方向一致，如图 6-6b 所示。旋转符号为半径等于字体高的半圆弧，表示斜视图名称的大写拉丁字母应靠近旋转符号的箭头端，也允许将旋转角度标注在字母之后。

图 6-7 所示为压紧杆的斜视图和局部视图。

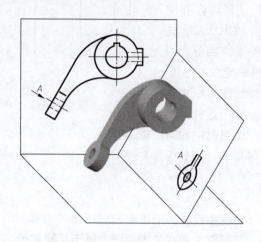

图 6-7　压紧杆的斜视图和局部视图

6.2　剖视图

6.2.1　剖视图的基本概念

当物体的内部结构比较复杂时，在视图中就会出现较多的细虚线，显得内部结构层次不清，不便于读图、标注尺寸。为了清晰地表达物体内部结构形状，国家标准（GB/T 4458.6—2002）规定采用剖视图来表达。

如图 6-8a 所示，假想用剖切面剖开物体，将位于观察者和剖切面之间的部分移去，而将余下部分向投影面投射所得的图形，称为剖视图（图 6-8b）。

6.2.2　剖视图的画法及标注

1. 剖视图的画法

1）确定剖切面及剖切面的位置。画剖视图的目的是表达物体内部结构的真实形状，因此剖切面一般应通过物体内部结构的对称平面或孔的轴线去剖切物体，如图 6-9b 所示。

2）用粗实线画出剖切面剖切到的物体断面轮廓和其后面所有可见轮廓线的投影，不可见的轮廓线一般不画，如图 6-9d 所示。

3）在剖切面切到的断面轮廓内画出剖面符号，以区分物体的实体部分和空心部分，如图 6-9e 所示。

不同类别的材料一般采用不同的剖面符号，见表 6-1。当不需要在剖面区域中表示材料

第6章 机件常用表达方法

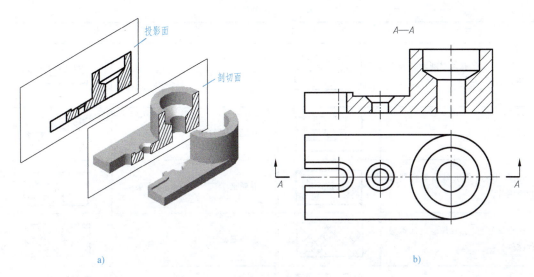

图 6-8 剖视图的形成

的类别时,可采用通用剖面线来表示。通用剖面线应以与主要轮廓或剖面区域的对称线成适当角度(最好采用成 45°角)的等距细实线表示。当图形中的主要轮廓线与水平方向成 45°角时,剖面线则应画成与水平方向成 30°或 60°角的平行线,其倾斜的方向仍与其他图形的剖面线一致,如图 6-10 所示。

剖视图 AR

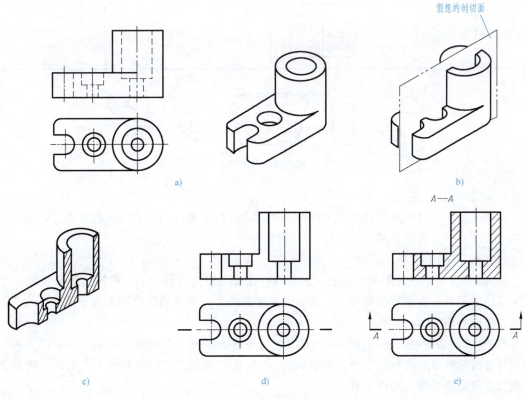

图 6-9 剖视图的画法

表 6-1 剖面符号

材料类别	图例	材料类别	图例
金属材料（已有规定剖面符号者除外）		木质胶合板	
线圈绕组元件		基础周围的泥土	
转子、电枢、变压器和电抗器等的叠钢片		混凝土	
非金属材料（已有规定剖面符号者除外）		钢筋混凝土	
型砂、填砂、粉末冶金、砂轮、陶瓷刀片、硬质合金刀片等		砖	
玻璃及供观察用的其他透明材料		格网（筛网、过滤网等）	
木材	纵断面		液体	
	横断面			

   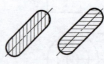

图 6-10 通用剖面线画法

2. 剖视图的标注

剖视图标注的目的是帮助看图者判断剖切面通过的位置和剖切后的投射方向，以便找出各相应视图之间的投影关系。

(1) 标注的内容

1) 剖切符号——在剖切面的起、止和转折处画上粗短画线（1.5 倍粗实线的线宽）表示剖切面的位置；在表示剖切面起、止处的粗短画线上，垂直地画出箭头表示剖切后的投射方向，如图 6-9e 所示。

2) 剖视图名称——在剖视图的上方用大写字母水平标出剖视图的名称"×—×"，并在剖切符号的两侧注上同样的字母（图 6-9e）。如果在一张图上，同时有几个剖视图，则其名称应按字母顺序排列，不得重复。

(2) 标注的简化或省略

1) 当剖视图按投影关系配置，中间没有其他图形隔开时，可省略箭头，如图 6-9e 中箭头可省去。

2) 当单一剖切平面通过机件的对称平面或基本对称面，且剖视图按投影关系配置，中间又没有其他图形隔开时，可不必标注（图 6-9e、图 6-11 均可不必标注）。

3. 画剖视图的注意事项

1) 因为剖切是假想的，所以当机件的一个视图画成剖视图后，其他视图并不受影响，仍应能完整地画出。

2) 一般情况下，剖视图中不画细虚线。只有在不影响图形清晰的条件下，又可省略一个视图时，才可适当地画出一些细虚线，如图 6-11 所示。

3) 画剖视图时，不应漏画剖切面后的可见轮廓线，如图 6-12 所示。

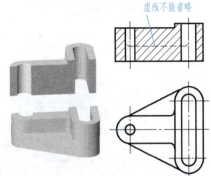

图 6-11 剖视图中的虚线问题

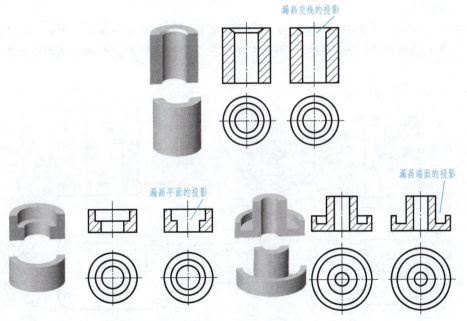

图 6-12 正误剖视图对比

6.2.3 剖视图的种类

根据剖切范围，剖视图可分为全剖视图、半剖视图和局部剖视图三种。

1. 全剖视图

用剖切面将物体完全剖开后所得的剖视图称为全剖视图。全剖视图可由单一的或组合的剖切面完全地剖开机件得到。

全剖视图主要用于表达复杂的内部结构，它不能够表达同一投射方向上的外部形状，因此适用于内形复杂、外形简单的物体，如图 6-13 所示。

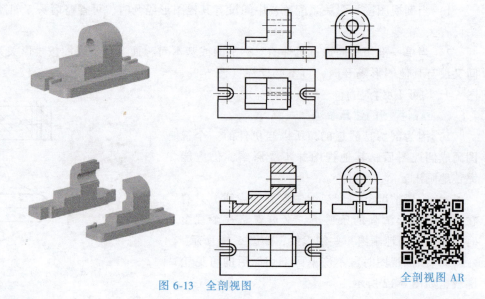

图 6-13 全剖视图　全剖视图 AR

2. 半剖视图

当物体具有对称平面时，在垂直于对称平面的投影面上所得的图形，可以对称中心线为分界，一半画成剖视图以表达内形，另一半画成视图以表达外形，称为半剖视图，如图 6-14 所示。

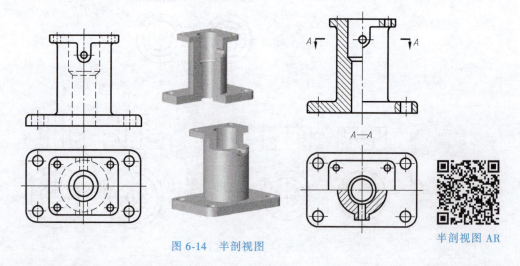

图 6-14 半剖视图　半剖视图 AR

图 6-14 所示物体具有左右对称的对称平面，在垂直于该对称平面的投影面（V 面）上，可以画成半剖视图以同时表达前方耳板的外形和中间内部的通孔；同时，这个物体具有前后对称平面，在垂直于这一对称平面的投影面（H 面）上，也画成了半剖视图。H 面的投影是由通过耳板上小孔轴线的剖切平面剖切产生的 A—A 半剖视图，它同时表达了顶部和底部带圆角的长方形板的外形和耳板上小孔与中部圆筒相通的内部结构。

画半剖视图的注意事项：

1) 半剖视图中视图与剖视的分界线是对称平面位置的细点画线，不能画成粗实线。
2) 因为物体对称，所以在剖视部分表达清楚的内形，在表达外部形状的半个视图中应不画细虚线。

3）半剖视图中剖视部分的位置一般按以下原则配置：在主视图中位于对称线右侧；在俯视图和左视图中位于物体的前半部分。

半剖视图的标注与全剖视图相同。

半剖视图主要用于内外形状都需要表达的对称物体。当机件的形状接近于对称，且其不对称部分已另有视图表达清楚时，也允许画成半剖视图，如图 6-15 所示。

3. 局部剖视图

用剖切面将物体局部剖开，并通常用波浪线表示剖切范围，所得的剖视图称为局部剖视图，如图 6-16b 所示。

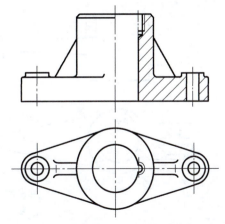

图 6-15　用半剖视图表示基本对称的机件

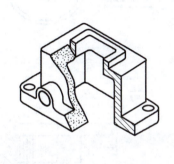

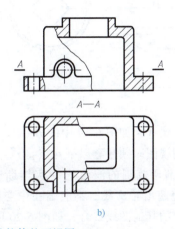

　　　　a)　　　　　　　　　　　　　　b)

图 6-16　带局部剖视的箱体的两视图

图 6-16a 所示为一箱体。该箱体顶部有一矩形孔，底部是一块具有四个安装孔的底板，左下方有一圆形凸台，上有圆孔。这个箱体上下、左右、前后都不对称。为了使箱体的内部和外部都能表达清楚，既不宜用全剖，也不能用半剖，而以局部剖的方式来表达，主视图上两处局部剖同时表达箱体的壁厚、上方的矩形孔和底板上的小孔；俯视图上的局部剖是通过左下方圆孔的轴线剖切的，清楚地表示出左下方通孔与箱体内腔的穿通情况以及箱体的左端壁厚的变化。这样的表达既表示出凸台的外形和位置，也反映出箱体中空结构的内形，内外兼顾，表达完整。

局部剖视是一种较灵活的表达方式，常应用于以下几种情况：

1）当机件的局部内形需要表达，而又不必或不宜采用全剖或半剖视图的情况。如图 6-17 所示的拉杆，左右两端有中空的结构需要表达，而中间部分为实心杆，没有必要去剖开，因此采用局部剖视图。

2）当对称机件的轮廓线与对称中心线重合，不宜采用半剖视图（图 6-18a）时，可采用局部剖视图（图 6-18b）。

3）必要时，允许在剖视图中再做一次局部剖视，这时两者的剖面线应同方向、同间

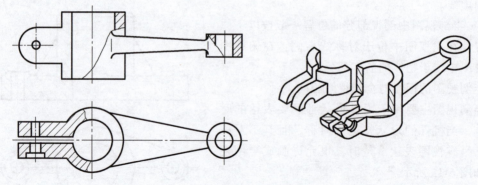

图 6-17 拉杆的局部剖视图

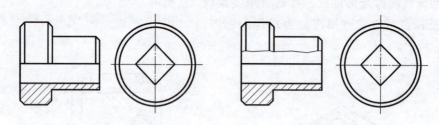

a) 错误　　　　　　　　　　　　b) 正确

图 6-18 形体对称不宜半剖的局部剖视图

隔，但要相互错开，如图 6-19 中的 $B—B$。

画局部剖视图时须注意以下几点：

1) 表示剖切范围的波浪线（实体断裂边界的投影）不应超出轮廓线，不应画在中空处，也不应与图样上的其他图线重合，如图 6-20 所示。

2) 当用双折线表示局部剖视的范围时，双折线两端要超出轮廓线少许，如图 6-21 所示。

3) 当被剖切结构为回转体时，允许将该结构的轴线作为局部剖视与视图的分界线，如图 6-22 所示。否则，应以波浪线表示分界，如图 6-23 所示。

6.2.4 剖视图的剖切方法

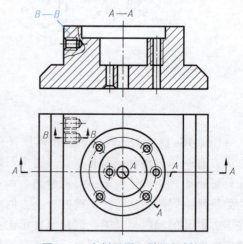

图 6-19 在剖视图上做局部剖视

根据物体的结构特点，国家标准 GB/T 17452—1998 中规定可选择以下三种剖切面剖开物体以获得上述三种剖视图：单一剖切面、几个平行的剖切平面、几个相交的剖切面。

1. 单一剖切面

单一剖切面有以下三种情况：

1) 剖切面是平行于某一基本投影面的平面（即投影面平行面），前述图 6-8、图 6-11、图 6-13、图 6-14 等属于这种情况。

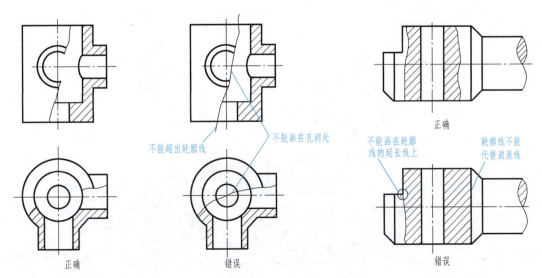

图6-20 局部剖视图中波浪线的画法

2）剖切面是垂直于某一基本投影面的平面（即投影面垂直面），图6-24所示为一个弯管，为了表示该弯管顶部倾斜的连接板的真实形状及耳板小孔的穿通情况，采用一个通过耳板上小孔轴线的正垂面（倾斜于 H、W）剖开弯管，得到 A—A 剖视图。这即是由单一斜剖切平面（即投影面垂直面）产生的斜剖视图。

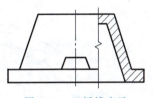

图6-21 双折线表示局部剖视的范围

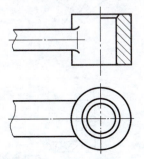

图6-22 回转体结构的局部剖

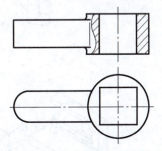

图6-23 非回转体结构的局部剖

斜剖视图的标注不能省略。斜剖视图最好按投影关系配置，也可以平移或旋转放置在其他位置，此时必须在斜剖视图的上方标注剖视图的名称，如果图形旋转配置，则必须标注旋转符号，旋转符号的方向要与图形旋转的方向一致，字母注写在箭头一端，如图6-24所示。

3）剖切面是单一柱面，图6-25表示用单一柱面剖开得到的全剖视图，这主要用于表达呈圆周分布的内部结构，通常采用展开画法。

2. 几个平行的剖切平面

几个平行的剖切平面可能是两个或两个以上，各剖切平面的转折处必须是直角。当物体的内形层次较多，用单一剖切平面不能将物体的各内部结构都剖切到时，可以采用几个平行的剖切平面，如图6-26所示。

155

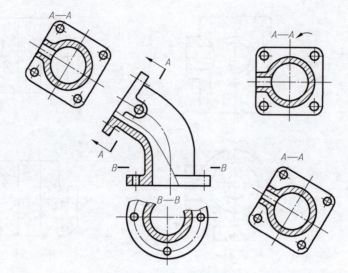

图 6-24　单一斜剖切平面产生的剖视图

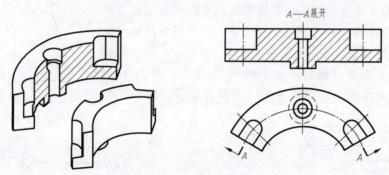

图 6-25　单一柱面剖开得到的全剖视图

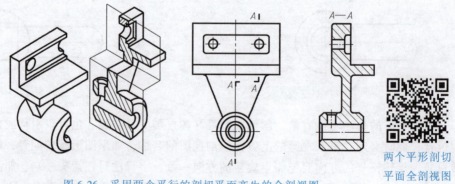

图 6-26　采用两个平行的剖切平面产生的全剖视图

两个平行剖切平面全剖视图

（1）采用几个平行的剖切平面剖切时应注意的问题

1）因为剖切是假想的，所以，在采用几个平行的剖切平面剖切所获得的剖视图上，不应画出各剖切平面转折面的投影，即在剖切平面的转折处不应产生新的轮廓线，如图 6-27a 所示。

2）要正确选择剖切平面的位置，剖切平面的转折处不应与视图中的粗实线或细虚线重合（图 6-27b），在图形内不应出现不完整的要素（图 6-27c）。

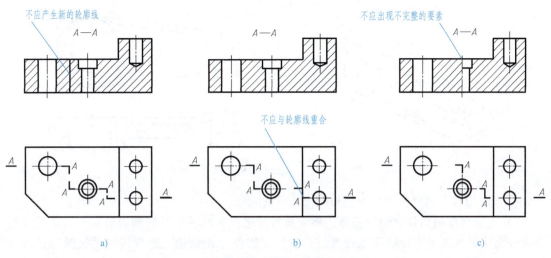

图 6-27 采用几个平行平面的剖切示例（一）

3）当物体上的两个要素具有公共对称面或公共轴线时，剖切平面可以在公共对称面或公共轴线处转折，如图 6-28 所示。

（2）采用几个平行的剖切平面剖切时应加以标注 在几个剖切平面的起、止和转折处都应标注剖切符号，写上相同的字母；当转折处位置不够时，允许省略转折处字母；同时用箭头标明投射方向。但当剖视图的配置符合投影关系，中间又无图形隔开时，可以省略箭头，如图 6-28 所示。

3. 几个相交的剖切面

如图 6-29 所示机件，其内部结构不在同一平面上，但却有公共回转轴线。此时可采用两个相交的剖切面（交线为机件轴线且垂直于 W 面）剖开机件，将被剖到的倾斜部分结构及其有关部分绕交线旋转到与正面平行后再投射，即在主视图上得到 $A—A$ 全剖视图。几个相交的剖切面，可以是几个相交的平面，也可以是几个相交的柱面，如图 6-30 所示。

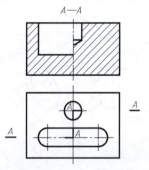

图 6-28 采用几个平行平面的剖切示例（二）

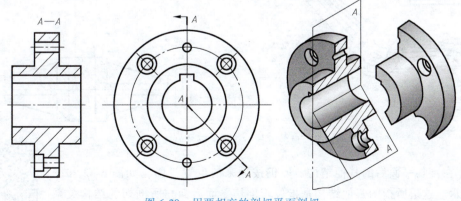

图 6-29 用两相交的剖切平面剖切

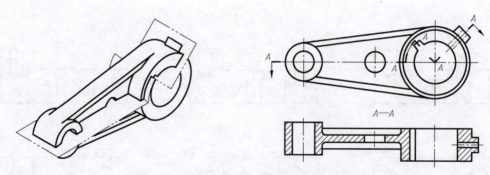

图6-30 用几个相交的平面和柱面剖切示例

（1）采用几个相交的剖切面剖切时应注意的问题

1）先假想按剖切位置剖开物体，然后将与所选投影面不平行的剖切面剖开的结构及有关部分旋转到与选定的投影面平行再进行投射。这种"先剖切、后旋转，再投影"的方法绘制的剖视图，往往有些部分图形会伸长，如图6-31所示。

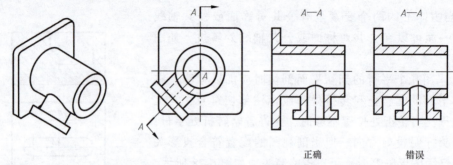

图6-31 "先剖切、后旋转，再投影"的方法示例

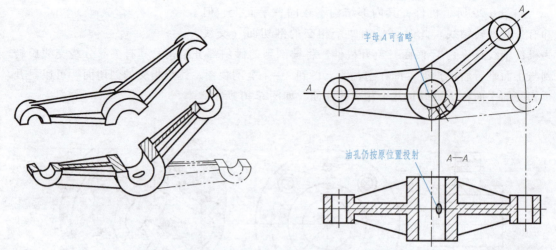

图6-32 剖切平面后的其他结构一般仍按原来的位置投影（一）

2）在剖切平面后的其他结构一般仍按原来的位置投影，如图6-32和图6-33所示。这里所指的其他结构是指位于剖切平面后面与所剖切的结构关系不甚密切的结构，或一起旋转容易引起误解的结构，如图6-32中的小油孔和

旋转剖

图6-33中的凸台所示。

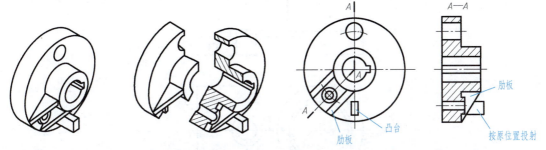

图6-33　剖切平面后的其他结构一般仍按原来的位置投影（二）

3）采用几个相交的剖切面剖开物体时，往往难以避免出现不完整的要素。当剖切后产生不完整的要素时，应将此部分按不剖绘制，如图6-34所示。

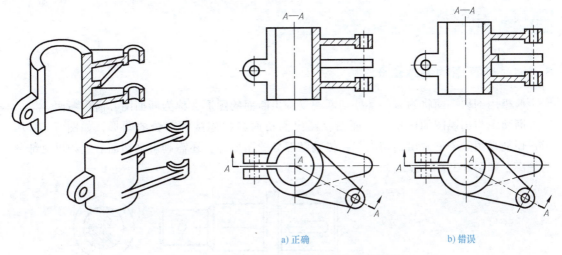

图6-34　采用两个相交的剖切面剖切无孔臂板

（2）采用几个相交的剖切面剖切时应加以标注号表示剖切位置，并在剖切符号附近注写相同字母（图6-29）；当图形拥挤时，转折处可省略字母；同时用箭头标明投射方向。但当剖视图的配置符合投影关系，中间又无图形隔开时，可以省略箭头，如图6-32及图6-33所示。

上述三种剖切面实质就是解决如何去剖切，以得到所需的充分表达内形的剖视图。三种剖切面均可产生全剖、半剖和局部剖视图。图6-25所示为单一剖切柱面剖开得到的全剖视图，图6-35所示为用两相交剖切面剖切获得的半剖视图，图6-36所示为用两平行剖切平面剖切获得的局部剖视图。

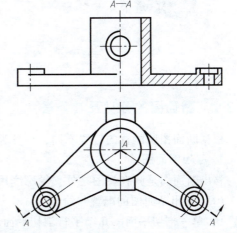

图6-35　用两相交剖切面剖切获得的半剖视图

工程制图及CAD绘图

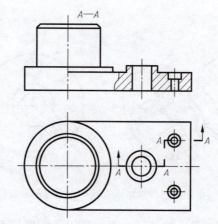

图 6-36 用两平行剖切平面剖切获得的局部剖视图

6.3 断面图

6.3.1 断面图的基本概念

假想用剖切平面将物体的某处切断，仅画出断面的图形，称为断面图，简称断面。

断面图与剖视图的区别：断面图仅画出剖切面与物体接触部分的图形，如图 6-37b 所示；而剖视图除了要画出剖切面与物体接触部分的图形外，还需画出剖切面后边的可见部分的轮廓，如图 6-37c 所示。

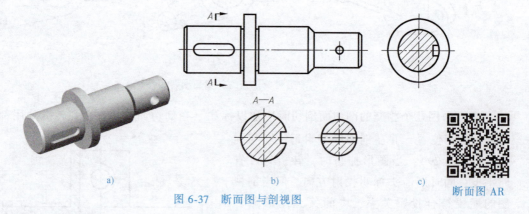

图 6-37 断面图与剖视图

断面图 AR

6.3.2 断面图的分类及其画法

根据断面图所配置的位置不同，可分为移出断面图和重合断面图两种。

1. 移出断面图

移出断面图是画在视图之外，轮廓线用粗实线绘制的断面图。

（1）移出断面图的配置与绘制

1）单一剖切平面、几个平行剖切平面和几个相交剖切平面的概念及功能同样适用于断面图。

2)移出断面图应尽可能配置在剖切符号的延长线上,也可配置在剖切线的延长线上,如图 6-38 所示;由两个或多个相交的剖切平面剖切所获得的移出断面图一般应画成断开,如图 6-39 所示。

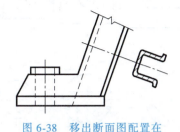

图 6-38 移出断面图配置在剖切线的延长线上

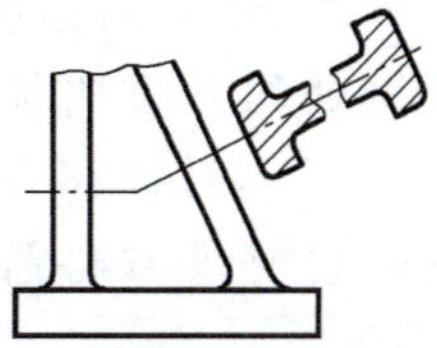

图 6-39 用两个相交平面剖切的断面图画法

3)当断面图形对称时,可配置在视图的中断处,如图 6-40 所示。

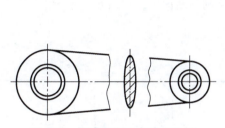

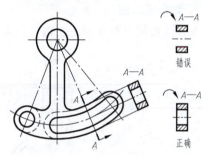

图 6-40 断面图画在视图中断处

图 6-41 移出断面图的画法

4)必要时可将移出断面图配置在其他适当的位置。在不致引起误解时,允许将图形旋转后画出,如图 6-41 中的 A—A 断面。

(2)移出断面图画法的特殊规定

1)当剖切面通过由回转面形成的孔或凹坑的轴线剖切时,孔或凹坑的结构应按剖视图绘制,如图 6-42 所示。

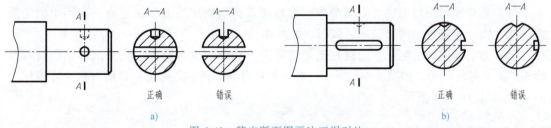

图 6-42 移出断面图画法正误对比

2)当剖切面通过非圆孔剖切,导致断面图完全分离时,该非圆孔按剖视图绘制,如图 6-41 所示。

(3)移出断面图的标注

1)完整标注。用大写拉丁字母在断面图的上方标注出断面图的名称,在相应视图上画剖切符号表明剖切位置和观看方向,并在剖切符号附近注写相同字母。剖切符号间的剖切线可省略,如图 6-43d 所示。

2）部分省略标注。

① 省略名称：配置在剖切符号延长线上的移出断面，可以省略名称，如图6-43b、c所示。

② 省略箭头：对称移出断面不管配置何处均可省略箭头，如图6-43a所示；不对称移出断面按投影关系配置时可省略箭头，如图6-42b所示。

3）完全省略标注。配置在剖切线延长线上的对称移出断面不必标注，如图6-43c所示。

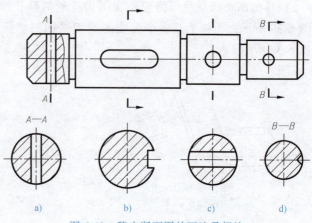

图6-43 移出断面图的画法及标注

2. 重合断面图

重合断面图是画在视图之内，轮廓线用细实线绘制的断面图，如图6-44所示。

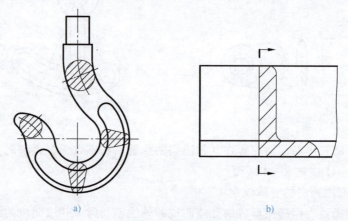

图6-44 重合断面图

（1）重合断面图的画法 当视图中轮廓线与重合断面图的图形重叠时，视图中的轮廓线（粗实线）仍应连续画出，不可间断，如图6-44b所示。

（2）重合断面图的标注 配置在剖切符号上不对称的重合断面，只需画出剖切符号及箭头，不必标注字母，如图6-44b所示；对称的重合断面则不必标注，只用对称中心线作为剖切线，如图6-44a所示。

6.4 其他表达方法

6.4.1 局部放大图

为了把物体上某些细小结构在视图上表达清楚，可以将这些结构用大于原图形的比例画出，这种图形称为局部放大图，如图6-45所示。局部放大图可画成视图、剖视图、断面图，它与被放大部分的表达方式无关。局部放大图应尽量配置在被放大部位附近。

局部放大图的标注如图 6-45 所示，用细实线（圆）圈出被放大的部位。当同一物体上有几个被放大的部分时，必须用罗马数字依次标明放大的部位，并在局部放大图的上方标注相应的罗马数字和所采用的比例。

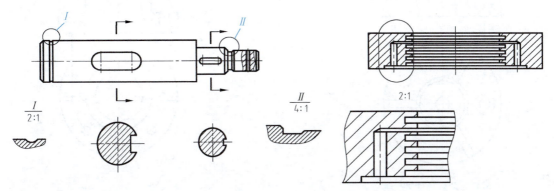

图 6-45 局部放大图及其标注

6.4.2 简化画法

简化画法是在不妨碍将物体的形状和结构表达完整、清晰的前提下，力求制图简便、看图方便而制定的，以减少绘图工作量，提高设计效率及图样的清晰度。国家标准 GB/T 16675.2—2012 中规定了一些简化画法，主要有以下几种：

1. 肋板、轮辐剖切的简化

对于物体的肋板、轮辐及薄壁等，如按纵向剖切，这些结构不画剖面符号，而用粗实线将它与其邻接部分区分开。但当按横向剖切肋板和轮辐时，这些结构仍应画上剖面符号，如图 6-46 所示。

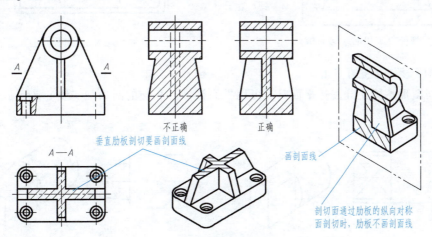

图 6-46 肋板剖切后的画法

当回转体零件上均匀分布的肋板、轮辐、孔等结构不处于剖切平面上时，可将这些结构旋转到剖切平面上画出，而不需加任何标注，如图 6-47 和图 6-48 所示。

2. 相同结构的简化

1）当物体上具有若干相同结构（齿、槽等）并按一定的规律分布时，只需画出几个完

工程制图及CAD绘图

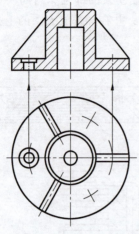

图 6-47 回转体上均布肋

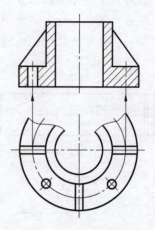

图 6-48 回转体上均布孔

整结构,其余用细实线连接表示其范围,并在图样中注明该结构的个数,如图 6-49 所示。

2)在同一物体中,对于尺寸相同的孔、槽等成组要素,若呈规律分布,则可以仅画出一个或几个,其余用细点画线表示其中心位置,并在一个要素上注出其尺寸和数量,如图 6-50 所示。

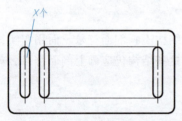

图 6-49 规律分布相同结构的槽

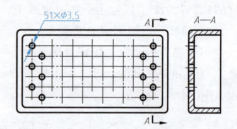

图 6-50 规律分布的等径孔

3. 对图形和交线的简化

1)当图形不能充分表达平面时,可用平面符号(相交的两条细实线)表示,如图 6-51 所示。

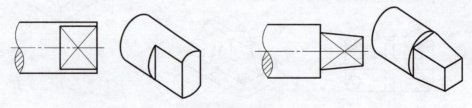

图 6-51 平面符号

2)在不致引起误解时,图形中的过渡线、相贯线允许简化,如用圆弧或直线代替非圆曲线,如图 6-52 所示。

3)在需要表示位于剖切平面前的结构时,这些结构按假想轮廓线(双点画线)绘制,如图 6-53 所示。

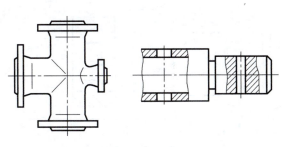 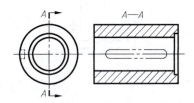

图 6-52　用圆弧或直线代替非圆曲线　　　　图 6-53　剖切平面前的结构规定画法

4）与投影面倾斜角度≤30°的圆或圆弧，其投影可用圆或圆弧代替，如图 6-54 所示。

5）圆柱形法兰及类似零件上均匀分布的孔，可按图 6-55 所示的方法表示。

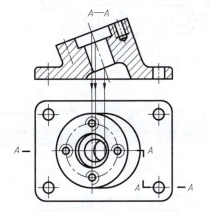 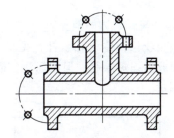

图 6-54　与投影面倾角≤30°时圆的画法　　　　图 6-55　均布孔表示法

4. 小结构的简化

1）类似图 6-56 所示物体上的较小结构，当在一个图形中已表达清楚时，其他图形可以简化或省略。

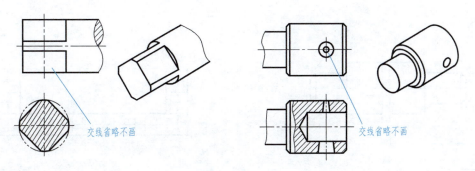

图 6-56　较小结构的简化（一）

2）在不致引起误解时，图样中的小圆角、锐边的小倾角或 45°小倒角允许省略不画，但必须注明尺寸或在技术要求中加以说明，如图 6-57 所示。

3）当物体上较小的结构及斜度等已在一个图形中表达清楚时，其他图形应当简化或省略，如图 6-58 所示。

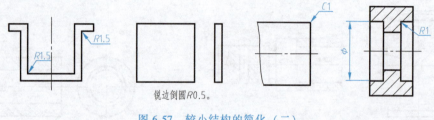

图 6-57 较小结构的简化（二）

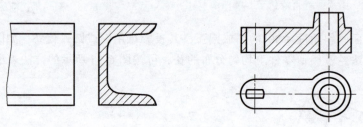

图 6-58 小斜度结构的简化

5. 较长物体的简化

当较长物体（轴、杆、型材、连杆等）沿长度方向的形状一致或按一定规律变化时，可断开后缩短绘制，但须标注实际尺寸，图 6-59 表示出断裂边界形式不同的较长物体的缩短画法。

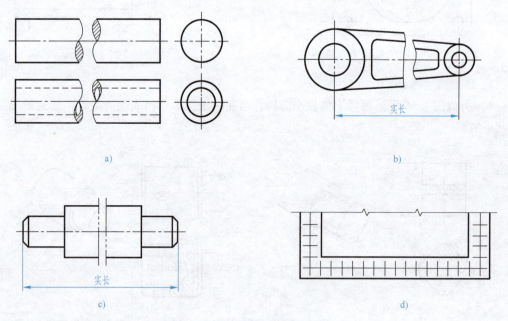

图 6-59 较长物体的缩短画法

6.5 在 AutoCAD 中绘制机件的视图

【例】 根据绘制的支架三维图（图 6-60）及草图（图 6-61），使用 AutoCAD 绘制其视图，并标注尺寸。

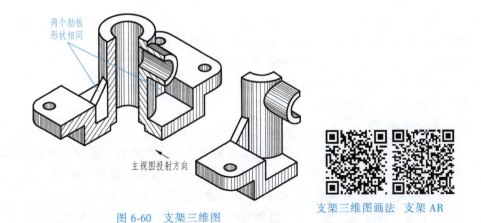

图 6-60　支架三维图　　支架三维图画法　支架 AR

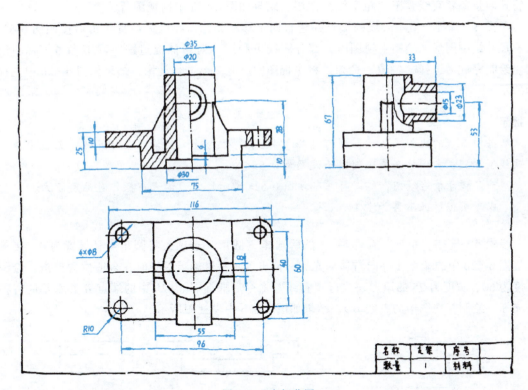

图 6-61　支架草图

绘图步骤介绍如下。

1. 创建 A3 图纸的样板图

步骤 1　启动 AutoCAD 软件，然后打开 2.2 节定制的 "A4.dwg" 文件，选择 "格式"→"图形界限" 菜单，根据命令行提示直接按<Enter>键，采用默认的 "0，0" 为图形界线的左下角点，接着输入 "420，297" 并按<Enter>键，即可将图形界限设置为 A3 图纸大小。

步骤 2　确认状态栏中的 "极轴追踪" "对象捕捉" "对象追踪" "动态输入" 和 "线

工程制图及CAD绘图

宽"按钮均处于打开状态。单击"修改"工具栏中的"分解"按钮，然后选择图框线并按<Enter>键。

步骤3 采用窗交方式选取标题栏和图框的上、下和右边线，然后单击"移动"按钮，将所选对象水平向右移动210。接着使用"延伸"命令或对象上的夹点将上、下图框线延伸到左边界，最后使用"直线"命令补画标题栏最左侧的边线。

步骤4 为了便于以后使用A3图纸，可选择"文件"→"另存为"菜单，将该图形存储，文件名为"A3样板图"。

2. 绘制弯板

步骤1 将"粗实线"图层设置为当前图层，然后利用"矩形"命令绘制弯板的俯视图。即执行该命令后选择"圆角"选项，将圆角半径设置为10，然后绘制长为116、宽为60的圆角矩形。最后使用"直线"命令绘制该矩形的两条对称中心线。

步骤2 使用"偏移"命令将竖直中心线分别向其左、右侧偏移27.5，然后修剪图形，并将这两条偏移直线置于"粗实线"图层，结果如图6-62a中俯视图所示。

步骤3 捕捉竖直中心线的端点并竖直向上移动光标，在合适位置单击后按照图6-62a所示尺寸绘制图形。绘制主视图时，部分图线可利用"对象捕捉追踪"功能参考俯视图绘制。绘制完成后选择"镜像"命令，将主视图中所有图形进行镜像，结果如图6-62b中主视图所示。

> **提示**
> 若中心线的比例不合适，则可选择"格式"→"线型"菜单，在打开的对话框中修改线型比例，本例将全局比例因子设置为0.5。
> 为了便于读者绘图，编者特意标注图6-62a所示尺寸，读者在操作时无须标注。以下类似情况不再赘述。

步骤4 选择"矩形"命令，然后选择"圆角"选项，将圆角半径设置为0，接着捕捉图6-62b中的端点A并向右移动光标，待出现水平极轴追踪线时在合适位置单击，绘制长度为60、宽度为25的矩形。执行"直线"命令后捕捉图6-62b中的端点B并水平向右移动光标，绘制左视图中的直线CD，结果如图6-62b中左视图所示。

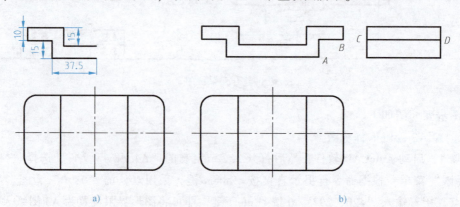

图6-62 绘制弯板基本图形

步骤 5 选择"圆"命令,以俯视图中任一圆角的圆心为圆心,绘制半径为 4 的圆,接着绘制该圆的中心线,最后使用"阵列"命令将该圆和中心线分别进行阵列,其参数设置如图 6-63 所示。

3. 绘制圆柱筒

步骤 1 使用"圆"命令绘制俯视图中的两个同心圆,然后再使用"直线"命令依次绘制该圆柱筒在主视图和左视图中的投影及中心线,如图 6-64 所示。

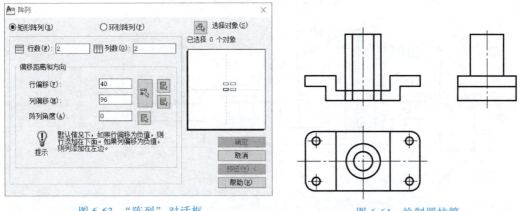

图 6-63 "阵列"对话框   图 6-64 绘制圆柱筒

步骤 2 参照图 6-65 所示尺寸绘制主视图中的三条直线,然后绘制弯板上孔在主视图中的投影,以及局部剖视图的样条曲线,最后利用"修剪"命令修剪图形并删除竖直中心线右侧的直线,结果如图 6-65 所示。

> **提示**
> 为了使读者能够更加清楚地看清所做操作,此处仅显示当前正在操作的视图,以下类似情况不再说明。

4. 绘制肋板

步骤 1 使用"偏移"命令将俯视图中的水平中心线分别向其上、下方偏移 4,然后修剪图形,并将偏移所得到的直线置于"粗实线"图层,结果如图 6-66 所示。

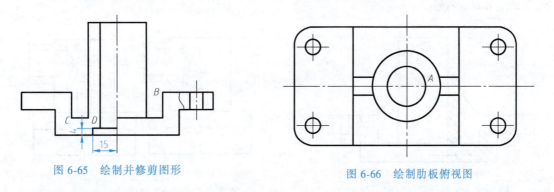

图 6-65 绘制并修剪图形   图 6-66 绘制肋板俯视图

步骤 2 执行"直线"命令,捕捉图 6-66 所示的端点 A,然后竖直向上移动光标,待竖直极轴追踪线与主视图最底端的水平线相交时单击,绘制长度为 38 的竖直直线,最后单击

图 6-65 所示的端点 B，绘制一条斜线。

步骤 3 使用"镜像"命令将上一步所绘制的竖直直线和斜线进行镜像，然后选择图 6-65 所示的直线 CD，利用其右侧夹点将该直线拉长，使其与镜像得到的竖直直线相交，最后使用"修剪"命令修剪图形，结果如图 6-67a 所示。

步骤 4 如图 6-67b 所示，使用"直线"命令绘制左视图所示的两条竖直直线，其高度尺寸可通过捕捉并追踪图 6-67a 所示端点确定。执行"圆弧"命令，以使用圆弧代替椭圆弧（相贯线），即依次单击三点以绘制圆弧，结果如图 6-67b 所示。

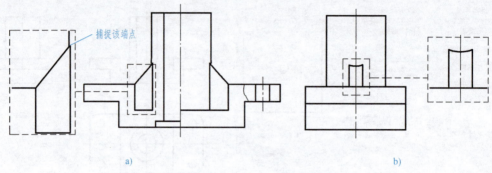

图 6-67 绘制肋板的主视图和左视图

步骤 5 将"0"图层设置为当前图层，使用"图案填充"命令 为图形添加剖面线。

5. 绘制圆筒凸台

步骤 1 使用"圆"命令绘制圆筒凸台在主视图中的投影，并对其进行修剪，然后绘制水平中心线，结果如图 6-68 所示。

步骤 2 执行"直线"命令，捕捉并追踪图 6-68 所示中心线的 B 端点，当水平追踪线与左视图的中心线相交时单击，绘制长度为 33 的直线。使用"偏移"命令将该直线分别向其上、下方各偏移 7.5 和 11.5，将竖直中心线向右偏移 10。使用"样条曲线"命令绘制局部剖视图的边界线，最后对其进行修剪并调整相关直线所在图层，结果如图 6-69a 所示。

步骤 3 执行"圆弧"命令，分别以图 6-69a 所示的端点 A、B 为圆弧的起点和终点，绘制半径为 7.5 的圆弧。使用"图案填充"命令绘制剖面线，并使用夹点拉长中心线，结果如图 6-69b 所示。

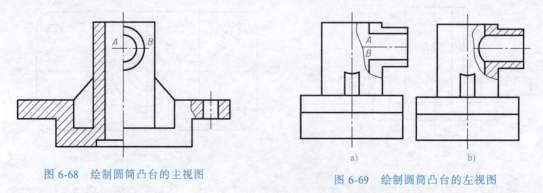

图 6-68 绘制圆筒凸台的主视图　　　图 6-69 绘制圆筒凸台的左视图

步骤 4 使用"偏移"和"直线"命令绘制圆筒凸台的俯视图，结果如图 6-70 所示。

6. 标注尺寸

步骤 1 选择"格式"→"标注样式"菜单，然后在打开的"标注样式管理器"对话框中单击"修改"按钮 修改(M)... ，打开"修改标注样式：ISO-25"对话框。在该对话框的"文字"选项卡中将"文字高度"设置为"5"，在"符号和箭头"选项卡中将"箭头大小"设置为"5"，然后单击 确定 按钮。

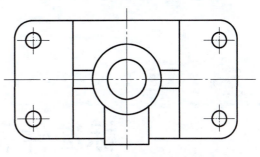

图 6-70 绘制圆筒凸台的俯视图

步骤 2 单击"标注样式管理器"对话框中的"新建"按钮 新建(N)... ，在打开的对话框中输入"半剖标注样式"，如图 6-71 所示，然后单击 继续 按钮，在打开的对话框中选择"线"选项卡，然后选中"尺寸线"设置区中的□尺寸线 2(D)复选框和"延伸线"设置区中的□延伸线 2(2)复选框，其他采用默认设置。依次单击 确定 、 置为当前(U) 和 关闭 按钮，完成标注样式的创建。

步骤 3 将"标注"图层设置为当前图层。单击"标注"工具栏中的"线性"按钮，捕捉图 6-72 所示的端点 A 后水平向右移动光标，待出现水平追踪线时输入值 20，然后向上移动光标，并在合适位置单击。接着输入"ED"并按<Enter>键，选择所标注的尺寸，然后输入"%%c"并在绘图区其他位置单击，结果如图 6-72 所示。

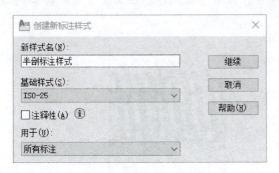

图 6-71 创建新标注样式

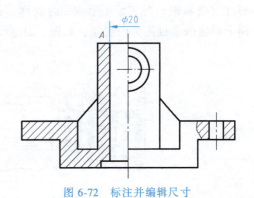

图 6-72 标注并编辑尺寸

步骤 4 采用同样的方法标注主视图中的尺寸"φ30"，然后打开"样式"工具栏中的"标注样式控制"列表，从中选择"ISO-25"选项，然后参照图 6-61 所示支架草图，使用"标注"工具栏中的相关命令逐个标注形体尺寸。

第7章 标准件和常用件

标准件是指在各种机器中用量大、使用面广的零件和部件，如螺栓、螺柱、螺钉、螺母、垫圈、键、销、滚动轴承等。为了提高产品质量，降低生产成本，一般由专业厂家采用专用设备大批量生产，国家对这类零件的结构、尺寸和技术要求实行了标准化，故这类零件通称为标准件。

还有一些零件，如齿轮、弹簧等，在各种机器中也大量使用，但国家标准只对它们的部分结构和尺寸实行了标准化，因此习惯上称这类零件为常用件。

7.1 螺纹及螺纹紧固件

当一动点在圆柱面上绕圆柱体轴线做等速转动，同时又沿圆柱的轴线方向做等速直线运动时，该动点在圆柱表面上所形成的轨迹，称为圆柱螺旋线。

螺纹是指螺旋线沿圆柱（或圆锥）表面所形成的具有规定牙型的连续凸起和沟槽。在圆柱（或圆锥）外表面上形成的螺纹称为外螺纹，如图 7-1a 所示；在圆柱（或圆锥）内表面上形成的螺纹称为内螺纹，如图 7-1b 所示。

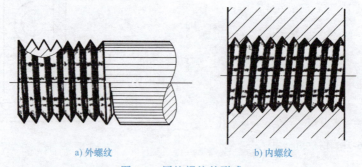

a) 外螺纹　　　　　　　　　　b) 内螺纹

图 7-1　圆柱螺纹的形成

7.1.1 螺纹的基本知识

1. 螺纹的要素

螺纹的结构、型式、尺寸是由牙型、大径、小径、螺距、导程、线数、旋向等要素确定的，只有这些要素都相同的内、外螺纹才能旋合在一起。

（1）牙型　常用的螺纹牙型有三角形、矩形、梯形、锯齿形和圆形，因此，形成的螺纹有三角形螺纹（图 7-2a）、矩形螺纹（图 7-2b）、梯形螺纹（图 7-2c）、锯齿形螺纹（图

7-2d)和圆形螺纹（又称管螺纹，多用于有气密性要求的管道联接，见图7-2e）。三角形螺纹和圆形螺纹多用于联接，其余螺纹多用于传动。

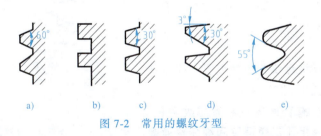

图 7-2 常用的螺纹牙型

（2）直径　如图7-3所示，与外螺纹牙顶或内螺纹牙底相切的假想圆柱的直径称为螺纹大径（d 或 D）；与外螺纹牙底或内螺纹牙顶相切的假想圆柱的直径称为螺纹小径（d_1 或 D_1）；通过牙型上沟槽和凸起宽度相等的一个假想圆柱的直径，称为螺纹中径（d_2 或 D_2）；公称直径是代表螺纹直径大小的尺寸，通常用螺纹的大径 d 或 D 来表示公称直径。

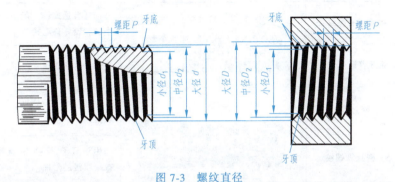

图 7-3 螺纹直径

（3）线数　螺纹有单线螺纹与多线螺纹之分。在同一螺纹件上沿一条螺旋线形成的螺纹称为单线螺纹，如图7-4a所示；沿两条或两条以上螺旋线形成的螺纹称为多线螺纹，如图7-4b所示。线数用 n 来表示。

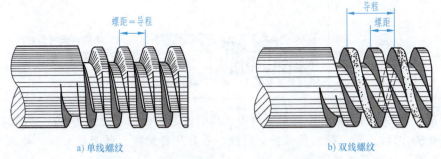

a) 单线螺纹　　　　　　　　　　　b) 双线螺纹

图 7-4 螺纹的线数、螺距和导程

（4）螺距（P）和导程（P_h）　如图7-4所示，螺距是指螺纹相邻两牙在中径线上对应两点之间的距离，用 P 表示；导程是指一条螺旋线上的相邻两牙在中径线上对应两点之间的距离，常用 P_h 表示：$P_h = nP$。n 为螺纹的线数。

（5）旋向　螺纹有左旋和右旋之分，将螺纹轴线竖直放置，螺纹左高、右低则为左旋，螺纹右高、左低则为右旋。右旋螺纹顺时针转时旋合，逆时针转时退出，左旋螺纹反之。常用的是右旋螺纹。以左手、右手法则判断左旋、右旋螺纹的方法如图 7-5 所示。

2. 螺纹的种类

按螺纹的用途可将螺纹分为两大类：联接螺纹和传动螺纹，见表 7-1。

常见的联接螺纹有普通螺纹和管螺纹两种。其中普通螺纹又分为粗牙普通螺纹和细牙普通螺纹；管螺纹分为 55°非密封管螺纹、55°密封管螺纹和 60°密封管螺纹。

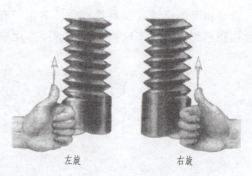

图 7-5　螺纹的旋向

表 7-1　螺纹的种类及应用

螺纹种类			外形及牙型	用途
联接螺纹	普通螺纹	细牙普通螺纹	30°	细牙普通螺纹一般用于薄壁零件或细小的精密零件联接
		粗牙普通螺纹		粗牙普通螺纹一般用于机件的联接
	管螺纹	55°非密封管螺纹	55°	用于管接头、旋塞、阀门及其附件的联接
		55°密封管螺纹		用于管子、管接头、旋塞、阀门及其他螺纹联接的附件
		60°密封管螺纹	60°	广泛应用于机床行业
传动螺纹		梯形螺纹	30°	用于必须承受两个方向轴向力的地方，如车床的丝杠

联接螺纹的共同特点是牙型都是三角形，其中普通螺纹的牙型角为 60°，管螺纹的牙型角有 55°和 60°两种。同一种大径的普通螺纹一般有几种螺距，螺距最大的一种称为粗牙普通螺纹，其余称为细牙普通螺纹。

传动螺纹是用来传递动力和运动的，常用的是梯形螺纹，在一些特定的情况下也用锯形螺纹。

7.1.2　螺纹的规定画法

螺纹按真实形状投影绘制非常复杂，为简化画图，国家标准《机械制图》对螺纹制定了规定画法。

1. 外螺纹的画法

在平行于螺纹轴线的投影面的视图上，螺纹大径（牙顶）画粗实线，螺纹小径（牙底）画细实线，并画出螺杆的倒角或倒圆部分，小径近似地画成大径的 0.85，螺纹终止线画粗实线，如图 7-6a 所示；在垂直于螺纹轴线的投影面的视图中，螺纹大径（牙顶圆）用粗实线表示，螺纹小径（牙底圆）的细实线只画约 3/4 圆，此时轴与孔上的倒角投影省略不画出，剖面线必须画到粗线处，如图 7-6b 所示。

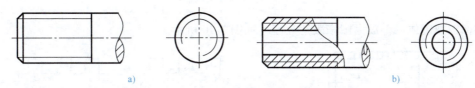

图 7-6 外螺纹的画法

2. 内螺纹的画法

在平行于螺纹轴线的投影面视图上，一般画成全剖视图，螺纹小径画粗实线，且不画入倒角区，大径画细实线，小径画成大径的 0.85，剖面线画到粗实线处。绘制不通孔时画终止线（粗实线）和钻孔深度线，一般不通的钻孔深度比螺纹长度要长约 $0.5D$，锥角 120°一般不需要标注；在投影为圆的视图上，小径画粗实线，大径画细实线 3/4 圆，倒角圆省略不画。螺孔不做剖视时，全部用虚线画出，如图 7-7 所示。通孔螺纹及螺纹孔相贯线画法如图 7-8 所示。

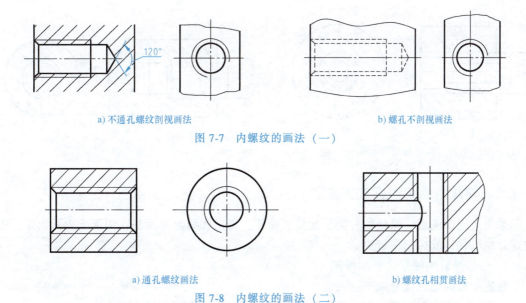

图 7-7 内螺纹的画法（一）

图 7-8 内螺纹的画法（二）

3. 圆锥螺纹的画法

图 7-9 所示为圆锥外螺纹和内螺纹的规定画法。

4. 非标准螺纹的画法

对于标准螺纹，一般不画牙型；而对于非标准螺纹，当必须表达牙型时，可用局部视

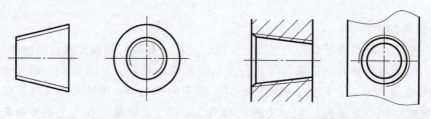

a) 圆锥外螺纹的画法　　　　　　　　b) 圆锥内螺纹的画法

图 7-9　圆锥螺纹的画法

图、局部剖视图或局部放大图来表达牙型，如图 7-10 所示。

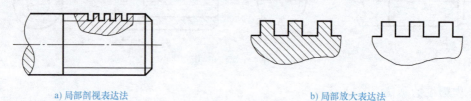

a) 局部剖视表达法　　　　　　　　b) 局部放大表达法

图 7-10　牙型表达法

5. 螺纹联接的画法

当内外螺纹联接时通常用剖视图表示，其画法规定：其联接旋合部分按外螺纹画，其余部分按各自画法表示。表示大、小径的粗、细实线应分别对齐，如图 7-11 所示。

图 7-12 所示为不通孔螺纹联接画法。

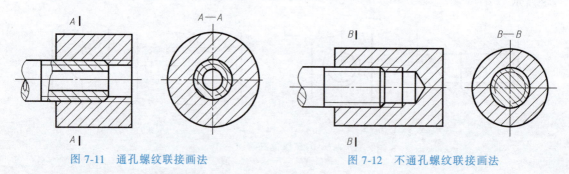

图 7-11　通孔螺纹联接画法　　　　　图 7-12　不通孔螺纹联接画法

7.1.3　螺纹的标记和标注方法

采用规定画法后，螺纹的种类、牙型、螺距、旋向和线数都无法在图形上表示出来，需要通过螺纹代号或标记来解决。

1. 普通螺纹的螺纹代号和标记

普通螺纹的螺纹代号如下：

|螺纹特征代号|　|公称直径|×|螺距|-|公差带代号|-|旋合长度代号|-|旋向|

普通螺纹牙型的特征代号为"M"。

按上述格式注写普通螺纹代号时，应注意以下几方面：

1) 单线螺纹和右旋螺纹使用很广泛，标注时不必注明线数和旋向。若为左旋，则注明代号 LH。

2）粗牙普通螺纹用得较多，且与大径相对应的螺距只有一种，因此在标注时不必注出螺距。细牙普通螺纹与大径相对应的螺距有好几种，标注时必须注出螺距。例如，有螺纹代号 M24，"M" 为牙型特征代号，表示该螺纹为牙型角为 60° 的普通螺纹，"24" 表示螺纹公称直径为 24mm，不写出螺距表示为粗牙普通螺纹，不注明线数和旋向表示为单线、右旋。又如螺纹代号 M24×2-LH，其注出了螺距和 LH，表示为细牙普通螺纹，公称直径为 24mm，螺距为 2mm，单线，左旋。

普通螺纹的完整标记由螺纹特征代号、螺纹尺寸代号、螺纹公差带代号和螺纹旋合长度代号等组成。螺纹公差带代号包括中径公差带代号和顶径公差带代号，如 6H、6g 等。例如 M10-5g6g，5g 为中径公差带代号，6g 为顶径公差带代号，字母 g 用小写，表示这个螺纹是外螺纹。如果中径公差带代号和顶径公差带代号相同，可合并标注一个代号，如 M10×1-6H，表示中径公差带代号和顶径公差带代号都是 6H，字母 H 用大写，表示这个螺纹是内螺纹。当内、外螺纹装配在一起时，其公差带代号要用斜线分开，左边表示内螺纹公差带代号，右边表示外螺纹公差带代号。例如：

M16×2-6H/6g

M16×2-6H/5g6g-LH

一般情况下，不标注旋合长度，此时螺纹公差带按中等旋合长度确定。

2. 梯形螺纹的螺纹代号和标记

梯形螺纹的螺纹代号如下：

| 螺纹特征代号 | 公称直径 | × | 螺距 | 旋向 | - | 中径公差带代号 | - | 旋合长度代号 |

梯形螺纹牙型的特征代号为 "Tr"。

注写梯形螺纹代号时，应注意以下几方面：

1）单线螺纹的代号用 "公称直径×螺距" 表示，多线螺纹的代号用 "公称直径×导程（P 螺距）" 表示。

2）当螺纹为左旋时，需在螺纹尺寸代号之后标注 "LH"，右旋不需注明。

例如，螺纹代号 Tr40×7 中，"Tr" 为牙型的特征代号，表示该螺纹为梯形螺纹，"40" 表示公称直径为 40mm，"7" 表示螺距为 7mm，不注明线数、旋向表示为单线、右旋。又如，Tr40×14（P7）LH 表示公称直径为 40mm 的梯形螺纹，导程为 14mm，螺距为 7mm，线数 $n=14/7=2$，左旋。

梯形螺纹的标记由螺纹特征代号、尺寸代号、公差带代号及旋合长度代号组成。梯形螺纹的公差带代号只包含中径公差带代号，如 7H、7e 等，写在螺纹尺寸代号之后。如 Tr40×7-7H（内螺纹）和 Tr40×7-7e（外螺纹）。当旋合长度为中等旋合长度时，不标注旋合长度代号。

3. 管螺纹的螺纹代号和标记

现以 55° 非密封管螺纹为例说明。

55° 非密封管螺纹标记如下：

| 螺纹特征代号 | 尺寸代号 | 公差等级代号 | - | 旋向 |

55° 非密封管螺纹牙型的特征代号为 "G"。

管螺纹的尺寸代号是带有外螺纹的管子的孔径，单位为 in，相对应的螺纹大径和小径可以从标准中查取。

公差等级代号只有55°非密封管螺纹中的外螺纹分 A、B 两个公差等级，其余的只有一个等级，不需标注。

右旋螺纹不标注，左旋螺纹标注"LH"。

管螺纹的标注示例如图7-13所示。

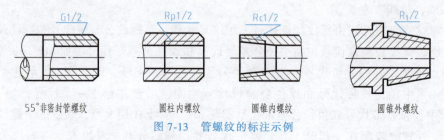

图 7-13　管螺纹的标注示例

表 7-2 列出了常用标准螺纹的标注示例。

表 7-2　常用标准螺纹的标注示例

螺纹种类	牙型特征代号	公称直径/mm	螺距/mm	导程/mm	线数	旋向	标记、代号	标注示例
粗牙普通螺纹	M	24	3		1	右	M24-6g 螺距、旋向省略不注	M24-6g
细牙普通螺纹	M	24	2		1	右	M24×2-6h 旋向省略不注	M24×2-6h
梯形螺纹	Tr	20	4	8	2	左	Tr20×8(P4)LH-7e	Tr20×8(P4)LH-7e
锯齿形螺纹	B	40	7	14	2	右	B40×14(P7) 旋向省略不注	B40×14(P7)
55°非密封管螺纹	G	1				右	G1A	G1A

4. 特殊螺纹及非标准螺纹的标注

1）对于牙型符合国家标准、直径或螺距不符合国家标准的特殊螺纹，应在牙型特征代号前加注"特"字，并标出大径和螺距，如图7-14所示。

2）绘制非标准牙型的螺纹时，应画出螺纹的牙型，并标注出所需要的尺寸及有关要求,如图 7-15 所示。

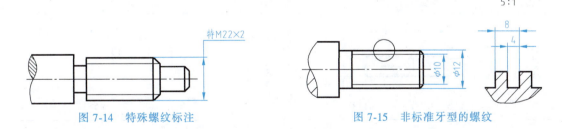

图 7-14 特殊螺纹标注　　　　　　图 7-15 非标准牙型的螺纹

7.1.4 螺纹紧固件及联接画法

利用螺纹的旋紧作用,将两个或两个以上的零件联接在一起的有关零件称为螺纹紧固件。螺纹紧固件的种类很多,常见的螺纹紧固件如图 7-16 所示。螺纹紧固件是标准件,它们的结构形状和尺寸已经标准化,因此,一般不需画零件图,必要时可根据标记从相关的标准中查出。

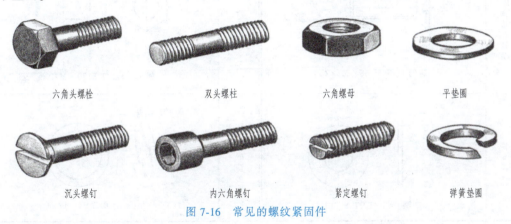

六角头螺栓　　双头螺柱　　六角螺母　　平垫圈

沉头螺钉　　内六角螺钉　　紧定螺钉　　弹簧垫圈

图 7-16 常见的螺纹紧固件

1. 螺纹紧固件的规定画法和标记

粗牙普通螺纹,大径为 20mm,螺距为 2.5mm,公称长度为 100mm,性能等级为 8.8 级,镀锌钝化,B 级六角头螺栓。全称标记为:

螺栓　GB/T 5782　M20×2.5×100B-Zn、D

上述标记太长,实际应用中可做如下简化:

若只有一种形式、精度、性能等级、材料、热处理及表面处理,则允许省略;若有两种以上,则应根据国家标准规定,省略其中一种。故上述螺栓标记可简化为:

螺栓　GB/T 5782　M20×100

常见螺纹紧固件的画法和标记示例见表 7-3。

2. 螺纹紧固件联接画法

按照所使用螺纹紧固件的不同,常见螺纹紧固件的联接形式有螺栓联接、螺柱联接和螺钉联接等,如图 7-17 所示。

国家标准对螺纹紧固件的装配画法做出如下一些规定:

1) 相邻两零件表面接触时只画一条粗实线,不接触时要画两条粗实线。

表7-3 常见螺纹紧固件的画法和标记示例

名称	画法和标记示列	名称	画法和标记示列
六角头螺栓	螺栓 GB/T 5780 M12×50	开槽锥端紧定螺钉	螺钉 GB/T 71 M6×15
双头螺柱	螺柱 GB/T 898 M12×50	内六角圆柱头螺钉	螺钉 GB/T 70.1 M12×50
开槽沉头螺钉	螺钉 GB/T 68 M5×20	六角螺母	螺母 GB/T 6170 M12
平垫圈	垫圈 GB/T 97.1 12	标准型弹簧垫圈	垫圈 GB/T 93 12

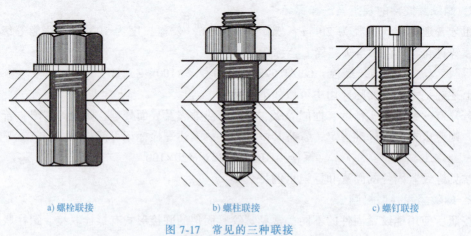

a) 螺栓联接　　　　b) 螺柱联接　　　　c) 螺钉联接

图7-17 常见的三种联接

2）相邻两零件的剖面线方向应相反。
3）在装配图中，当剖切平面通过螺杆的轴线时，螺纹紧固件均按不剖绘制。

4）螺纹紧固件上的工艺结构，如倒角、退刀槽、缩颈、头部圆弧等均可省略不画。

3. 螺栓联接画法

螺栓联接适用于联接两个较薄零件。联接时，将螺栓杆身穿过两个较薄零件的光孔，套上垫圈，再用螺母拧紧，使两个零件联接在一起，如图7-18a所示。

为了提高画图速度，对联接件的各个尺寸，可不按照相应的标准数值画出，而是采用近似画法（图7-18b）或简化画法（图7-18c）。

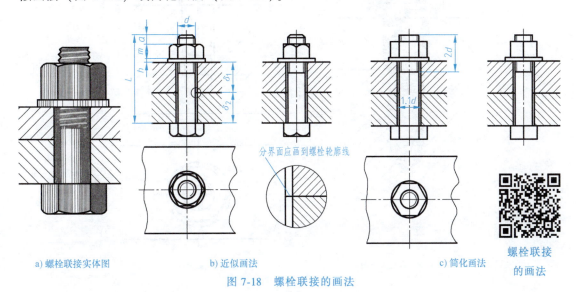

a）螺栓联接实体图　　　b）近似画法　　　c）简化画法

图7-18　螺栓联接的画法

螺栓长度 L 的计算公式为

$$L = \delta_1 + \delta_2 + h + m + a$$

式中　δ_1、δ_2——被联接件的厚度；

　　　h——垫圈厚度，一般取 $h \approx 0.15d$；

　　　m——螺母厚度，一般取 $m \approx 0.8d$；

　　　a——螺栓伸出螺母的长度，一般取 $a \approx (0.2 \sim 0.3)d$。

联接零件的联接孔直径取 $(1.1 \sim 1.2)d$。

4. 螺柱联接画法

双头螺柱常用于被联接件之一较厚，不便使用螺栓联接的地方。这种联接是将双头螺柱的旋入端旋入到较厚零件的螺孔中，而另一端穿过较薄零件的通孔，放上垫圈，再拧紧螺母的一种联接方式，如图7-19a所示。

采用近似画法画图时，应注意以下几点：

1）为保证联接牢固，应使旋入端完全旋入螺纹孔中，画图时螺纹终止线应与螺纹孔口的端面平齐，旋合部分按照外螺纹的画法绘制，其他部分与螺栓联接画法相同，如图7-19b所示。

2）机件上的螺孔深度 h_1，应大于旋入端深度 b_m，一般取 $h_1 \approx b_m + 0.5d$；而钻孔深度 H_1，又应稍大于螺孔深度 h_1，一般也取 $H_1 \approx h_1 + 0.5d$，如图7-19b所示。

旋入端的螺纹长度 b_m 由带螺孔的机件材料决定，常用的有四种，见表7-4。

【例7-1】已知：两端为粗牙普通螺纹的A型双头螺柱，$d = 20\text{mm}$，带螺孔的被联接件的材料为钢，另一被联接件的厚度 $\delta = 20\text{mm}$，六角螺母，平垫圈。试查出螺母、垫圈、双头螺柱的规定标记。

工程制图及CAD绘图

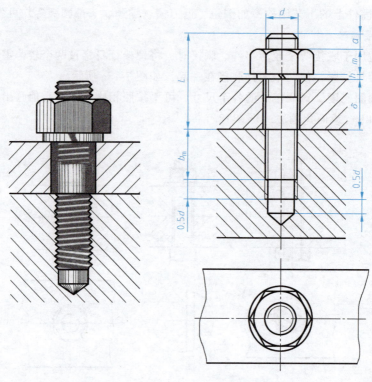

a) 螺柱联接实体图　　　　　　　　　b) 近似画法

图 7-19　螺柱联接的画法

表 7-4　螺柱、螺钉旋入的 b_m 值

旋入材料	b_m 的取值	国家标准编号
用于旋入钢、青铜	$b_m = 1d$	GB/T 897
用于旋入铸铁	$b_m = 1.25d$	GB/T 898
用于旋入铸铁或铝合金	$b_m = 1.5d$	GB/T 899
用于旋入铝合金	$b_m = 2d$	GB/T 900

解：查国家标准得螺母、垫圈的标记：

螺母　GB/T 6170　M20　　　　　螺母厚度 $m = 18mm$

垫圈　GB/T 97.1　20　　　　　　垫圈厚度 $h = 3mm$

计算双头螺柱的公称长度：$L = \delta + m + h + a = 20mm + 18mm + 3mm + 0.3mm \times 20mm = 47mm$

旋入端的螺纹长度：$b_m = d = 20mm$

查表 B-3 可知，双头螺柱的长度 L 取 50mm。

双头螺柱的标记为：螺柱　GB/T 897　AM20×50

5. 螺钉联接画法

螺钉联接不用螺母，这种联接是在较厚的机件上加工出螺孔，而在另一较薄被联接件上加工通孔，用螺钉穿过通孔拧入螺孔，靠螺钉头部压紧使两个被联接零件联接在一起，从而达到联接和固定两个零件的目的。

螺钉的种类很多，按其作用分为联接螺钉和紧定螺钉两大类。

圆柱头螺钉是以钉头的底平面作为画螺钉的定位面，而沉头螺钉则是以锥面作为画螺钉的定位面。螺纹终止线应在螺孔顶面以上。在垂直于螺钉轴线的投影面上，起子槽通常画成倾斜45°的粗实线，当槽宽小于2mm时，可涂黑表示，如图7-20所示。

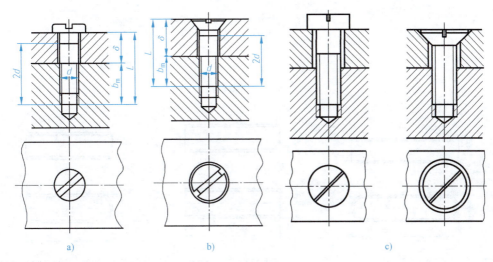

图7-20 螺钉联接的画法

螺钉的有效长度 L 的估算式为

$$L = \delta + b_m$$

式中 δ——板厚；

b_m——螺钉旋入端的长度，其选取与双头螺柱相同。

初步估算后，通过查标准件手册来选取长度 L。

紧定螺钉用于固定两个零件的相对位置，使它们之间不产生相对运动，紧定螺钉的装配画法如图7-21所示。

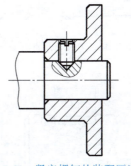

图7-21 紧定螺钉的装配画法

7.2 键联接与销联接

键和销都是标准件，键联接和销联接也是常用的可拆卸联接。

7.2.1 键联接

键是联接件，用键将轴与轴上的齿轮、带轮等零件联接起来称为键联接。键是用来传递转矩的一种零件。

键的种类很多，常用的键有普通平键、半圆键和钩头楔键，如图7-22所示。

1. 普通平键

普通平键有圆头普通平键（A型）、平头普通平键（B型）、半圆头普通平键（C型）三种型式。普通平键的画法和标记如图7-23所示。其中以圆头普通平键最为常用，故标记中"A"可以省略。

图7-24所示为轴上和孔上键槽的画法和标注。其中键槽的宽度和深度是由轴的直径确

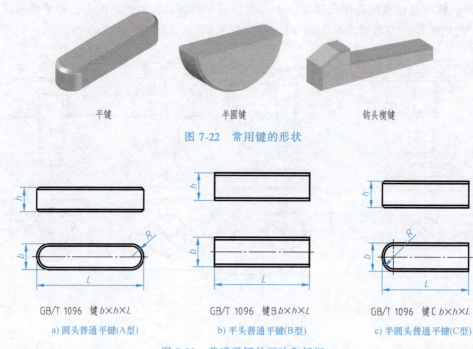

图 7-22 常用键的形状

a) 圆头普通平键(A型)　　b) 平头普通平键(B型)　　c) 半圆头普通平键(C型)

图 7-23 普通平键的画法和标记

定的标准值，可根据轴的直径从国家标准中查出键槽的宽度和深度。

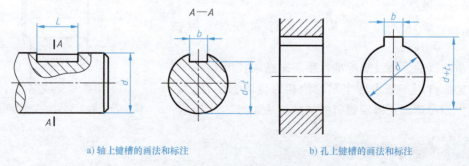

a) 轴上键槽的画法和标注　　b) 孔上键槽的画法和标注

图 7-24 键槽的画法和标注

图 7-25 所示为普通平键的联接画法。键与孔的槽底不接触。

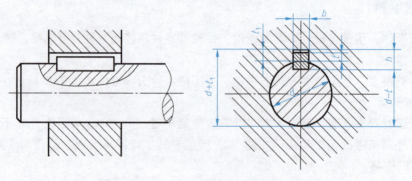

图 7-25 普通平键的联接画法

绘制普通平键的联接时，应注意以下几点：
1）当剖切平面通过轴线及键的对称面时，轴上键槽采用局部剖视，而键按不剖画出。
2）键的顶面和轮毂槽的底面之间有间隙，应画两条线。
3）当剖切平面垂直于轴线时，键和轴都应画剖面线。

2. 半圆键

图7-26所示为半圆键的画法、标记及联接画法。

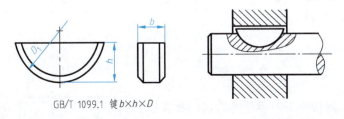

GB/T 1099.1 键 $b \times h \times D$

a）半圆键的画法与标记　　　　b）半圆键的联接画法

图7-26　半圆键的画法、标记及联接画法

3. 钩头楔键

图7-27所示为钩头楔键的画法、标记及联接画法。

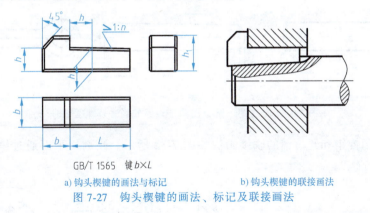

GB/T 1565 键 $b \times L$

a）钩头楔键的画法与标记　　　　b）钩头楔键的联接画法

图7-27　钩头楔键的画法、标记及联接画法

4. 花键

花键是将数个键和轴加工为一体，并在轮毂的孔中加工出数个键槽。花键具有传递较大转距，中心对准精度高等优点。图7-28所示为外花键的画法，图7-29所示为内花键的画法，图7-30所示为花键的联接画法。

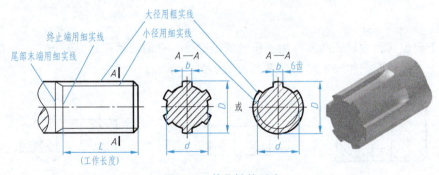

图7-28　外花键的画法

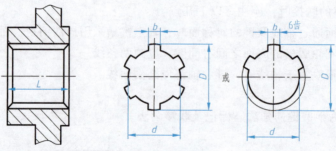

图 7-29 内花键的画法

7.2.2 销联接

销是标准件，通常用于两零件间的定位和联接。常用的销有圆柱销、圆锥销和开口销，圆柱销和圆锥销常用于联接和定位，开口销用在锁紧装置中，如防止螺母松动。圆柱销、圆锥销和开口销的画法及标准编号如图 7-31 所示。

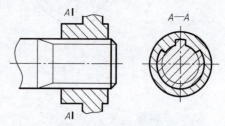

图 7-30 花键的联接画法

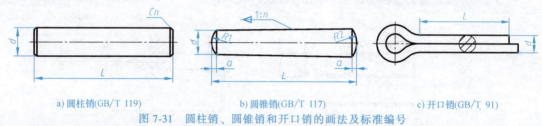

a) 圆柱销(GB/T 119)　　b) 圆锥销(GB/T 117)　　c) 开口销(GB/T 91)

图 7-31 圆柱销、圆锥销和开口销的画法及标准编号

圆柱销、圆锥销和开口销的联接画法如图 7-32 所示。当剖切平面通过销的轴线时，销按不剖绘制。

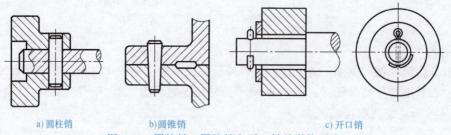

a) 圆柱销　　b) 圆锥销　　c) 开口销

图 7-32 圆柱销、圆锥销和开口销的联接画法

销用于定位时，为保证两零件相互位置的准确性，它们的销孔是同时加工出来的，因而在零件图上，需说明配作加工时的要求，如图 7-33 所示。

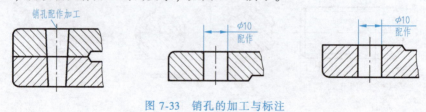

图 7-33 销孔的加工与标注

7.3 齿轮

齿轮是一种广泛应用于机器中的传动零件,它的主要作用是传递动力,改变运动速度和方向。

如图 7-34 所示,根据两轴的相对位置不同,齿轮分为圆柱齿轮、锥齿轮、蜗轮蜗杆三大类。圆柱齿轮主要用于两平行轴的传动,锥齿轮主要用于两相交轴的传动,蜗轮蜗杆主要用于两交叉轴的传动。

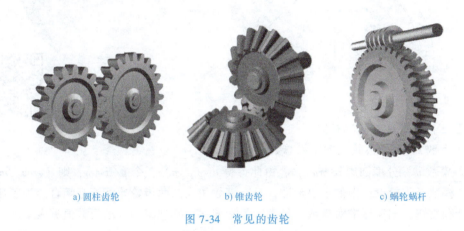

a) 圆柱齿轮　　　　　　　　b) 锥齿轮　　　　　　　　c) 蜗轮蜗杆

图 7-34　常见的齿轮

7.3.1　圆柱齿轮

根据轮齿的形状不同,圆柱齿轮又分为直齿圆柱齿轮、斜齿圆柱齿轮和人字齿圆柱齿轮三种。

下面主要讲述直齿圆柱齿轮,并简单对比斜齿圆柱齿轮和人字齿圆柱齿轮的画法。

1. 直齿圆柱齿轮各几何要素的名称及代号

直齿圆柱齿轮各部分的名称如图 7-35 所示。

(1) 齿顶圆直径 d_a　过轮齿顶部的圆的直径。

(2) 齿根圆直径 d_f　过轮齿根部的圆的直径。

(3) 分度圆直径 d　分度圆是一个约定的假想圆,齿轮的轮齿尺寸以此圆直径为基准确定,该圆上的两齿轮啮合时,轮齿的接触点与两轮的中心 O_1、O_2 连接成 O_1P、O_2P 两段,以 O_1、O_2 为圆心,以 O_1P、O_2P 为半径画圆,所画两圆就分别是两齿轮的分度圆。

(4) 齿顶高 h_a　齿顶圆与分度圆之间的径向距离。

(5) 齿根高 h_f　齿根圆与分度圆之间的径向距离。

(6) 齿高 h　齿根圆与齿顶圆之间的径向距离。

(7) 齿距 p　相邻两齿的对应点在分度圆上的弧长。

(8) 齿厚 s　每个轮齿在分度圆上的弧长。

(9) 齿宽 b　轮齿的宽度。

(10) 槽宽 e　两轮齿间的槽在分度圆上的弧长。

(11) 中心距 a　两啮合齿轮中心之间的距离。

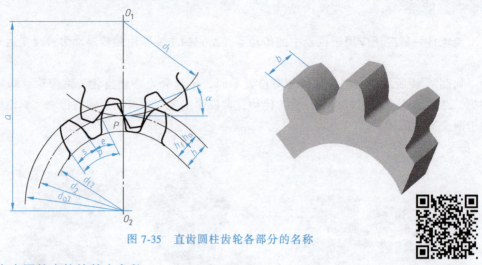

图 7-35　直齿圆柱齿轮各部分的名称

直齿圆柱齿轮

2. 直齿圆柱齿轮的基本参数

(1) 齿数 z　一个齿轮上的轮齿总数。

(2) 模数 m　分度圆周长 $\pi d = pz$，由此可得 $d = (p/\pi)z$，令 $p/\pi = m$，则 $d = mz$。m 即称为模数，模数是齿轮设计中的重要参数，只有模数相同的两齿轮才能相互啮合。为了便于齿轮的设计和制造，国家标准对模数已经实行了标准化，其规定的标准模数值见表 7-5。

表 7-5　标准模数值（GB/T 1357—2008）

第一系列	1	1.25	1.5	2	2.5	3	4	5	6	8	10	12	16	20	25	32	40	50
第二系列	1.125	1.375	1.75	2.25	2.75		3.5		4.5	5.5	(6.5)	7	9	11	14	18	22	28	36	45

注：在选用模数时，优先选用第一系列，其次选用第二系列，括号内的尽可能不选用。

(3) 压力角 α　两齿轮传动时，相啮合的轮齿齿廓在接触点 P 处的受力方向与运动方向的夹角称为压力角，我国标准齿轮分度圆上的压力角为 20°，如图 7-35 所示。

(4) 传动比 i　主动齿轮的转速 n_1 与从动齿轮的转速 n_2 之比：$i = n_1/n_2 = z_2/z_1$。

3. 标准直齿圆柱齿轮各几何要素尺寸的计算

标准直齿圆柱齿轮各几何要素尺寸的计算公式见表 7-6。

表 7-6　标准直齿圆柱齿轮各几何要素尺寸的计算公式

名称	代号	计算公式	名称	代号	计算公式
分度圆直径	d	$d = mz$	齿根圆直径	d_f	$d_f = m(z-2.5)$
齿顶高	h_a	$h_a = m$	齿距	p	$p = \pi m$
齿根高	h_f	$h_f = 1.25m$	齿厚	s	$s = p/2 = \pi m/2$
齿顶圆直径	d_a	$d_a = m(z+2)$	中心距	a	$a = (d_1+d_2)/2 = m(z_1+z_2)/2$

4. 圆柱齿轮的画法

(1) 单个圆柱齿轮的画法（GB/T 4459.2—2003）

1) 如图 7-36 所示，齿顶圆和齿顶线用粗实线绘制；分度圆和分度线用细点画线绘制；

基本视图中齿根圆和齿根线用细实线绘制（也可以省略）；剖视图中，轮齿按不剖绘制，齿根线画成粗实线，其余结构按真实投影绘制。

2）如图 7-36 所示，直齿圆柱齿轮的主视图选择非圆视图，并采用全剖视图，轮齿部分按国家标准规定画出，其余部分按真实投影绘制。

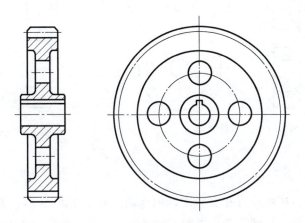

图 7-36　直齿圆柱齿轮画法

3）如图 7-37 所示，如果是斜齿或人字齿圆柱齿轮，则主视图采用半剖视图，并在主视图上画出与齿向相同的三条平行的斜的或人字形的细实线。

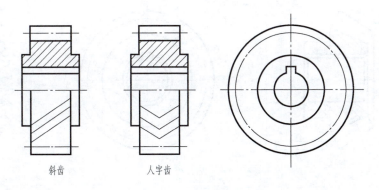

图 7-37　斜齿、人字齿圆柱齿轮画法

（2）圆柱齿轮的啮合画法

1）在投影为圆的视图上的画法。如图 7-38 所示，两齿轮啮合时，其节圆（分度圆）相切，用细点画线绘制；啮合区内的齿顶圆均用粗实线绘制（也可省略）；齿根圆均用细实线绘制（一般省略不画）。

2）在通过轴线的剖视图上的画法。如图 7-38 所示，齿轮的啮合部分分度线重合，画一条细点画线；齿根圆均画成粗实线；一条齿顶线画成粗实线，另一条齿顶线画成虚线（或省略不画），如图 7-38 所示的局部放大图；两齿轮啮合时，在啮合部位，一个齿轮的齿顶和另一个齿轮的齿根是有一定间隙的，故在投影图中画两条线。

如图 7-39 所示，在通过轴线的外形视图上，啮合区内的齿顶线和齿根线不画，分度线用粗实线绘制。

189

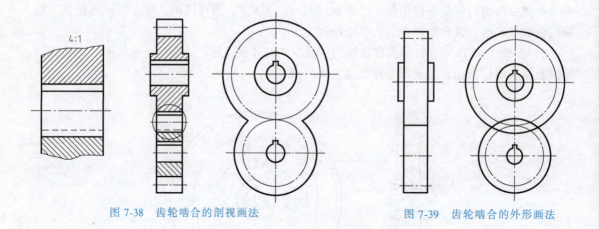

| 图 7-38 齿轮啮合的剖视画法 | 图 7-39 齿轮啮合的外形画法 |

7.3.2 锥齿轮

锥齿轮一般用来传递两垂直相交轴之间的运动。如图 7-40 所示，锥齿轮的轮齿分布在锥面上，故轮齿的宽度、高度都是沿齿的方向逐渐变化的，模数、直径也逐渐变化。为了设计和制造方便，国家标准规定，锥齿轮的大端模数为齿轮的标准模数（具体数值查阅相应的国家标准）。

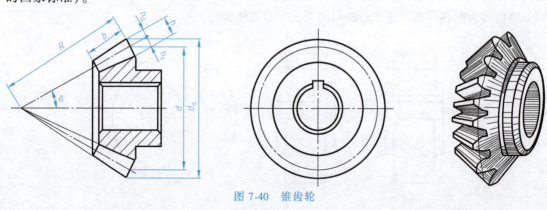

图 7-40 锥齿轮

1. 单个锥齿轮的画法

单个锥齿轮的主视图通常采用全剖视图，在反映圆的视图中只画大端齿顶圆和分度圆、小端的齿顶圆，其作图步骤如图 7-41 所示。

2. 锥齿轮啮合的画法

锥齿轮啮合的画法只在装配图中需要。其啮合部分的画法和圆柱齿轮啮合的画法类似，非啮合部分的画法和单个锥齿轮的画法完全相同，如图 7-42 所示。

7.3.3 蜗轮蜗杆

蜗轮蜗杆常用于传递两垂直交叉轴之间的运动，其中，蜗杆为主动齿轮，蜗轮为从动齿轮，它们广泛应用于速比大的减速装置中。

1. 蜗杆的画法

蜗杆是齿数较少的斜齿圆柱齿轮，其齿的轴向剖面形状为梯形，与梯形螺纹相似，蜗杆

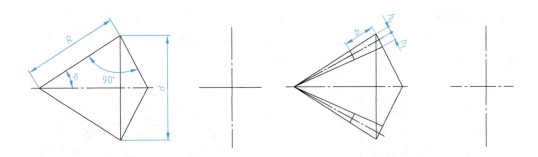

a) 定出分度圆的直径和分锥角　　　　b) 画出齿顶线和齿根线、定出齿宽

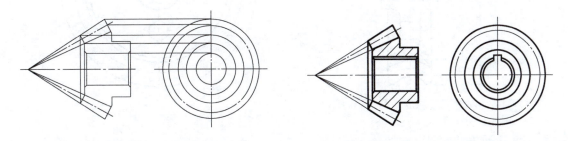

c) 画出锥齿轮投影的轮廓线　　　　d) 去掉作图线,加深轮廓线,画剖面线

图 7-41　锥齿轮的作图步骤

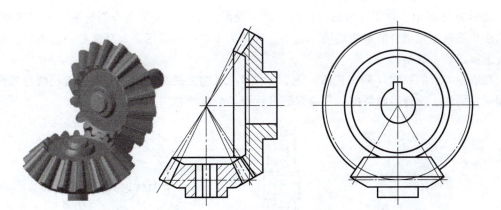

图 7-42　锥齿轮啮合的规定画法

上的齿数 z_1 称为头数（相当于螺纹的线数），有单头和多头之分，即蜗杆转一圈，蜗轮转一个齿或几个齿。蜗杆的画法及各部分尺寸如图 7-43 所示。

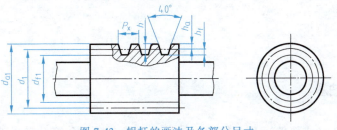

图 7-43　蜗杆的画法及各部分尺寸

2. 蜗轮的画法

蜗轮实际上是斜齿圆柱齿轮。为增加蜗轮、蜗杆的接触面，把齿顶加工成凹环面，以延长寿命。蜗轮的画法及各部分尺寸如图 7-44 所示。

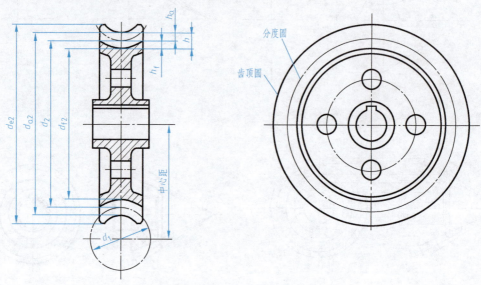

图 7-44　蜗轮的画法及各部分尺寸

3. 蜗轮蜗杆啮合的画法

如图 7-45 所示，在蜗杆为圆的视图（即主视图）上，一般采用全剖视图。全剖视图中，其画法和圆柱齿轮啮合的画法相同，在啮合部分的画法一般采用：蜗杆部分画法不变，蜗轮的齿顶被遮盖，故不画。

在蜗轮为圆的视图（即左视图）上，如图 7-45b 的左视图所示，和圆柱齿轮啮合的画法也相同，蜗轮、蜗杆各画各的，并应保证分度圆与分度线相切。

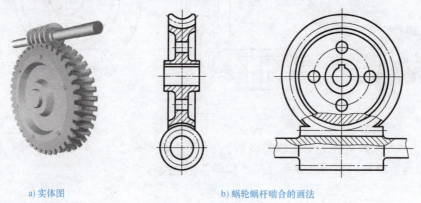

a) 实体图　　　　　　　b) 蜗轮蜗杆啮合的画法

图 7-45　蜗轮蜗杆的啮合

7.4　滚动轴承

支承轴的零件（或部件）称为轴承，轴承分为滑动轴承和滚动轴承两种。滚动轴承属于标准件,它的摩擦阻力小、精度高、结构紧凑、维护简单,因此应用广泛,且规格、型式已形成标准系列,用户可根据要求选用。

7.4.1 滚动轴承的结构和种类

1. 滚动轴承的结构

滚动轴承的基本结构如图 7-46 所示,其由内圈 1、外圈 2、滚动体 3 和保持架 4 等部分组成。内圈用来与轴颈装配,外圈一般与轴承座装配。当内外圈相对转动时,滚动体在内外圈的滚道内滚动。常用的滚动体有球、圆柱滚子、圆锥滚子、球面滚子等。保持架的作用是将滚动体均匀地隔开,避免相邻滚动体接触产生磨损。滚动轴承已标准化,由轴承工厂大量生产。

2. 滚动轴承的种类

滚动轴承的种类很多,根据所能承受载荷的不同可分为向心轴承、推力轴承和向心推力轴承。

(1) 向心轴承 适用于承受径向载荷,如图 7-47a 所示。

(2) 推力轴承 适用于承受轴向载荷,如图 7-47b 所示。

(3) 向心推力轴承 适用于同时承受径向和轴向载荷,如图 7-47c 所示。

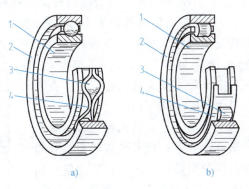

图 7-46 滚动轴承的基本结构
1—内圈 2—外圈 3—滚动体 4—保持架

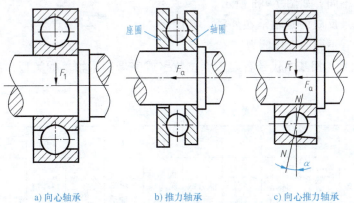

a) 向心轴承   b) 推力轴承   c) 向心推力轴承

图 7-47 不同类型轴承的承载情况

7.4.2 常用滚动轴承的代号

滚动轴承的类型很多,每种类型又有不同的结构、尺寸和公差等级,为便于组织生产和选用,GB/T 272—2017 规定了滚动轴承代号的表示方法。滚动轴承代号的构成见表 7-7。

1. 基本代号

基本代号表示轴承的基本类型、结构和尺寸,是轴承代号的基础,从右向左占五位,分别表示内径、尺寸系列和类型。

表 7-7 滚动轴承代号的构成

前置代号	基本代号				后置代号						
轴承分部件代号	类型代号	尺寸系列代号		内径代号	内部结构代号	密封、防尘与外部形状代号	保持架及其材料代号	轴承零件材料代号	公差等级代号	游隙代号	配置代号	振动及噪声代号	其他代号
		宽度（或高度）系列代号	直径系列代号										
字母	×	×	×	××	字母、数字组合								

(1) 内径代号　内径代号表示滚动轴承的公称直径，一般用两位阿拉伯数字表示。内径代号为 00、01、02、03 时，分别表示滚动轴承内径 d = 10mm、12mm、15mm、17mm；内径代号为 04～96 时，代号数字乘以 5 即为滚动轴承内径；公称内径为 22mm、28mm、32mm、500mm 或大于 500mm 时，用公称内径毫米数直接表示内径代号，但其与尺寸系列代号之间用 "/" 分开；滚动轴承内径为 1～9mm（整数）时，用公称内径毫米数直接表示内径代号，对深沟及角接触球轴承直径系列 7、8、9，内径代号与尺寸系列代号之间用 "/" 分开；滚动轴承内径为 0.6～10mm（非整数）时，用公称内径毫米数直接表示内径代号，在其与尺寸系列代号之间用 "/" 分开。

(2) 尺寸系列代号　尺寸系列代号包括滚动轴承的宽度（或高度）系列代号和直径系列代号两部分。用两位阿拉伯数字表示。它的主要作用是区别内径相同而宽度和外径不同的滚动轴承，其尺寸对比如图 7-48a 所示；内径、外径相同的轴承，宽度可以不同，如图 7-48b 所示。

尺寸系列代号反映的是轴承在外径、宽度尺寸的变化，对应有不同的工作能力。

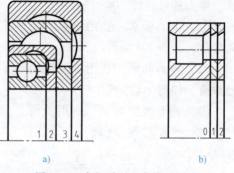

图 7-48　直径系列和宽度系列

(3) 类型代号　用基本代号右起第 5 位数字或字母表示轴承的类型，滚动轴承的类型代号见表 7-8。

表 7-8 滚动轴承的类型代号

类型代号	0	1	2	3	4	5	6	7	8	N	U	QJ	C
滚动轴承名称	双列角接触球轴承	调心球轴承	调心滚子轴承和推力调心滚子轴承	圆锥滚子轴承	双列深沟球轴承	推力球轴承	深沟球轴承	角接触球轴承	推力圆柱滚子轴承	圆柱滚子轴承	外球面球轴承	四点接触球轴承	长弧面滚子轴承（圆环轴承）

2. 前置代号

前置代号表示成套轴承的分部件，用字母表示。例如，L 表示可分离轴承的内圈或外圈，K 表示滚子和保持架组件等。对成套购买或使用的可分离轴承，如圆锥滚子轴承、圆柱滚子轴承，不用标注前置代号。

3. 后置代号

后置代号是轴承在结构、材料、精度等方面有特殊技术要求时才使用，除下面几个常用的后置代号外，一般情况下可部分或全部省略。

（1）内部结构代号　表示同一类型轴承的不同内部结构，用字母表示。公称接触角为15°、25°和40°的角接触球轴承，分别用 C、AC 和 B 表示内部结构的不同，如 7210C、7210AC、7210B；对于圆锥滚子轴承，B 表示接触角加大，如 32310B；E 表示加强型（即内部结构设计改进，增大轴承承载能力），如 N207E。

（2）公差等级代号　轴承的公差等级分为六级，依次由高级到低级，分别用/P2、/P4、/P5、/P6X、/P6 和/PN 表示，其中 N 级为普通级，代号/PN 省略。

（3）游隙代号　轴承游隙是指一个套圈固定，另一个套圈的最大活动量。为适应不同的温度变化和轴的挠曲变形等，轴承游隙有/C2、/CN、/C3、/C4、/C5、/CA、/CM、/CN 和/C9 组别。CN 是标准游隙，代号中省略不表示；CM 为电动机专用游隙；CA 是公差等级为 SP 和 UP 的机床主轴用圆柱滚子轴承径向游隙；N 组游隙，/CN 与字母 H、M 和 L 组合，表示游隙范围减半，或与 P 组合，表示游隙范围偏移。公差等级代号与游隙代号需同时表示时，可进行简化，取公差等级代号加上游隙组号（N 组不表示）组合表示。如/P63 表示轴承公差等级 6 级，径向游隙 3 组。

【例 7-2】　试说明轴承代号 7311 C/P63 的含义。

解：轴承 7311 C/P63 中各代号表示：7—类型代号；3—尺寸系列代号；11—内径代号，$d = 11 \times 5\text{mm} = 55\text{mm}$；C—公称接触角 $\alpha = 15°$；/P63—公差等级为 6 级，径向游隙为 3 组。

7.4.3　滚动轴承的画法

滚动轴承有规定画法和简化画法两种。用简化画法绘制滚动轴承时，应采用通用画法和特征画法，但在同一图样中一般只采用其中一种画法，见表 7-9。

表 7-9　常见滚动轴承的画法

轴承类型	结构	规定画法	特征画法
深沟球轴承 GB/T 276—2013 60000 型			
圆锥滚子轴承 GB/T 297—2015 30000 型			

(续)

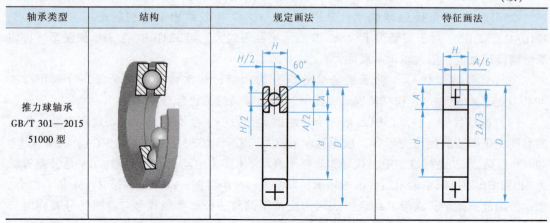

7.5 在AutoCAD中绘制标准件的视图

【例】 根据螺母标准GB/T 6170—2015，使用AutoCAD绘制M16螺母视图，并标注尺寸。

绘图步骤介绍如下。

步骤1 启动AutoCAD软件，然后打开2.2节定制的"A4.dwg"文件，并确认状态栏中的"极轴追踪""对象捕捉""对象追踪""动态输入"和"线宽"按钮均处于打开状态。

螺母的画法

步骤2 将"点画线"图层设置为当前图层，并利用"直线"命令 ╱ 绘制中心线。

步骤3 将"粗实线"图层设置为当前图层，并利用"圆"命令 ⊙ 绘制φ23.2圆以及表示螺纹外径的圆弧和内径的圆，如图7-49a所示。

步骤4 利用"多边形"命令 ⬠ 绘制正六边形（外切于圆φ23.2），如图7-49b所示。

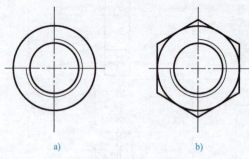

a)　　　　　　　　　　b)

图7-49　主视图绘制

步骤5 利用"直线"命令 ╱ 和"修剪"命令 ⊣⊢ 绘制螺母的左视图，如图7-50a所示。

步骤6 利用"图案填充"命令 ▨ 填充剖面线，如图7-50b所示。

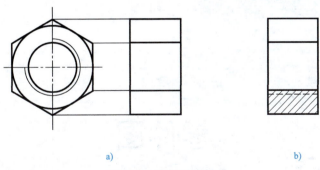

图 7-50 左视图绘制

螺母完成图如图 7-51 所示。

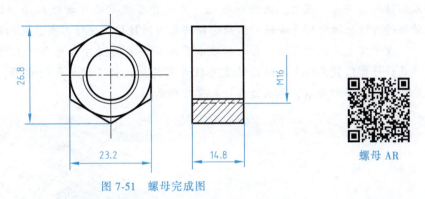

图 7-51 螺母完成图

螺母 AR

> **提示**
> 螺母的近似画法中需要绘制螺母左视图的圆弧倒角,具体数值可查国家标准(GB/T 6170—2015)获得。此处作图采用简化画法,省略圆弧倒角的绘制。

第8章 零件图

零件是组成机器的最小单元。任何机器（或部件）都是由零件装配而成的，如图8-1所示的铣刀头，它是专用铣床上的一个部件，供装铣刀盘用。它由座体、转轴、带轮、端盖、滚动轴承、平键、螺钉、毡圈等组成。其工作原理是将电动机的动力通过V带带动带轮，带轮通过键把运动传递给轴，然后由轴将动力通过键传递给刀盘，从而进行铣削加工。

表示单个零件的形状、大小和技术要求等内容的图样称为零件工作图（简称零件图）。它是设计部门提交给生产部门的重要技术文件，反映了设计者的意图，表达了机器（或部件）对该零件的要求，是制造和检验零件的依据。

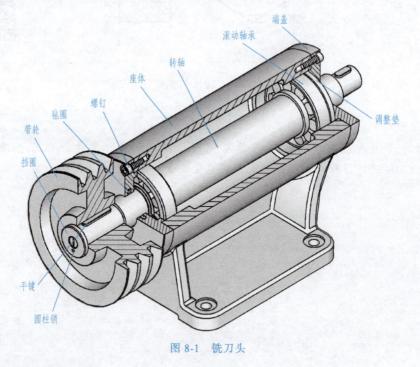

图8-1 铣刀头

8.1 零件图的内容

图8-2所示为柱塞套零件图。一张完整的零件图通常应有如下内容。

1. 一组图形

用视图、剖视图、断面图及其他规定画法，正确、完整、清晰地表达零件的各部分形状

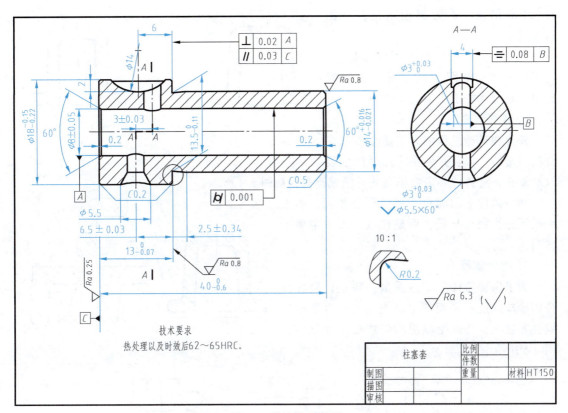

图 8-2 柱塞套零件图

结构。

2. 完整的尺寸

正确、完整、清晰、合理地标注零件制造、检验时的全部尺寸。

3. 技术要求

标注或说明零件制造、检验、装配、调整过程中要达到的一些技术要求，如表面粗糙度、尺寸公差、几何公差、热处理要求等。

4. 标题栏

填写零件的名称、材料、数量、比例等各项内容。

8.2 零件上常见的工艺结构

零件的结构形状，主要是根据它在机器或部件中的功能决定的。但零件的毛坯制造和机械加工对零件的结构也有一定的要求。因此，在设计零件时，既要考虑功能方面的要求，又要便于加工制造。下面介绍一些常见的工艺结构。

8.2.1 铸件的工艺结构

1. 起模斜度

在铸造工艺过程中，为了将木模从砂型中顺利取出，一般沿木模起模方向设计出约

1∶20 的斜度，称为起模斜度，如图 8-3a 所示。

起模斜度在零件图上可以不标注，也可以不画，如图 8-3b 所示。必要时也可以在技术要求中用文字说明。

2. 铸造圆角

铸件在铸造过程中为了防止砂型在浇注时落砂，以及铸件在冷却时产生裂纹和缩孔，将铸件各表面相交处都做成圆角，如图 8-4 所示。

同一铸件上的圆角半径尽可能相同，图上一般不标注圆角半径，而是在技术要求中集中注写。

3. 铸件壁厚

为了保证铸件的铸造质量，防止铸件各部分因冷却速度不同而产生组织疏松，以致出现缩孔和裂纹，铸件壁厚应均匀或逐渐变化，如图 8-5 所示。

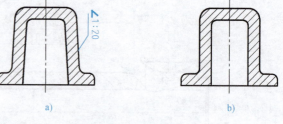

图 8-3 起模斜度

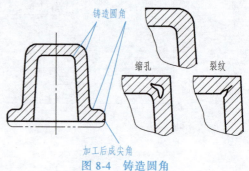

图 8-4 铸造圆角

a) 壁厚均匀

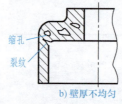

b) 逐渐过渡　　b) 壁厚不均匀

图 8-5 铸件壁厚

4. 过渡线

由于有铸造圆角的存在，两铸造毛坯面产生的交线变得不再清晰可见。但为了便于看图时区分不同表面，想象零件形状，在图上仍旧画出这种交线，这种交线称为过渡线。

过渡线的画法与没有圆角时的交线画法基本相同。过渡线的形状就是没有铸造圆角时交线的形状；过渡线用细实线绘制，其两端留有空隙不与轮廓线接触。两圆柱相交时的过渡线画法如图 8-6 和图 8-7 所示；平面与平面相交、平面与曲面相交时，在转角处断开并加上过

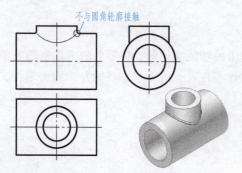

图 8-6 圆柱和圆柱相交

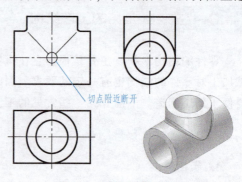

图 8-7 圆柱和圆柱相切

渡圆弧，如图 8-8 和图 8-9 所示。

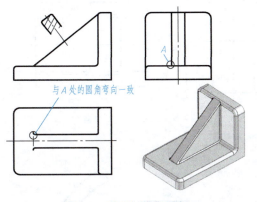

图 8-8 平面与平面相交

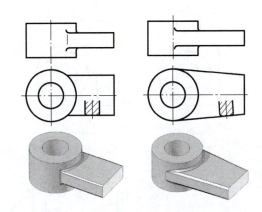

图 8-9 平面与曲面相交

8.2.2 零件上的机械加工工艺结构

1. 倒角和倒圆

为了去除机加工后的毛刺、锐边，便于装配和保护装配面，在零件的端部常加工成 45°的倒角；为了避免因应力集中而产生裂纹，在轴肩处往往用圆角过渡（倒圆），如图 8-10 所示。

2. 螺纹退刀槽和砂轮越程槽

在切削加工中，特别是在车削螺纹和磨削时，为了便于退出刀具或使砂轮可以稍稍超过加工面而不碰坏端面，常在待加工面的轴肩处预先车出退刀槽或砂轮越程槽，如图 8-11 所示。

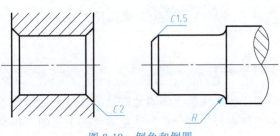

图 8-10 倒角和倒圆

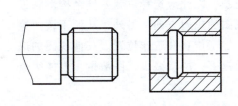

a) 螺纹退刀槽

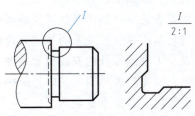

b) 砂轮越程槽

螺纹退刀槽和砂轮越程槽

图 8-11 螺纹退刀槽和砂轮越程槽

3. 凸台和凹坑

为了保证零件间接触良好，零件上凡与其他零件接触的表面一般都要进行加工。为了减少加工面、降低成本，常在铸件上设计出凸台、凹坑等结构来减少加工面，如图 8-12 所示。

4. 钻孔结构

钻孔时，为了保证钻孔准确和避免钻头折断，应使钻头的轴线尽量垂直于被加工的表面，如图 8-13 所示。

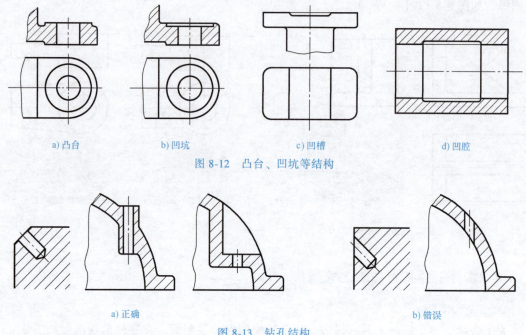

a) 凸台　　　　b) 凹坑　　　　　　c) 凹槽　　　　　　d) 凹腔

图 8-12　凸台、凹坑等结构

a) 正确　　　　　　　　　　　　　　　　　　b) 错误

图 8-13　钻孔结构

8.3　零件的视图选择和尺寸分析

8.3.1　零件的视图选择

要正确、完整、清晰地表达零件的全部结构形状，并且要考虑到有利于读图和画图，应先对零件进行结构分析，选定零件的主视图，再恰当地选择其他视图。表达时要恰当地选择基本视图、剖视图、断面图和其他各种表达方法。

主视图应该是表达零件结构形状特征最多的一个视图，因此应选择反映零件结构形状最多和各形状结构之间相互位置关系明显的方向作为主视图的投射方向。另外，从便于读图这个基本要求出发，主视图零件的安放位置主要应考虑其加工位置和工作位置。其他视图的选择原则是在完整、清晰地表达零件的内外结构形状的前提下，尽量减少视图数量，要使每个视图有它自己的作用，避免重复表达。

8.3.2　零件图中的尺寸分析

在零件图上标注尺寸，除了要符合前述的正确、完整、清晰的要求外，还要求标注合理，即一方面要符合设计要求，另一方面还应便于制造、测量、检验和装配。

在具体标注尺寸时，应恰当地选择好尺寸基准。一般选择零件上的安装面、端面、两零件的结合面、零件的对称面、回转体的轴线、对称中心线等作为基准。一般在零件的长、宽、高三个方向上至少各有一个主要尺寸基准，零件的主要尺寸尽量以其为基准直接标注出。

合理标注尺寸需要较多的机械设计和加工方面的知识，因此本节仅对尺寸标注的合理性做简单介绍和分析。

8.3.3 各类零件的视图选择和尺寸标注示例

根据结构形状,零件大致可分成以下四类。

(1) 轴套类零件 轴、衬套等零件。
(2) 盘盖类零件 端盖、阀盖、齿轮等零件。
(3) 箱体类零件 阀体、泵体、减速箱体等零件。
(4) 叉架类零件 拨叉、连杆、支座等零件。

下面以图 8-1 所示的铣刀头部件中的轴、端盖、座体等零件图为例,来讨论各类零件的视图表达和尺寸标注的特点,以便从中找出规律,作为看、画同类零件图的参考和依据。

1. 轴套类零件

轴套类零件的主要结构是同轴回转体(圆柱体或圆锥体),轴向尺寸长,径向尺寸短。根据设计及工艺上的要求,这类零件通常带有键槽、轴肩、螺纹、挡圈槽、退刀槽及中心孔等结构,图 8-14 所示为轴零件图。

(1) 表达方法 主视图的位置和投射方向。这类零件主要是在车床或磨床上进行加工,主视图按加工位置选择,即轴线水平放置,便于工人加工零件时看图,如图 8-14 所示。

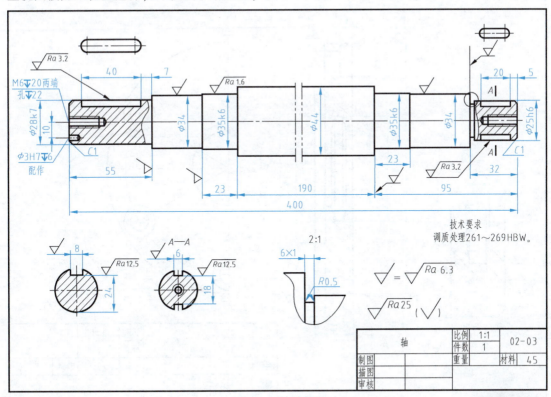

图 8-14 轴零件图

轴 AR

一般这类零件用一个基本视图作为主视图图,而用移出断面图、局部剖视图和局部视图等方法来表达轴上孔、槽和中心孔等结构;用局部放大图来表示退刀槽等细小结构,以利于标注尺寸,如图 8-14 所示。实心的轴没有必要剖开。而对于空心的套,则需要剖开表达它的内部结构。根据其内外结构的复杂程度,可以采用全剖视、半剖视和局部剖视等,如图8-2所示。

(2) 尺寸标注 因为是同轴回转体,所以径向的尺寸基准就是轴线。长度方向的尺寸基准,常选用重要端面、接触面(轴肩)或加工面,如图8-14中的φ44圆柱体的右轴肩,就是轴的轴向主要尺寸基准,由此标注出轴向尺寸23、95和190等尺寸;而轴的两端面均为轴向辅助尺寸基准,由此标注出32、5、400、55等尺寸。

轴类零件的尺寸标注除了包括各段的定位尺寸和定形尺寸以及局部结构的定位尺寸和定形尺寸,还应注意倒角、退刀槽、键槽等结构要素的尺寸标注。

2. 盘盖类零件

铣刀头部件中的带轮、端盖等都属于盘盖类零件,该类零件的基本形状是扁平的盘状,上面常设计有沉孔、凸台、键槽、销孔和凸缘等结构,它们主要也是在车床上进行加工。

(1) 表达方法 这类零件的主视图主要按加工位置选择,轴线水平放置。常用全剖视图和半剖视图表达内部的孔、槽等结构。此外,还需用左(或右)视图表示外形和孔、槽、辐板在圆周上的分布情况。必要时可加画断面图、局部视图和局部放大图表达其他的结构,图8-15所示为端盖零件图。

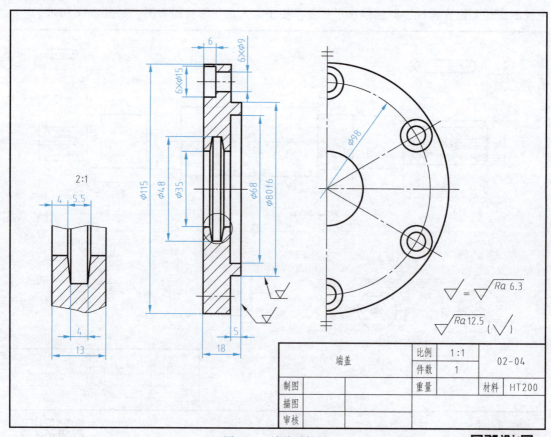

图8-15 端盖零件图

(2) 尺寸标注 回转轴线也是盘盖类零件的径向尺寸的主要基准。

重要的接触端面往往是这类零件的轴向尺寸的主要基准。端盖的右端面

端盖 AR

为轴向尺寸的主要基准，由此标注尺寸 5 和 18。

盘盖类零件各部分的定位尺寸和定形尺寸比较明显。具体标注时，应注意运用形体分析法，使尺寸标注得完善。

3. 箱体类零件

图 8-16 所示为铣刀头座体的零件图，这类零件主要是包容和支承其他零件，其结构比较复杂，毛坯大多为铸件。该类零件往往需要经过刨、铣、镗、磨、钻、钳等多道工序加工，且加工位置往往不相同。

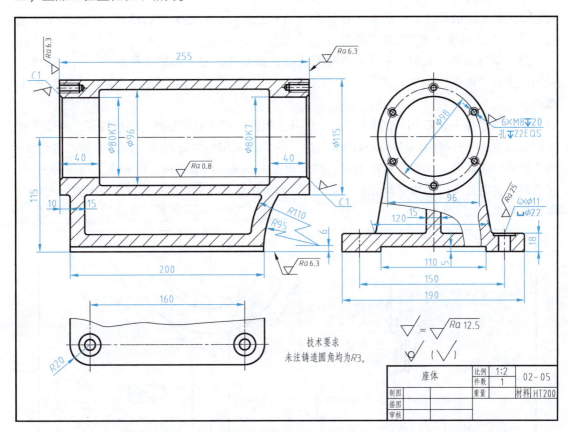

图 8-16 铣刀头座体的零件图

（1）表达方法 由于箱体类零件的结构形状比较复杂，加工位置变化较多，通常按工作位置和结构形状特征来选择主视图。一般需要三个以上的基本视图来表达。

通常用通过主要轴承孔中心线的剖切来表达箱体内部轴承孔的结构；对外形常采用相应的视图表达，而对箱体上一些局部的内、外结构，常采用局部剖视图、局部视图、斜视图、局部放大图和断面图等来表达。如图 8-16 所示，选用全剖的主视图来表达铣刀头座体的内外结构形状；增加局部剖视的左视图，以表达端面上螺孔的分布以及左右两肋板的形状和中间肋板的厚度及底板宽度等；还选择局部视图表达底板的形状。

（2）尺寸标注 这类零件的长度、宽度和高度方向的主要尺寸基准一般是主要轴承孔的中心线、轴线、对称平面和主要的接触端面等。如图 8-16 所示，长度方向的主要基准为座体的左端面，由此标注出 40、255、10 等尺寸；高度方向的主要基准为底板的底面，由此标注出 115 尺寸；宽度方向的主要基准为前后对称中心面，由此标注出一些对称的尺寸，如 150、190 等尺寸。

箱体类零件的尺寸较多，标注尺寸时要充分利用形体分析法，标注出各部分结构的定形尺寸和定位尺寸。

4. 叉架类零件

叉架类零件包括各种用途的拨叉、连杆、杠杆和支架等。这类零件的工作部分和安装部分常用不同截面形状的肋板或实心杆件支承连接，形状多样、结构复杂，常用铸造或模锻制成毛坯，经必要的机械加工而成，具有铸（锻）造圆角、起模斜度、凸台、凹坑等常见结构，图 8-17 所示拨叉即为叉架类零件。

(1) 表达方法　叉架类零件的结构形状也比较复杂，加工位置变化较多，因此选择主视图时主要考虑工作位置和零件的结构形状特征，图 8-17 所示是将拨叉竖立放置时的主视图。

叉架类零件一般需要两个或两个以上的基本视图，另外根据零件的结构特征，可能需要采用局部视图、斜视图和局部剖视图来表达一些局部结构的内外形状，用断面图来表示肋、板、杆等的断面形状。如图 8-17 所示，拨叉的主视图采用局部剖视，既表达了套筒的内形，又反映了肋的宽度；左视图着重表达叉、套筒的形状和弯杆的宽度；移出断面图表示弯杆的断面形状。

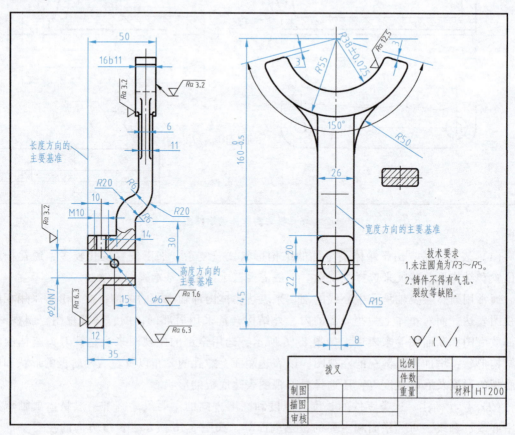

图 8-17　拨叉零件图

（2）尺寸标注　这类零件的长度、宽度和高度方向的主要尺寸基准一般为主要孔的中心线、轴线、对称平面和主要安装基面等。如图 8-17 所示，长度方向的主要基准为套筒的左端面，从这一基准标注出了 10、35、50 等尺寸；高度方向的主要基准为套筒的轴线，从这一基准标注出了 160、45、22、20 等尺寸；宽度方向的主要基准为前后对称平面，从这一基准标注出了各宽度方向的对称尺寸，如 26、8 等尺寸。

叉架类零件的尺寸标注也较复杂，标注时要充分利用形体分析法，标注出各部分结构的定形尺寸和定位尺寸。

8.3.4 零件上常见结构要素的尺寸标注法

表 8-1 为常见结构要素的尺寸标注法。

表 8-1　常见结构要素的尺寸标注法

类型		旁注法及简化注法	普通注法	说明
螺孔	通孔	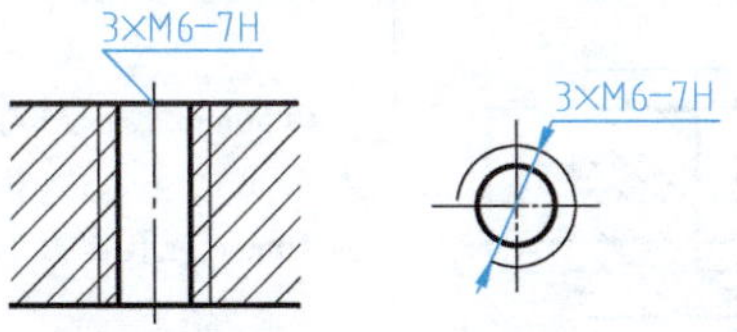3×M6−7H 3×M6−7H	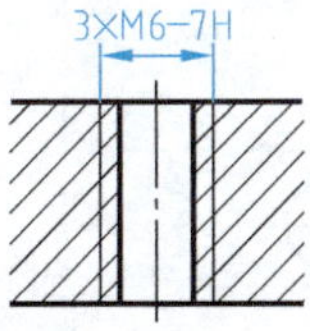3×M6−7H	3×M6 表示均匀分布直径为 6mm 的 3 个螺孔。三种标法可任选一种
螺孔	不通孔	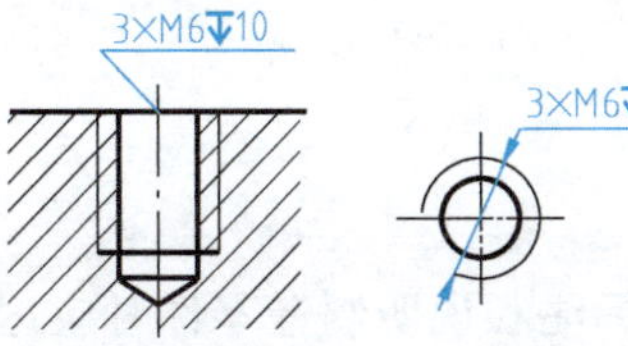3×M6↧10 3×M6↧10	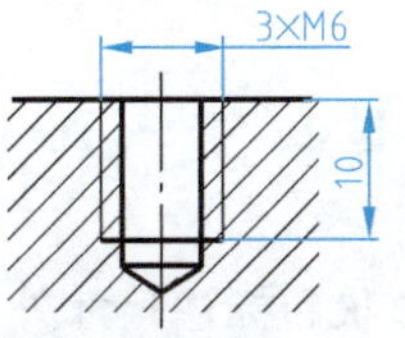3×M6 10	只标注螺孔深度时，可以与螺孔直径连注
螺孔	不通孔	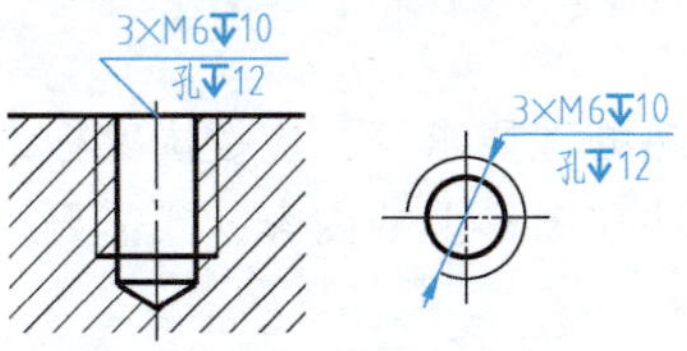3×M6↧10 孔↧12 3×M6↧10 孔↧12	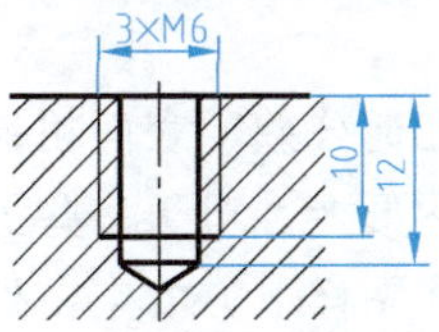3×M6 10 12	需要标注出光孔深度时，应明确标注深度尺寸
沉孔	柱形沉孔	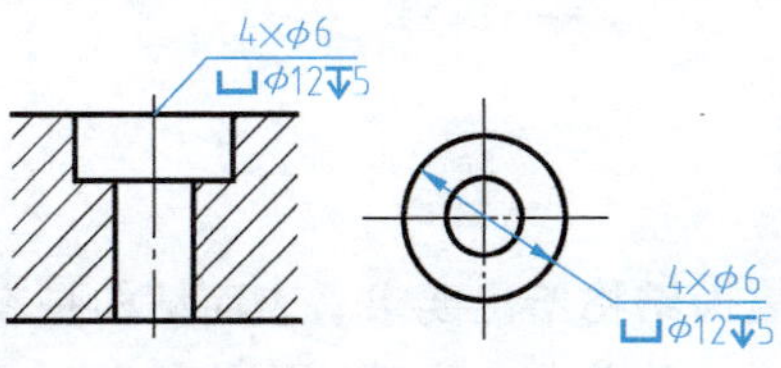4×ϕ6 ⌴ϕ12↧5 4×ϕ6 ⌴ϕ12↧5	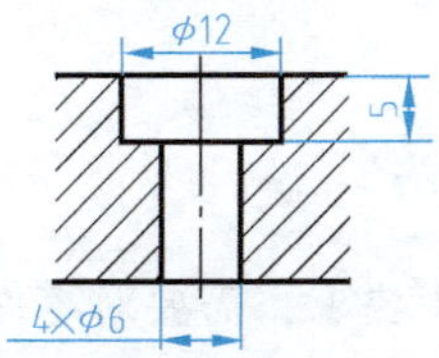ϕ12 5 4×ϕ6	4×ϕ6mm 为小直径的柱孔尺寸，沉孔 ϕ12mm、深 5mm 为大直径的柱孔尺寸
沉孔	锥形沉孔	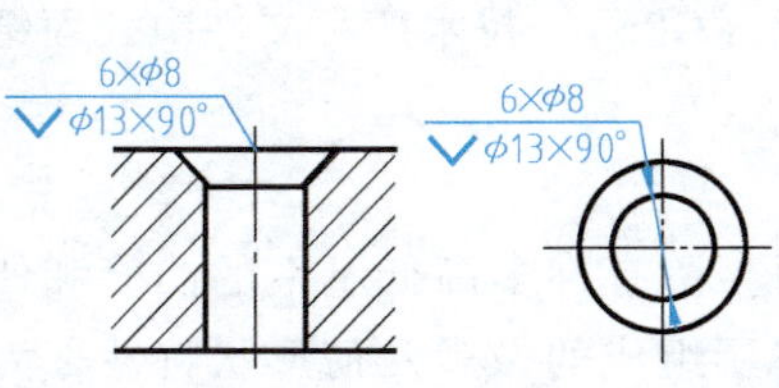6×ϕ8 ⌵ϕ13×90° 6×ϕ8 ⌵ϕ13×90°	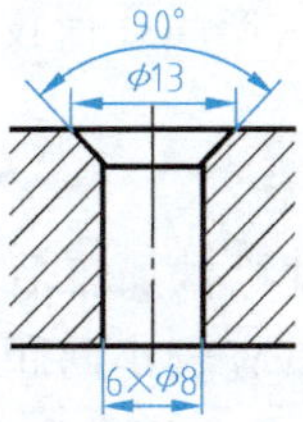90° ϕ13 6×ϕ8	6×ϕ8mm 表示均匀分布直径为 8mm 的 6 个孔

(续)

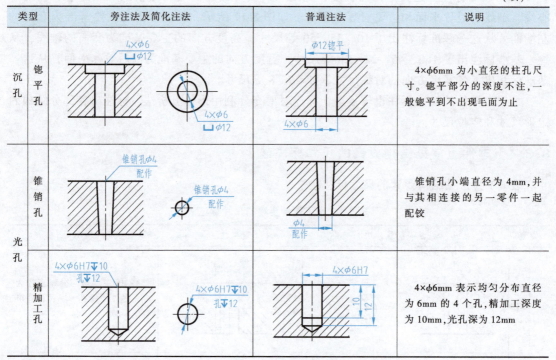

8.4 零件图上的技术要求

零件图除了要表达零件形状和标注尺寸外,还必须标注和说明制造零件时应达到的一些技术要求。零件图上的技术要求主要包括表面粗糙度、极限与配合、几何公差、热处理和表面处理等内容。

零件图上的技术要求如几何公差、表面粗糙度、热处理要求等,应按国家标准规定的各种符号、代号、文字标注在图形上。对于一些无法标注在图形上的内容,或需要统一说明的内容,可以用文字分别注写在图样下方的空白处。

本节主要介绍表面结构的表示法、极限与配合、几何公差,而热处理和表面处理等可参考其他书籍。

8.4.1 表面结构的表示法

为保证零件装配后的使用要求,需要对零件的表面结构给出要求。表面结构是表面粗糙度、表面波纹度、表面缺陷、表面纹理和表面几何形状的总称。表面结构的各项要求在图样上的表示法在 GB/T 131—2006《产品几何技术规范(GPS) 技术产品文件中表面结构的表示法》中均有具体规定。

1. 表面粗糙度术语

(1) 表面粗糙度 零件经过机械加工后的表面会留有许多高低不平的凸峰和凹谷,如图 8-18 所示。零件加工表面上具有较小间距的峰谷所组成的微观几何形状特性称为表面粗糙度。表面粗糙度与加工方法、切削刀具和工件材料等各种因素都有密切关系。

表面粗糙度是评定零件表面质量的一项重要技术指标，对零件的配合、耐磨性、耐蚀性以及密封性等都有显著影响，是零件图中必不可少的一项技术要求。

零件表面粗糙度的选用，应该既满足零件表面的功能要求，又要考虑经济合理。一般情况下，凡是零件上有配合要求或有相对运动的表面，表面粗糙度参数值要小，参数值越小，表面质量越高，但加工成本也越高。因此，在满足使用要求的前提下，应尽量选用较大的表面粗糙度参数值，以降低成本。

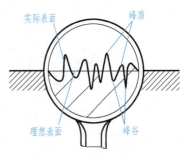

图 8-18 零件的真实表面

（2）表面波纹度　在机械加工过程中，由于机床、工件和刀具系统的振动，在工件表面所形成的间距比表面粗糙度大得多的表面不平度称为表面波纹度。零件表面的波纹度是影响零件使用寿命和引起振动的重要因素。

表面粗糙度、表面波纹度以及表面几何形状总是同时生成并存在于同一表面。

（3）评定表面结构常用的轮廓参数　对于零件表面结构的状况，可由三类参数加以评定：轮廓参数（由 GB/T 3505—2009 定义）、图形参数（由 GB/T 18618—2009 定义）、支承率曲线参数（由 GB/T 18778.2—2003 和 GB/T 18778.3—2006 定义）。其中轮廓参数是我国机械图样中最常用的评定参数。本节仅介绍轮廓参数中评定表面粗糙度轮廓的两个高度参数 Ra 和 Rz。

Ra 是轮廓算术平均偏差，指在一个取样长度内，沿测量方向的轮廓线上的点与基准线间距离绝对值的算术平均值，如图 8-19 所示。Ra 是表面粗糙度中最常用的高度参数，其数值见表 8-2。

表 8-2　轮廓算术平均偏差 Ra 的数值　　　　　　　　　（单位：μm）

第一系列	第二系列	第一系列	第二系列	第一系列	第二系列	第一系列	第二系列
			0.008		0.125	2.0	
			0.010		0.160	2.5	
0.012		0.2		3.2		50	
	0.016				0.25	4.0	
	0.020				0.32	5.0	
0.025		0.4		6.3		100	
	0.032			0.50		8.0	
	0.040			0.63		10.0	
0.05		0.8		12.5			
	0.063			1.00		16.0	
	0.080			1.25		20	
0.1		1.6		25			

Rz 是轮廓的最大高度，指在一个取样长度内，最大轮廓峰高与最大轮廓谷深之和，如图 8-19 所示。

（4）取样长度和评定长度　以表面粗糙度高度参数的测量为例，由于表面轮廓的不规

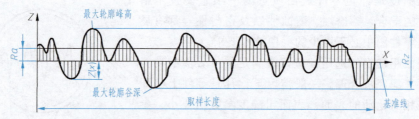

图 8-19 轮廓算术平均偏差 Ra 和轮廓的最大高度 Rz

则性,测量结果与测量段的长度密切相关。当测量段过短时,各处的测量结果会产生很大差异;当测量段过长时,测量的高度值中将不可避免地包含波纹度的幅值。因此,应在 X 轴(基准线)上选取一段适当长度进行测量,这段长度称为取样长度。

在每一取样长度内的测得值通常是不等的,为取得表面粗糙度最可靠的值,一般取几个连续的取样长度进行测量,并以各取样长度内测量值的平均值作为测得的参数值。这段在 X 轴方向上用于评定轮廓的、包含着一个或几个取样长度的测量段称为评定长度。

当参数代号后未注明取样长度个数时,评定长度即默认为 5 个取样长度,否则应注明个数。例如,Rz 0.4、Ra 3 0.8、Rz13.2 分别表示评定长度为 5 个(默认)、3 个、1 个取样长度。

2. 表面粗糙度的图形符号

GB/T 131—2006 规定了技术产品文件中表面结构的表示法。

表面粗糙度的图形符号及其含义见表 8-3。

表 8-3 表面粗糙度的图形符号及其含义

图形符号	含义及说明
✓	基本图形符号,表示表面可用任何方法获得;当通过一个注释解释时可单独使用
✓̸	基本图形符号加一短画,表示表面是用去除材料的方法获得,如车、铣、钻、磨、剪切、抛光、腐蚀、电火花加工、气割等;仅当其含义是"被加工表面"时可单独使用
✓◯	基本图形符号加一小圆,表示表面是用不去除材料的方法获得,如铸、锻、冲压变形、热轧、冷轧、粉末冶金等,或者是用于保持原供应状况的表面(包括保持上道工序的状况)
✓̄ ✓̸̄ ✓̄◯	在上述三个图形符号的长边上均可加一横线,用于标注表面粗糙度的各种要求
✓◯ ✓̸◯ ✓◯◯	在上述三个图形符号上均可加一小圆,表示零件周边表面具有相同的表面粗糙度要求

3. 表面粗糙度要求在图形符号上的注写位置

为了明确表面粗糙度要求,除了标注表面粗糙度参数和数值外,必要时应标注补充要求,包括传输带、取样长度、加工工艺、表面纹理及方向、加工余量等。这些要求在图形符号中的注写位置如图 8-20 所示。

图 8-20 中字母的意义如下:

a——注写表面粗糙度的单一要求或注写第一个表面粗糙度要求;

b——注写第二个表面粗糙度要求;

c——注写加工方法,如"车""磨""铣"等;

d——注写表面纹理和方向符号,如"="""×""M"等;

e——注写加工余量。

图形符号和附加标注的尺寸见表8-4。

4. 表面粗糙度代号

表面粗糙度符号中注写了具体参数代号及参数值等要求后,称为表面粗糙度代号。表面粗糙度代号及其含义见表8-5。

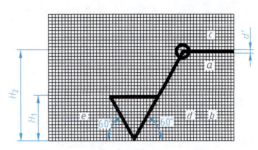

图 8-20 表面粗糙度数值及其有关的规定在图形符号中的注写位置

表 8-4 图形符号和附加标注的尺寸 （单位：mm）

数字和字母高度 h	2.5	3.5	5	7	10	14	20
符号线宽 d'、数字与字母的笔画宽度 d	0.25	0.35	0.5	0.7	1	1.4	2
高度 H_1	3.5	5	7	10	14	20	28
高度 H_2（最小值）	7.5	10.5	15	21	30	42	60

注：H_2 取决于标注的内容。

表 8-5 表面粗糙度代号及其含义

代 号	含 义
∇ Ra 0.8	表示不允许去除材料,单向上限值,默认传输带,R 轮廓,轮廓算术平均偏差为 0.8μm,评定长度为 5 个取样长度（默认）,16% 规则（默认）
∇ Rz max 0.2	表示去除材料,单向上限值,默认传输带,R 轮廓,轮廓最大高度的最大值为 0.2μm,评定长度为 5 个取样长度（默认）,最大规则
∇ 0.008-0.8/Ra 3.2	表示去除材料,单向上限值,传输带 0.008~0.8mm,R 轮廓,轮廓算术平均偏差为 3.2μm,评定长度为 5 个取样长度（默认）,16% 规则（默认）
∇ -0.8/Ra3 3.2	表示去除材料,单向上限值,传输带 0.025~0.8mm,R 轮廓,轮廓算术平均偏差为 3.2μm,评定长度包含 3 个取样长度,16% 规则（默认）
∇ U Ra max 3.2 / L Ra 0.8	表示不允许去除材料,双向极限值,两极限值均使用默认传输带,R 轮廓;上限值:轮廓算术平均偏差为 3.2μm,评定长度为 5 个取样长度（默认）,最大规则;下限值:轮廓算术平均偏差为 0.8μm,评定长度为 5 个取样长度（默认）,16% 规则（默认）

5. 表面粗糙度要求在图样中的标注方法

1) 表面粗糙度要求对每一表面一般只标注一次,并尽可能标注在相应的尺寸及其公差的同一视图上。除非另有说明,所标注的表面粗糙度要求是对完工零件表面的要求。

2) 表面粗糙度的注写和读取方向与尺寸的注写和读取方向一致。表面粗糙度要求可标注在轮廓线上,其符号应从材料外指向并接触表面,如图 8-21 所示。必要时,表面粗糙度也可用带箭头或黑点的指引线引出标注,如图 8-21 和图 8-22 所示。

3) 在不致引起误解时,表面粗糙度要求可以标注在给定的尺寸线上,如图 8-23 所示。

4) 表面粗糙度要求可标注在几何公差框格的上方,如图 8-24 所示。

5) 圆柱和棱柱的表面粗糙度要求只标注一次,如图 8-25 所示。如果每个棱柱表面有不同的表面粗糙度要求,则应分别单独标注,如图 8-26 所示。

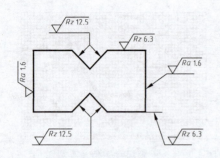

图 8-21　表面粗糙度要求在轮廓线上的标注

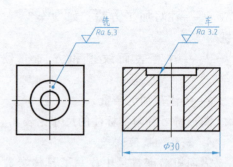

图 8-22　用指引线引出标注表面粗糙度要求

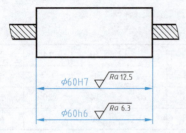

图 8-23　表面粗糙度要求标注在尺寸线上

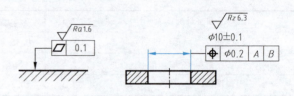

图 8-24　表面粗糙度要求标注在几何公差框格的上方

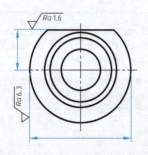

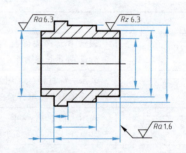

图 8-25　表面粗糙度要求标注在圆柱特征的延长线上

6. 表面粗糙度要求在图样中的简化注法

（1）有相同表面粗糙度要求的简化注法　如果在工件的多数（包括全部）表面有相同的表面粗糙度要求，则其表面粗糙度要求可统一标注在图样的标题栏附近（不同的表面粗糙度要求应直接标注在图形中）。其注法有以下两种。

1）在圆括号内给出无任何其他标注的基本符号，如图 8-27a 所示。

2）在圆括号内给出不同的表面粗糙度要求，如图 8-27b 所示。

（2）多个表面有共同要求的注法

1）用带字母的完整符号的简化注法。如图 8-28 所示，用带字母的完整符号以等式的形式，在图形或标题栏附近，对有相同表面粗糙度要求的表面进行简化标注。

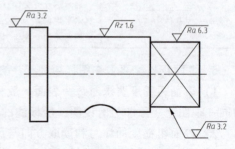

图 8-26　圆柱和棱柱的表面粗糙度要求的注法

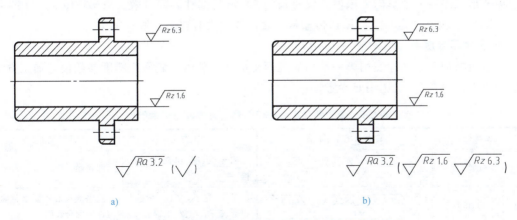

图 8-27 大多数表面有相同表面粗糙度要求的简化注法

2) 只用表面粗糙度符号的简化注法。如图 8-29 所示,用表面粗糙度符号以等式的形式给出多个表面共同的表面粗糙度要求。图 8-29 中的三个简化注法,分别表示未指定工艺方法、要求去除材料、不允许去除材料的表面粗糙度代号。

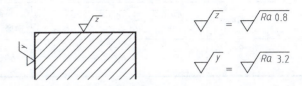

图 8-28 在图纸空间有限时的简化注法

图 8-29 多个表面粗糙度要求的简化注法

(3) 两种或多种工艺获得的同一表面的注法 由几种不同的工艺方法获得的同一表面,当需要明确每种工艺方法的表面粗糙度要求时,可按图 8-30a 所示进行标注(图中 Fe 表示基体材料为钢,Ep 表示加工工艺为电镀)。

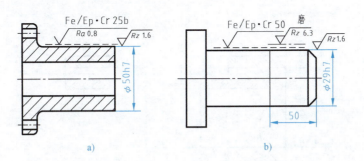

图 8-30 多种工艺获得同一表面的注法

图 8-30b 所示为三个连续的加工工序的表面粗糙度、尺寸和表面处理的标注。

第一道工序:单向上限值,$Rz=1.6\mu m$,"16%规则"(默认),默认评定长度,默认传输带,表面纹理没有要求,去除材料的加工方法。

第二道工序:镀铬,无其他表面粗糙度要求。

第三道工序：一个单向上限值，仅对长为50mm的圆柱表面有效，$Rz=6.3\mu m$，"16%规则"（默认），默认评定长度，默认传输带，表面纹理没有要求，磨削加工。

7. 表面粗糙度参数值的应用

一般机械加工中推荐使用第一系列的表面粗糙度参数值。表面粗糙度参数值与加工方法及应用举例见表8-6，供选用时参考。

表8-6 表面粗糙度参数值与加工方法及应用举例

表面特征		表面粗糙度 Ra 值			加工方法	适用范围
加工面	粗加工面	Ra100	Ra50	Ra25	粗车、粗刨、粗铣、钻孔、锉、镗	非接触表面
	半光面	Ra12.5	Ra6.3	Ra3.2	精车、精铣、精刨、精镗、粗磨、扩孔、粗铰、细锉	接触表面和不要求精确定位的配合表面
	光面	Ra1.6	Ra0.8	Ra0.4	精车、精磨、抛光、铰、刮、研	要求精确定位的重要配合表面
	最光面	Ra0.2	Ra0.1	Ra0.05	精抛光、研磨、超精磨、镜面磨	高精度、高速运动零件的配合表面等
毛坯面		✓			铸、锻、轧等经表面清理	无须进行加工的表面

8.4.2 极限与配合

在装配机器时，把同样规格大小的零件中的任一零件，不经挑选或修配，便可装到机器上去，并能保持机器的原有性能，零件的这种性质称为互换性。零件具有互换性，不但给机器装配、修理带来方便，更重要的是为机器的现代化大量生产提供可能性。

1. 公差的基本术语

由于设备、工夹具及测量误差等因素的影响，零件不可能制造得绝对准确。为了保证零件的互换性，就必须对零件的尺寸规定一个允许的变动范围，这个变动范围就是尺寸公差。尺寸公差术语及公差带图如图8-31所示。下面结合图8-31，介绍相关基本术语。

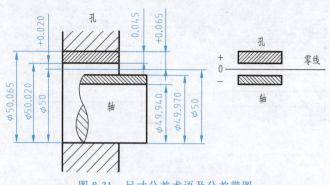

图8-31 尺寸公差术语及公差带图

（1）公称尺寸　由图样规范确定的理想形状要素的尺寸，如图8-31中的$\phi 50$。

（2）实际尺寸　零件加工后实际测量所得的尺寸。

（3）极限尺寸　尺寸要素允许的尺寸的两个极端。尺寸要素允许的最大尺寸称为上极限尺寸，尺寸要素允许的最小尺寸称为下极限尺寸。如图 8-31 中的 $\phi 50.065$ 为孔的上极限尺寸，$\phi 50.020$ 为孔的下极限尺寸。

(4) 极限偏差　极限偏差分为上极限偏差（ES、es）和下极限偏差（EI、ei）。上极限偏差为上极限尺寸减去其公称尺寸所得的代数差，下极限偏差为下极限尺寸减去其公称尺寸所得的代数差。上、下极限偏差可以是正值、负值或零。如图 8-31 中孔的上极限偏差 ES = +0.065，下极限偏差 EI = +0.020。

(5) 尺寸公差（简称公差）　允许尺寸的变动量。尺寸公差等于上极限尺寸与下极限尺寸之代数差，也等于上极限偏差与下极限偏差之代数差。尺寸公差是一个没有正负号的绝对值，如图 8-31 中孔的公差为 0.045。

(6) 零线　在公差与配合的图解图（简称公差带图）中，确定偏差的一条基准直线，即零偏差线。通常以零线表示公称尺寸。

(7) 尺寸公差带（简称公差带）　在公差带图中，由代表上、下极限偏差的两条直线所限定的一个带状区域。如图 8-31 所示，图中的矩形上边数值代表上极限偏差，下边数值代表下极限偏差，矩形的长度无实际意义，高度代表公差。

(8) 标准公差　由国家标准规定的公差值，其代号为 IT，国家标准规定标准公差分为 20 级，即 IT01、IT0、IT1 ~ IT18。它表示尺寸的精确程度，从 IT01 ~ IT18 等级依次降低。它的数值由公称尺寸和公差等级所确定。

(9) 基本偏差　距离零线较近的那个极限偏差。用于确定公差带相对零线的位置。

图 8-32 所示为孔和轴的基本偏差系列。孔和轴分别规定了 28 个基本偏差，用拉丁字母按其顺序表示，大写字母表示孔，小写字母表示轴。

孔和轴的基本偏差对称地分布在零线的两侧。图 8-32 中公差带一端画成开口，表示不同公差等级的公差带宽度有变化。

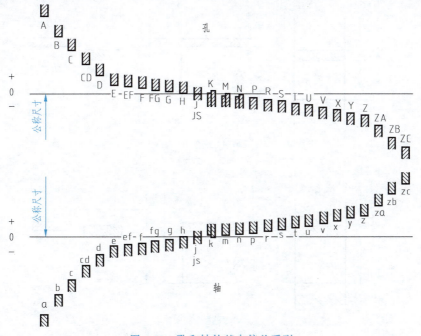

图 8-32　孔和轴的基本偏差系列

工程制图及CAD绘图

根据公称尺寸可以从有关标准中查得轴和孔的基本偏差数值，再根据给定的标准公差，即可计算轴和孔的另一极限偏差。

轴的另一极限偏差（上极限偏差 es 或下极限偏差 ei）

$$es = ei + IT \text{ 或 } ei = es - IT$$

孔的另一极限偏差（上极限偏差 ES 或下极限偏差 EI）

$$ES = EI + IT \text{ 或 } EI = ES - IT$$

2. 配合

公称尺寸相同并且相互结合的孔和轴公差带之间的关系称为配合。由于孔和轴的实际尺寸不同，装配后可能产生"间隙"或"过盈"。

（1）配合的种类　根据设计和工艺要求，配合分为以下三类。

1）间隙配合。具有间隙（包括最小间隙为零）的配合。其孔的公差带在轴的公差带之上，如图 8-33a 所示。

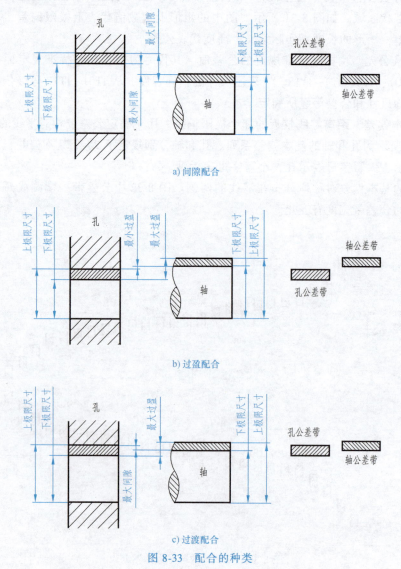

图 8-33　配合的种类

2) 过盈配合。具有过盈（包括最小过盈为零）的配合。其孔的公差带在轴的公差带之下，如图 8-33b 所示。

3) 过渡配合。可能具有间隙或过盈的配合。其孔的公差带与轴的公差带相互交叠，如图 8-33c 所示。

（2）基孔制配合和基轴制配合　根据设计要求，孔与轴之间可有各种不同的配合。如果孔和轴两者都可以任意变动，则情况变化极多，不便于零件的设计和制造。为此，按以下两种制度规定孔和轴的公差带。

1) 基孔制。基本偏差为一定的孔的公差带，与不同基本偏差的轴的公差带形成各种配合的一种制度，如图 8-34a 所示。基孔制的孔称为基准孔，基准孔的下极限偏差为零，并用代号 H 表示。

2) 基轴制。基本偏差为一定的轴的公差带，与不同基本偏差的孔的公差带形成各种配合的一种制度，如图 8-34b 所示。基轴制的轴称为基准轴，基准轴的上极限偏差为零，并用代号 h 表示。

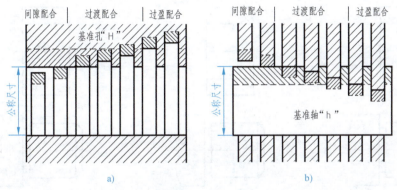

图 8-34　配合基制

（3）极限与配合的选用　根据机械工业产品生产使用的需要，考虑到定值刀具、量具规格的统一，国家标准规定了优先选用、常用和一般用途孔、轴公差带。国家标准还规定在轴孔公差带中组合成基孔制和基轴制优先配合，常用配合，应尽量选用优先配合。

表 8-7 摘录了基孔制和基轴制优先配合。

表 8-7　基孔制和基轴制优先配合

配合种类	基孔制优先配合	基轴制优先配合
间隙配合	$\dfrac{H7}{g6}$　$\dfrac{H8}{h6}$　$\dfrac{H8}{f7}$　$\dfrac{H9}{h7}$　$\dfrac{H9}{d9}$　$\dfrac{H11}{c11}$　$\dfrac{H11}{h11}$	$\dfrac{G7}{h6}$　$\dfrac{H7}{h6}$　$\dfrac{F8}{h7}$　$\dfrac{H8}{h7}$　$\dfrac{D9}{h9}$　$\dfrac{H9}{h9}$　$\dfrac{C11}{h11}$　$\dfrac{H11}{h11}$
过渡配合	$\dfrac{H7}{k6}$	$\dfrac{K7}{h6}$
过盈配合	$\dfrac{H7}{n6}$　$\dfrac{H7}{p6}$　$\dfrac{H7}{s6}$　$\dfrac{H7}{u6}$	$\dfrac{N7}{h6}$　$\dfrac{P7}{h6}$　$\dfrac{S7}{h6}$　$\dfrac{U7}{h6}$

3. 极限与配合的标注方法及查表

（1）公差带代号　孔、轴的公差带代号由基本偏差代号和公差等级代号组成。孔的基

工程制图及CAD绘图

本偏差代号用大写拉丁字母表示，轴的基本偏差代号用小写拉丁字母表示，公差等级代号用阿拉伯数字表示。例如，直径为20、公差带代号为H7的孔，其尺寸可标注为φ20H7，其中φ为直径符号、20为公称尺寸、H为基本偏差代号（下极限偏差为0）、7为公差等级代号，H7为公差带代号。

（2）在装配图中的标注方法　配合的代号由两个相互结合的孔和轴的公差带的代号组成，用分数形式表示，分子为孔的公差带代号，分母为轴的公差带代号，如图8-35所示。

（3）在零件图中的标注方法　在零件图上标注公差有三种形式：第一种是只标注公差带的代号，如图8-36a所示，此种注法适用于大批量生产；第二种是只标注极限偏差数值，如图8-36b所示，此种注法适用于单件、小批量生产，以便

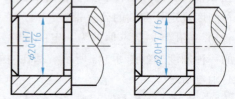

图8-35　装配图中的注法

于加工、检验时对照；第三种是既标注公差带的代号，又标注极限偏差数值，如图8-36c所示。

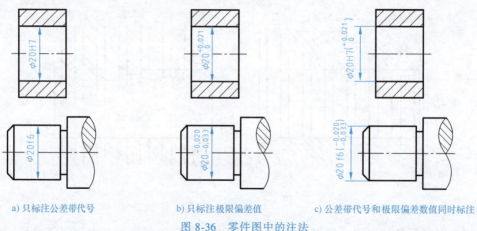

a) 只标注公差带代号　　　b) 只标注极限偏差值　　　c) 公差带代号和极限偏差数值同时标注

图8-36　零件图中的注法

标注极限偏差时，应注意上、下极限偏差的字号比公称尺寸小一号，且下极限偏差与公称尺寸标注在同一底线上，上、下极限偏差的小数点对齐及小数点后位数相同，如图8-37a所示。若上极限偏差或下极限偏差为"0"，则必须与另一极限偏差的小数点前个位数对齐，如图8-37b所示。如果上、下极限偏差对称于零线，则可按图8-37c所示标注。

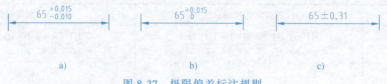

a)　　　　　　　　　b)　　　　　　　　　c)

图8-37　极限偏差标注规则

8.4.3　几何公差

我们知道，零件尺寸不可能制造得绝对准确，同样也不可能制造出绝对准确的形状和表面间的相对位置。为了满足使用要求，零件尺寸由尺寸公差加以限制；而零件的表面形状和

表面间的相对位置，则由几何公差加以限制。

对于精度要求较高的零件，根据设计要求，需在零件图上标注出有关的几何公差。如图8-38a所示的滚柱，为了保证滚柱的工作质量，除了标注出直径的尺寸公差外，还需要标注出滚柱轴线的形状公差——直线度，表示滚柱实际轴线与理想轴线之间的变动量，其必须保持在 $\phi0.006$ mm 的圆柱面内。如图8-38b所示，箱体上的两个孔是安装锥齿轮轴的孔，如果两孔轴线歪斜度太大，就会影响锥齿轮的啮合传动。为了保证正常的啮合，应该使两孔轴线保持一定的垂直位置，因此要注上位置公差——垂直度，说明水平孔的轴线，必须位于距离为 0.05mm 且垂直于铅垂孔的轴线的两平行平面之间，A 为基准符号字母。

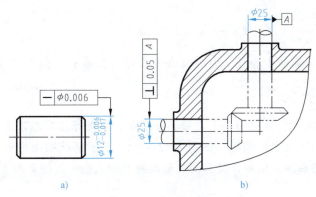

图 8-38　几何公差示例

1. 几何公差的几何特征和符号

GB/T 1182—2018《产品几何技术规范（GPS）　几何公差形状、方向、位置和跳动公差标注》规定了工件几何公差标注的基本要求和方法。零件的几何特性是零件的实际要素对其几何理想要素的偏离情况，它是决定零件功能的因素之一，几何误差包括形状、方向、位置和跳动误差。为了保证机器的质量，要限制零件对几何误差的最大变动量，称为几何公差，允许变动量的值称为公差值。

2. 附加符号及其标注方法

这里仅简要说明 GB/T 1182—2018 中标注被测要素几何公差的附加符号（几何公差框格）和基准要素的附加符号（基准符号）的标注方法。其他的附加符号，请读者查阅该标准。

（1）公差框格　用公差框格标注几何公差时，公差要求注写在划分成两格或多格的矩形框格内。各格自左至右顺序标注以下内容，如图8-39所示。

其中，h 为文字高度，每格的宽度按实际内容而定。

图 8-39　公差框格

（2）被测要素的标注　按下列方式之一用指引线连接被测要素和公差框格。指引线引自框格的任意一侧，终端带一箭头。

1）当公差涉及轮廓线或轮廓面时，箭头指向该要素的轮廓线或其延长线（应与尺寸线明显错开），如图8-40a、b所示。箭头也可指向引出线的水平线，引出线引自被测面，引出线的一个终端为小黑点,如图 8-40c 所示。

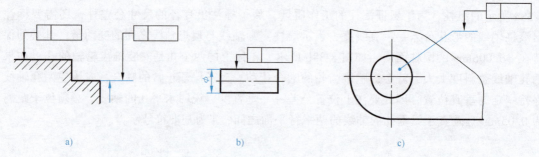

图 8-40 被测要素的标注方法(一)

2)当公差涉及要素的中心线、中心面或中心点时,箭头应位于相应尺寸的延长线上,如图 8-41 所示。

(3)基准的标注

1)与被测要素相关的基准用一个大写字母表示。字母标注在基准方格内,与一个涂黑的或空白的三角形相连以表示基准,如图 8-42 所示。表示基准的字母还应标注在公差框格内。涂黑的和空白的基准三角形含义相同。基准符号的大小可按图 8-43 所示绘制。

图 8-41 被测要素的标注方法(二)　　　　　图 8-42 基准符号

2)带基准字母的基准三角形应按如下规定放置:

① 当基准要素是轮廓线或轮廓面时,基准三角形放置在要素的轮廓线或其延长线上(与尺寸线明显错开),如图 8-44a 所示;基准三角形也可放置在该轮廓面引出线的水平线上,如图 8-44b 所示。

② 当基准是尺寸要素确定的中心线、中心平面或中心点时,基准三角形应放置在该尺寸的延长线上,如图 8-45a 所示。如果没有足够的位置标注基准要素尺寸的两个尺寸箭头,则其中一个箭头可用基准三角形代替,如图 8-45b 所示。

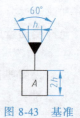

图 8-43 基准符号画法

3)以单个要素作为基准时,在公差框格内用一个大写字母表示,如图 8-46a 所示。以

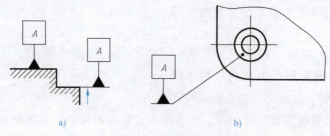

图 8-44 基准要素的常用标注方法(一)

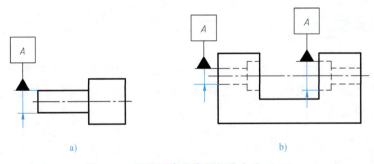

图 8-45 基准要素的常用标注方法（二）

两个要素建立公共基准体系时，用中间加连字符的两个大写字母表示，如图 8-46b 所示。以三个或三个以上基准建立基准体系（采用多基准）时，表示基准的大写字母按基准的优先顺序自左至右填写在各个框格内，如图 8-46c 所示。

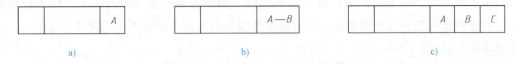

图 8-46 基准要素的常用标注方法（三）

3. 几何公差标注示例

图 8-47 是一根气门阀杆，从图中可以看到，当被测要素为线或表面时，从框格引出的指引线箭头应指在该要素的轮廓线或其延长线上。当被测要素是轴线时，应将箭头与该要素的尺寸线对齐，如 M8×1 轴线的同轴度注法。当基准要素是轴线时，应将基准符号与该要素的尺寸线对齐，如基准 A。

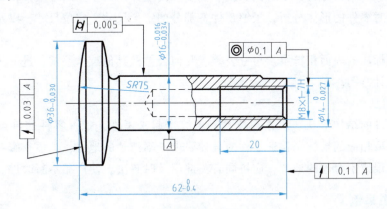

图 8-47 几何公差标注示例

图 8-47 中，从左到右几何公差的标注分别表示：

1) $SR75$ 的球面对于 $\phi16$ 轴线的圆跳动公差是 0.03。
2) $\phi16$ 杆身的圆柱度公差是 0.005。
3) M8×1 的螺孔轴线对于 $\phi16$ 轴线的同轴度公差是 $\phi0.1$。
4) 右端面对于 $\phi16$ 轴线的圆跳动公差是 0.1。

8.5　读零件图

读零件图的目的就是要根据零件图想象出零件的结构形状，了解零件的尺寸和技术要求，以便在制造时采用适当的加工方法，或者在此基础上进一步研究零件结构的合理性，以得到不断的改进和创新。

8.5.1　读零件图的方法和步骤

1. 概括了解

从标题栏里可以了解零件的名称、材料、比例和重量等。从名称可判断该零件属于哪一类零件，从而初步设想其可能的结构和作用；从材料可大致了解其加工方法。

2. 表达分析

先了解零件图上各个视图的配置以及各视图之间的关系，从主视图入手，应用投影规律，结合形体分析法和线面分析法，以及对零件常见结构的了解，逐个弄清各部分结构，然后想象出整个零件的形状。

在看图时分析绘图者画每个视图或采用某一表达方法的目的，这对分析零件的形状会有很大帮助，因为每一个视图和每一种表达方法的采用都有一定的作用。例如，常用剖视表示零件的内部结构，而剖切平面的位置很明显地表达了绘图者的意图。又如斜视图、局部视图可以从箭头所指的部位看出其表达目的。看图时还可以与有关的零件图联系起来一起看，这样更容易搞清楚零件上每个结构的作用和要求。

3. 尺寸和技术要求分析

通过对零件的结构分析，了解其长度、宽度和高度方向的主要尺寸基准，找出零件的主要尺寸；根据对零件的形体分析，了解零件各部分的定形尺寸、定位尺寸，以及零件的总体尺寸。

根据图上标注的表面粗糙度、尺寸公差、几何公差及其他技术要求，进一步了解零件的结构特点和设计意图。

4. 综合归纳

必须把零件的结构形状、尺寸和技术要求综合起来考虑，把握零件的特点，以便在制造、加工时采取相应的措施，保证零件的设计要求。不清楚的地方，必须查阅有关的技术资料。如发现错误或不合理的地方，应协同有关部门及时解决，使产品不断改进。

8.5.2　读图举例

读如图 8-48 所示的拖板零件图。

1. 概括了解

从标题栏可知零件的名称为拖板，拖板是安装在导轨上移动部件的壳体，在其内部安装有其他的零件，因此该零件属于箱体类零件。箱体类零件的结构特点就是有空腔、轴孔、凸缘、底座等结构，材料大多为灰铸铁，通过铸造形成零件毛坯，然后再经过一定的切削加工成形。

第8章 零件图

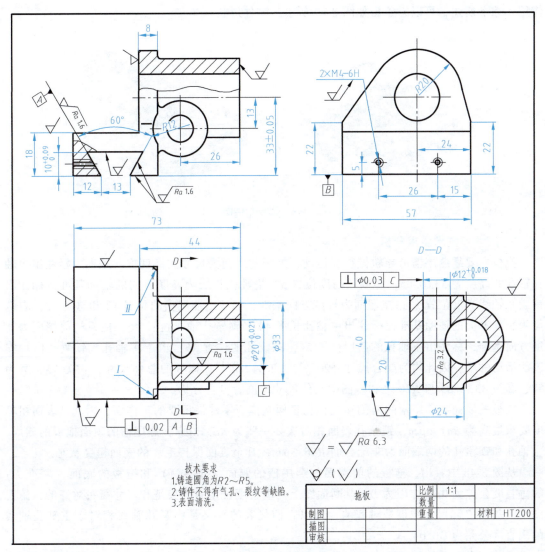

图 8-48 拖板零件图

2. 表达分析

该拖板采用了三个基本视图和一个断面图。主视图采用局部剖视,主要表达贯通的主轴孔 $\phi 20^{+0.021}_{0}$、螺纹孔 M4-6H 的结构、燕尾槽的形状和锁紧孔 $\phi 12^{+0.018}_{0}$ 的位置等;俯视图也是局部剖视,主要表达燕尾槽的长度和主轴孔与锁紧孔相交的情况,图中椭圆形曲线就是主轴孔和锁紧孔的相贯线,I、II 标记所指的两端小曲线是主视图中尺寸 R12 所指的圆柱面与主轴孔左端凸缘上两侧垂面相交后的截交线,图中虚线是主视图中尺寸 R12 所指的圆柱面的转向轮廓线;左视图主要表达主轴孔左端面凸缘的形状和螺纹孔 2×M4-6H 的分布情况;D—D 断面图主要表达主轴孔和锁紧孔的相交情况、锁紧孔的长度等。

从主、俯、左三视图可知,拖板有三个主要结构:燕尾槽、主轴孔和锁紧孔。燕尾槽在一块长方形板上,左侧有两个螺纹孔;主轴孔在一个圆柱内,左端有凸缘并和长方形板相连,在其下方有一个轴线与其垂直的锁紧孔,主轴孔和锁紧孔是连通的,这样才能起到锁紧作用。综上所述，可以想象出如图 8-49 所示的零件形状。

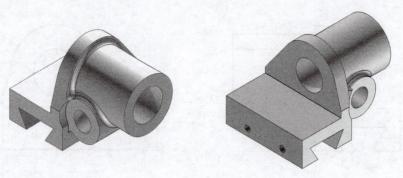

图 8-49　拖板立体图

3. 尺寸和技术要求分析

拖板主要靠燕尾槽沿导轨做往复运动，拖板的底面为尺寸的高度方向基准，标注出主轴孔轴线的高度为 33±0.05，螺纹孔高度位置 5，主轴孔轴线为高度方向的辅助基准，标注出锁紧孔轴线高度位置 13；左端面为长度方向基准，标注出燕尾槽的位置 12 和总长 73，右端面为长度方向的辅助基准，标注出主轴孔长度 44 和锁紧孔轴线位置 26；拖板的前端面为宽度方向基准，标注出主轴孔的前后位置 24，螺纹孔的位置 15；由于主轴孔和锁紧孔内均安装能活动的轴，因此均为配合尺寸 $\phi 20^{+0.021}_{0}$ 和 $\phi 12^{+0.018}_{0}$；拖板的总体尺寸：长为 73、宽为 57、高为 33±0.05 与 $R20$ 之和。图中其他尺寸请读者自行分析。

拖板的底面、燕尾槽的两侧和主轴孔表面是拖板零件最重要的工作面，因此其表面粗糙度要求最高为 $Ra1.6\mu m$，锁紧孔表面相对次要一些为 $Ra3.2\mu m$，燕尾槽的顶面拖板的四周、主轴孔和锁紧孔的两端面为非配合面 $Ra6.3\mu m$，其余表面保持毛坯的表面粗糙状态。

从图 8-48 中看出，拖板的前端面与燕尾槽的侧面（基准 A）和拖板的底面（基准 B）的垂直度公差为 0.02；因为 $D—D$ 断面图上的垂直度公差的箭头是和尺寸箭头对齐的，俯视图中的基准 C 和尺寸线也是对齐的，所以它们代表的含义是锁紧孔轴线相对于主轴孔轴线的垂直度公差为 $\phi 0.03$。

此外，在该零件图中还有文字的技术要求，说明未注圆角为 $R2 \sim R5$，铸件不得有气孔和裂纹等缺陷，零件表面需清洗等。

4. 综合归纳

经过以上分析可知，拖板零件是一个中等复杂的箱体类零件，加工要求比较高，它是由铸件毛坯经过镗、刨、钻、钳等多道工序加工而成的。

8.6　在 AutoCAD 中绘制零件图

绘制零件图时，有许多图形是需要经常使用的，如各种规格的螺栓、螺母、螺钉、轴承和表面粗糙度代号等。为了减少重复工作，在 AutoCAD 中，可将这类需要经常使用的图形制作为块，使用时直接插入即可。本节以创建表面粗糙度代号和基准符号为例，来讲解块的创建方法及零件图中表面粗糙度、几何公差及基准符号的标注方法。

下面以图 8-50 所示的缸体立体图为例，来讲解在 AutoCAD 中绘制零件图的方法和步骤，

图 8-51 所示为缸体零件草图。

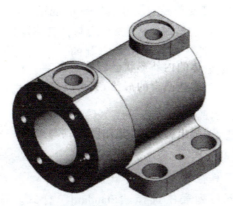

图 8-50 缸体立体图

缸体 AR

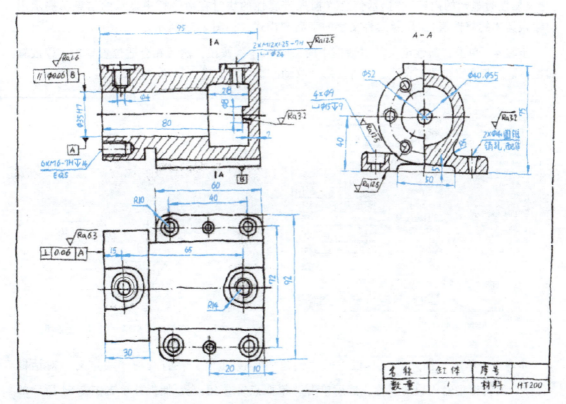

图 8-51 缸体零件草图

8.6.1 创建表面粗糙度代号和基准符号

1. 创建表面粗糙度代号

零件表面的功能不同，其表面粗糙度的数值也有所不同。因此，可在不重复绘制表面粗糙度符号的前提下，仅修改其数值来创建不同的表面粗糙度代号。要修改数值，就必须将表面粗糙度的数值设置为带属性的文字，然后将该符号和数值设置为带属性的块。使用时直接插入该块，然后修改其表面粗糙度值即可。

此外，国家标准对表面粗糙度符号的尺寸有明确的规定，读者可参照表 8-3 和表 8-4 中的参数进行绘制。本案例中，我们按字高 $h=3.5$ 绘制，具体操作过程如下：

步骤 1 启动 AutoCAD 软件，打开 6.5 节定制的"A3 样板图.dwg"文件，并将"0"图层设置为当前图层。

步骤 2 参照图 8-52 所示的尺寸，在绘图区绘制表面粗糙度符号（不标注尺寸），其中，直线 AB 的长度为 10。

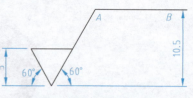

图 8-52　绘制表面粗糙度符号

步骤 3 在"样式"工具栏的"文字样式控制"列表框中单击，在弹出的下拉列表中选择"Standard"样式。选择"常用"→"块"→"定义属性"菜单，然后在打开的"属性定义"对话框中设置表面粗糙度数值的属性标记（定义属性时显示的内容）、提示信息（插入带属性的块时在命令行中显示的信息，提示用户输入具体的属性值），以及属性文字的字高和样式，如图 8-53 所示。

步骤 4 单击"属性定义"对话框中的 确定 按钮，然后在合适位置单击，以放置属性标记。若文字位置不合适，则可使用"移动"命令将其进行移动，结果如图 8-54 所示。

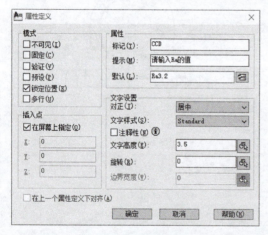

图 8-53　设置属性定义

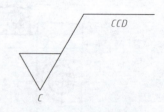

图 8-54　注写属性标记

步骤 5 单击"插入"工具栏中的"创建块"按钮 ，在打开的"块定义"对话框"名称"编辑框中输入块的名称，然后单击"拾取点"按钮 ，捕捉并单击图 8-54 所示的端点 C，以指定插入基点，接着单击"选择对象"按钮 ，选取整个图形（包括属性文字）为块对象，按<Enter>键结束对象选取，如图 8-55 所示，最后选中"保留"单选按钮并单击 确定 按钮，即可创建块。

步骤 6 为了使该块能够在所有文件中使用，可先将其存储。即在命令行中输入"WBLOCK"并按<Enter>键，然后在打开的"写块"对话框中选中"块"单选按钮，单击其后的列表框，在弹出的下拉列表中选择要存储的块，如图 8-56 所示。接着单击 按钮，在弹出的对话框中设置该块的存储路径，最后单击 确定 按钮，完成"表面粗糙度 01"

块文件的存储。

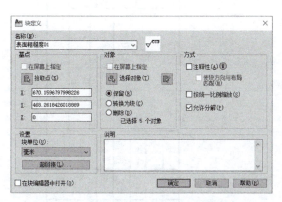

图 8-55　设置创建块时的基点和块对象

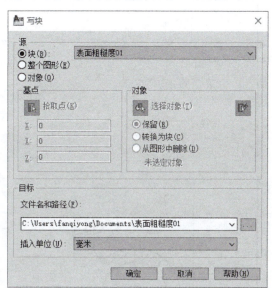

图 8-56　存储创建的表面粗糙度 01

步骤 7　参照上述方法分别绘制图 8-57 和图 8-58 所示图形，将其定义为块后并存储在相关文件夹中。

图 8-57　创建表面粗糙度 02

图 8-58　创建表面粗糙度 03

2. 创建基准符号

基准符号的创建方法与表面粗糙度 01 的创建方法类似，即先绘制图 8-59a 所示的图形，然后选择"绘图"→"块"→"定义属性"菜单为其添加属性文字，结果如图 8-59b 所示，接着使用"绘图"工具栏中的"创建块"按钮将其创建为块，最后进行存储，以便使用时直接调用。

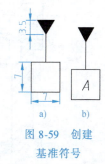

图 8-59　创建基准符号

8.6.2　绘制缸体零件图

下面通过绘制并标注缸体零件图，来重点学习在 AutoCAD 中标注表面粗糙度代号、基准符号和几何公差的方法。

步骤 1　打开 6.5 节定制的 "A3 样板图 .dwg" 文件，然后根据图 8-51 所示缸体零件草图绘制缸体零件的工作图样。

步骤 2　将 "标注" 图层设置为当前图层，然后使用 "标注" 工具栏中的相关命令标注零件的公称尺寸，结果如图 8-60 所示。

步骤 3　单击 "样式" 工具栏中的 "多重引线样式"，在打开的对话框中单击 "修改" 按钮，然后在 "修改多重引线样式：Standard" 对话框中打开 "内容" 选项卡，从 "多重引

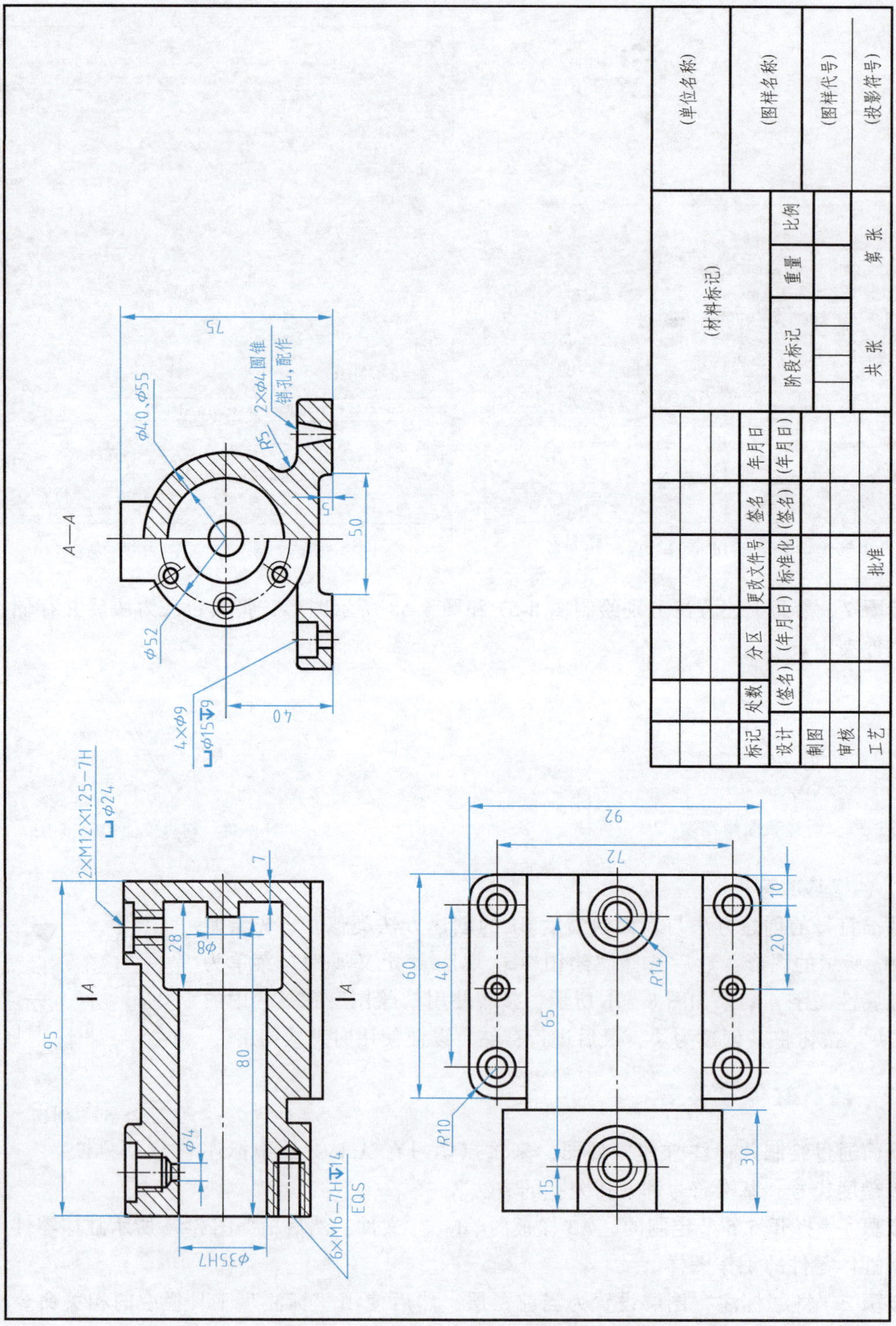

图 8-60 绘制缸体图形，并标注其公称尺寸

线类型"下拉列表中选择"无";打开"引线格式"选项卡,将箭头样式设置为"实心闭合",大小设置为"3.5";打开"引线结构"选项卡,其设置如图8-61a所示。

步骤4 关闭对话框,单击"多重引线"工具栏中的"多重引线"按钮,依次单击图8-61b所示的C、B、A点,即可完成多重引线的标注。

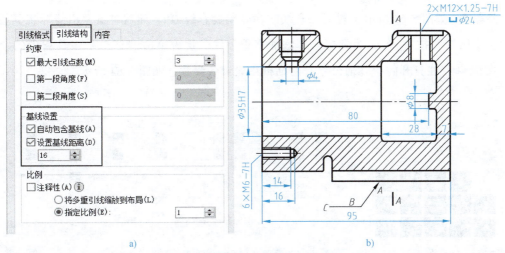

图8-61 多重引线样式设置并标注

步骤5 单击"块"工具栏中的"插入块"按钮,在打开的"插入"对话框中单击 浏览(B)... 按钮,如图8-62所示,然后选择8.6.1节存储的"表面粗糙度01"文件并单击 打开(O) 按钮,采用默认的插入比例及旋转角度,单击 确定 按钮后捕捉图8-61b所示的多重引线的左端点并在合适位置单击,接着在命令行中输入"Ra3.2"并按<Enter>键,结果如图8-63所示。

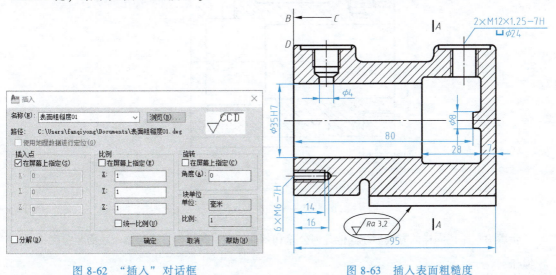

图8-62 "插入"对话框　　　　图8-63 插入表面粗糙度

步骤6 采用同样的方法插入其他表面粗糙度代号,并参照草图设置其表面粗糙度值。

> **提示**
> 在插入表面粗糙度代号时，除了使用"插入块"命令外，还可以使用"复制"命令将图中已经标注的属性块复制到所需位置，然后双击该块，在打开的"增强属性编辑器"对话框中修改其参数值。

步骤7 如图8-63所示，利用"直线"命令绘制直线DB，然后单击"引线"工具栏中的"多重引线"按钮，为几何公差添加多重引线。接着单击"标注"工具栏中的"公差"按钮，在打开的"几何公差"对话框中设置各参数，如图8-64所示。

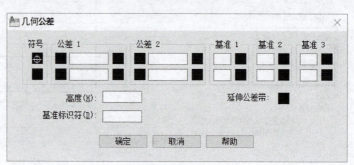

图8-64 设置几何公差的参数

步骤8 单击"几何公差"对话框中的 确定 按钮，然后在要放置该几何公差的位置处单击，如图8-63中的端点C，结果如图8-65所示。

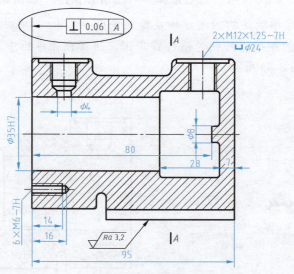

图8-65 标注几何公差

步骤9 采用同样的方法标注其他几何公差和基准符号，其操作方法与插入表面粗糙度相同。

> **提示**
> 在标注倾斜或竖直方向上的表面粗糙度和几何公差时，可先在绘图区任意位置插入该符号，然后利用"旋转"和"移动"命令将其移动到所需位置即可。

第8章 零件图

步骤10 单击"绘图"工具栏中的"多行文字"按钮 A，在标题栏上方的空白处单击两点，以指定编辑框的位置和尺寸，然后输入图8-66所示文字。

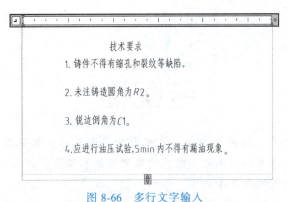

图8-66 多行文字输入

步骤11 单击工具栏中"关闭文字编辑器"按钮 ✕，即可完成多行文字的注写。

> **提示**
> 因为使用"多行文字"命令注写的文字可编辑性较强，所以，在注写零件图的技术要求时，应尽量使用"多行文字"命令注写。

第9章 装配图

本章主要介绍装配图的作用和内容，装配图的视图表达，装配图的尺寸标注和技术要求，装配图中的零部件序号和明细栏，常见的装配结构和装置，读装配图和由装配图拆画零件图，部件测绘和装配图的画法等内容。

9.1 装配图的作用和内容

9.1.1 装配图及其作用

机器或部件都是由若干零件按一定的装配关系和技术要求装配而成的，用来表达机器或部件的图样称为装配图。在机械产品的设计过程中，一般要先根据设计要求画出装配图，再根据装配提供的总体结构和尺寸，拆画零件图。装配图分为总装配图和部件装配图，总装配图一般用于表达机器的整体情况和各部件或零件间的相对位置；而部件装配图用于表达机器上某一个部件的情况和部件上各零件的相对位置。

装配图是设计、制造和使用机器或部件的重要技术文件。它在以下几个方面起着重要作用：

1）在机器生产过程中，根据装配图将零件装配成机器或部件。
2）在机器使用过程中，装配图可帮助使用者了解机器或部件的结构、性能和使用方法等。
3）在交流生产经验，采用先进技术时，也经常参考装配图。

9.1.2 装配图的内容

装配图要反映设计者的设计意图，表达机器（或部件）的工作原理、性能要求、零件间的装配关系和零件的主要结构形状，以及在装配、检验、安装时所需要的尺寸数据和技术要求等。如图9-1所示，装配图具体内容如下：

1. 一组视图

用一组图形正确、完全、清晰地表达机器或部件的工作原理、传动关系、各零部件之间的装配关系和连接方式，以及零件的主要结构形状。

2. 必要尺寸

在装配图中不必标出全部尺寸，只需标注出有关机器或部件的性能、规格、配合、安装、外形和连接关系等尺寸。

3. 技术要求

用文字或符号在装配图中说明机器或部件的性能、装配和调整要求、验收条件、试验和使用、维护规则等方面的要求。

4. 序号、标题栏和明细栏

明细栏说明机器或部件上的各个零件的名称、序号、数量、材料以及备注等。图上标注序号的作用是将明细栏和装配图联系起来,使看图时便于找到零件的位置。标题栏说明机器或部件的名称、图号、图样比例、设计单位和人员、日期等。

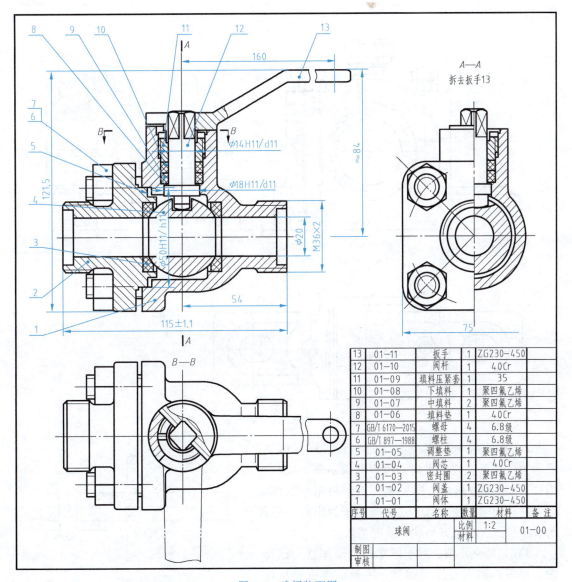

图 9-1 球阀装配图

9.2 装配图的视图表达

前面章节中讲到的表达零件的各种方法,在表达机器或部件时完全适用。但由于机器或部件是由若干零件所组成的,而装配图主要用来表达机器或部件的工作原理和装配、连接关系，以及主要零件的结构形状，因此，国家标准还提出了一些规定画法和特殊表达方法。

9.2.1 规定画法

1) 两零件的接触表面或公称尺寸相同且相互配合的工作面只画一条线表示公共轮廓。若两零件表面不接触或公称尺寸不相同，即使间隙很小，也必须画成两条线，如图9-2所示。

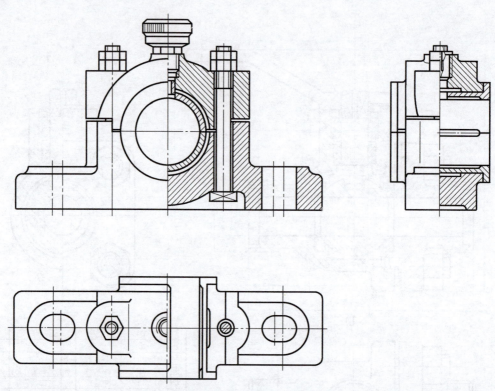

图 9-2 接触面和非接触面

2) 相邻两个或多个零件的剖面线应有区别，或者方向相反，或者方向一致但间隔不等，或相互错开，如图9-3所示。同一零件不同视图中的剖面线方向和间隔必须一致，这样有利于找出同一零件的各个视图，想象其形状和装配关系。

3) 为简化作图，对于标准件（如螺栓、螺母、键、销等）和实心件（如球、手柄、连杆、拉杆、键、销等），若纵向剖切且剖切平面通过其对称平面或基本轴线，则这些零件均按不剖绘制，如图9-4所示。

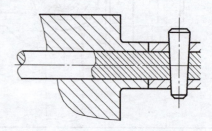

图 9-3 装配图中剖面线的画法

9.2.2 特殊表达方法

1. 拆卸画法

当某些零件的图形遮住了其后面的需要表达的零件，或在某一视图上不需要画出某些零

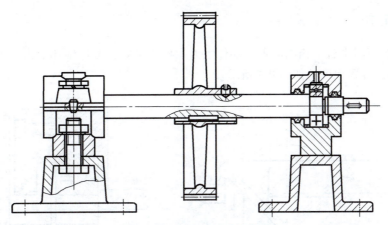

图 9-4　剖视图中不剖零件的画法

件时，可先拆去这些零件后再画；也可选择沿零件结合面进行剖切的画法。在如图 9-2 所示的滑动轴承装配图中，俯视图就采用了后一种拆卸画法。

2. 单独表达某零件的画法

当所选择的视图已将大部分零件的形状、结构表达清楚，但仍有少数零件的某些方面还未表达清楚时，可单独画出这些零件的视图或剖视图，如图 9-5 所示的转子油泵中的泵盖 B 向视图。

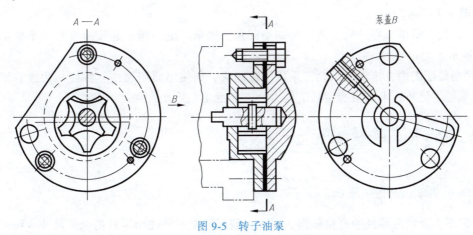

图 9-5　转子油泵

3. 假想画法

1) 为表示部件或机器的作用、安装方法，可将与其相邻的零件、部件的部分轮廓用双点画线画出，如图 9-5 所示，假想轮廓的剖面区域内不画剖面线。

2) 当需要表示运动零件的运动范围或运动的极限位置时，可按其运动的一个极限位置绘制图形，再用双点画线画出另一极限位置的图形，如图 9-6 所示。

4. 夸大画法

在画装配图时，有时会遇到薄片零件、细丝弹簧、微小间隙等，对于这些零件或间隙，无法按其实际尺寸画出，或者虽能如实画出，但不能明显地表达其结构时，均可采用夸大画法，即将这些结构适当夸大后再画出。

9.2.3 简化画法

1）对于装配图中若干相同的零、部件组如螺栓联接等，可详细地画出一组，其余只需用点画线表示其位置即可，如图 9-7 所示。

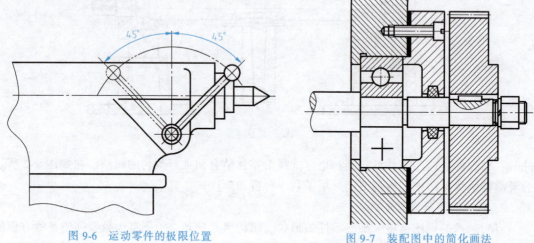

图 9-6 运动零件的极限位置　　　　图 9-7 装配图中的简化画法

2）在装配图中，对于厚度在 2mm 以下的零件（如薄的垫片等）的剖面线可用涂黑代替，如图 9-7 所示。

3）在装配图中，零件的工艺结构如小圆角、倒角、退刀槽、起模斜度等可不画出，如图 9-7 所示。

4）在装配图中，滚动轴承允许采用简化画法，如使用通用画法、特征画法或只详细画出一半图形，另外一半采用通用画法的方法，如图 9-7 所示。

9.3 装配图的尺寸注法和技术要求

9.3.1 装配图的尺寸注法

装配图不是制造零件的直接依据，因此，装配图中不需注出零件的全部尺寸，而只需标注出一些必要的尺寸。下面以球阀装配图为例讲解装配图的尺寸标注。这些尺寸按其作用不同，大致可分为以下几类。

1. 性能（规格）尺寸

表示机器或部件性能（规格）的尺寸，在设计时已经确定，也是设计、了解和选用该机器或部件的依据，如球阀装配图中球阀的通径 $\phi 20$。

2. 装配尺寸

包括保证有关零件间配合性质的尺寸、保证零件间相对位置的尺寸、装配时进行加工的有关尺寸等，如阀盖和阀体的配合尺寸 $\phi 50H11/h11$ 等。

3. 安装尺寸

机器或部件安装时所需的尺寸，球阀装配图中与安装有关的尺寸有 ≈84、54、M36×

2等。

4. 外形尺寸

表示机器或部件外形轮廓的大小,即总长、总宽和总高。它为包装、运输和安装过程中所占空间的大小提供了数据,如球阀的总长、总宽和总高分别为 115±1.1、75 和 121.5。

5. 其他重要尺寸

它们是在设计中确定,又不属于上述几类尺寸的一些重要尺寸,如主要零件的重要尺寸等。

上述五类尺寸之间并不是孤立无关的。实际上有的尺寸往往同时具有多种作用,如球阀中的尺寸 115±1.1,它既是外形尺寸,又与安装有关。此外,一张装配图中有时也并不全部具备上述五类尺寸。因此,对装配图中的尺寸需要具体分析,然后进行标注。

9.3.2 装配图的技术要求

装配图的技术要求是指机器或部件在装配、安装、调试过程中的有关数据和性能指标,以及在使用、维护和保养等方面的要求。这些内容应在标题栏附近以"技术要求"为标题逐条书写出。如果技术要求仅一条,则不必编号,但不得省略标题。

9.4 装配图中的零部件序号和明细栏

在生产中,为便于图样管理、生产准备、机器装配和读懂装配图,对装配图上各零、部件都要编注序号,以方便读图。

9.4.1 零、部件编号

1. 一般规定

1) 装配图中所有的零、部件都必须编注序号。规格相同的零件只编一个序号,标准化组件如滚动轴承、电动机等,可看作一个整体编注一个序号。

2) 装配图中的零件序号应与明细栏中的序号一致。

3) 同一装配图中序号编注形式应一致。

2. 序号的组成

装配图中的序号一般由指引线、圆点、横线(或圆圈)和序号数字组成,如图 9-8 所示。其中指引线、圆、横线均为细实线。

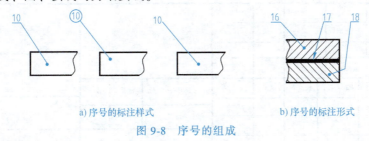

a) 序号的标注样式　　　　　b) 序号的标注形式

图 9-8　序号的组成

具体要求如下:

1) 序号应注在图形轮廓线的外边,并按图 9-8a 所示样式进行标注,但同一张装配图中只能选择一种样式。

2）指引线应从所指零件的可见轮廓内引出，并在末端画一小圆点。若指引线末端不便画出圆点，则可在指引线末端画出箭头，箭头指向该零件的轮廓线，如图 9-8b 所示。

3）指引线应尽可能分布均匀且不要与轮廓线、剖面线等图线平行；指引线之间不允许相交，但必要时允许弯折一次，如图 9-8b 所示。

4）序号数字字号应比装配图中的尺寸数字字号大一号。

3. 零件组序号

对紧固件组或装配关系清楚的零件组，允许采用公共指引线，如图 9-9 所示。

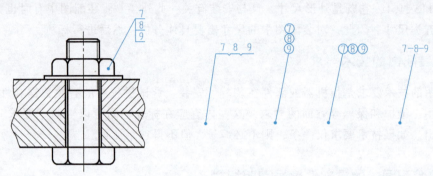

图 9-9 零件组序号

4. 序号的排列

零件的序号应按顺时针或逆时针方向在整个一组图形外围顺次整齐排列，并尽量使序号间隔相等，如图 9-1 所示。

9.4.2 标题栏及明细栏

标题栏格式由前述的 GB/T 10609.1—2008 确定，明细栏则按 GB/T 10609.2—2009 规定绘制，如图 9-10 所示。

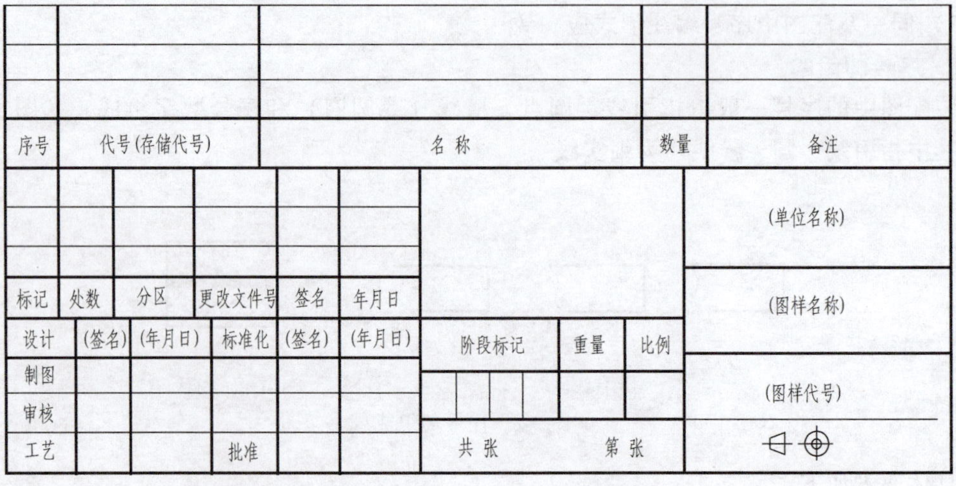

图 9-10 装配图标题栏和明细栏格式

绘制和填写标题栏、明细栏时应注意以下问题：

1）明细栏和标题栏的分界线是粗实线，其他线既有粗实线，又有细实线，需注意区分。

2）明细栏中的序号应自下而上顺序填写，如果向上延伸位置不够，则可以在标题栏紧靠左边的位置自下而上延续。

3）标准件的国家标准代号可写入备注栏。

9.5 常见的装配结构和装置

在设计和绘制装配图与零件图的过程中，应考虑到装配结构的合理性，以确保机器和部件的性能，并给零件的加工和拆装带来方便。现举例说明，以供绘图时参考。

1）当轴和孔配合，且轴肩与孔的端面相互接触时，应在孔的接触端面制成倒角或在轴肩的根部切槽，以保证两零件接触良好，如图9-11所示。

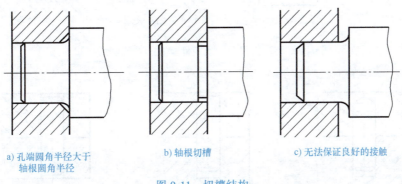

a) 孔端圆角半径大于轴根圆角半径　　b) 轴根切槽　　c) 无法保证良好的接触

图 9-11　切槽结构

2）当两个零件接触时，在同一个方向上的接触面，最好只有一个，这样既可以满足装配要求，制造也较方便，如图9-12所示。

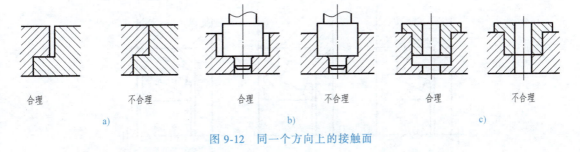

图 9-12　同一个方向上的接触面

3）当零件用螺纹紧固件联接时，应考虑到在装、拆过程中紧固件及其工具所需的空间，如图9-13所示。

4）为了保证两零件在装拆前后不致降低装配精度，通常用圆柱销或圆锥销将两零件定位。销孔是在第一次装配时在两零件上同时加工完成的，如图9-14所示。

5）在用轴肩或孔肩定位滚动轴承时，应注意到维修时拆卸的方便与可能，如图9-15所示。

工程制图及CAD绘图

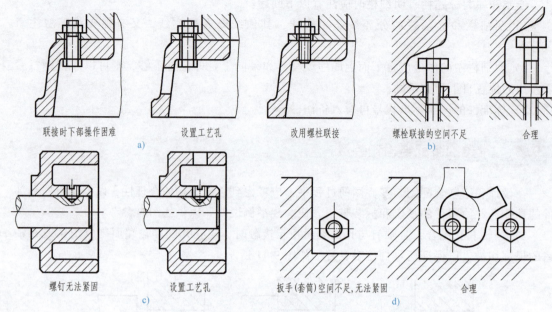

图 9-13 装、拆过程中紧固件及其工具所需的空间

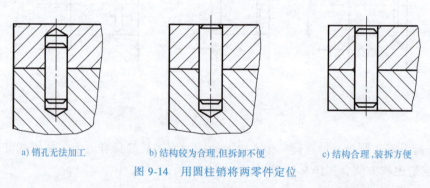

图 9-14 用圆柱销将两零件定位

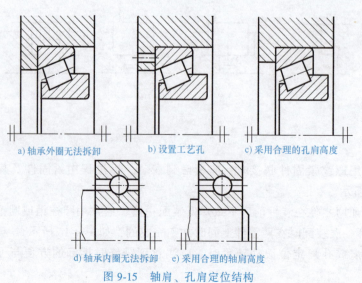

图 9-15 轴肩、孔肩定位结构

6）为了防止机器或部件内部的流体向外渗漏和外界灰尘进入内部，需采用防漏密封装置，如图 9-16 所示。

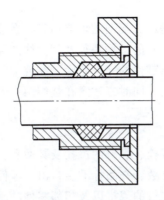

图 9-16　防漏密封装置

9.6　读装配图和由装配图拆画零件图

9.6.1　读装配图的步骤和方法

1. 概括了解

1）首先看标题栏，由机器或部件的名称可大致了解其用途，这对读懂装配图有很大帮助。

2）对照明细栏，在装配图上查找各零、部件的大致位置，了解标准零、部件和非标准零、部件的名称与数量。零、部件的名称对于了解其在装配体中的作用有一定的指导意义。

3）根据装配图上视图的表达情况，找出各个视图及剖视、断面等配置的位置以及剖切平面的位置和投射方向，从而搞清楚各视图表达的重点。

4）阅读装配图的技术要求，了解装配体的性能参数、装配要求等信息。

通过对以上内容的初步了解，可以对部件的大体轮廓、内容、作用有一个概略的印象。

2. 了解装配关系和工作原理

对照视图仔细研究部件的装配关系和工作原理，这是读装配图的一个重要环节。在概括了解的基础上，分析各条装配干线，弄清各零件间相互配合的要求，以及零件间的定位、联接方式、密封等问题。再进一步搞清运动零件和非运动零件的相对运动关系。经过这样的观察分析，就可以对部件的工作原理和装配关系有所了解。

3. 分析零件，读懂零件的结构形状

分析零件，就是弄清每个零件的结构形状及其作用。一般先从主要零件着手，然后是其他零件。当零件在装配图中表达不完整时，可先对有关的其他零件仔细观察和分析，再进行结构分析，从而确定该零件合理的内外形状。

9.6.2 装配图中零件的分析

1. 零件的结构分析

对装配体中零件结构的分析是读装配图的重要内容。在读装配图时，应对构成装配体的主要零件的作用进行分析，根据零件的结构特征及剖面线的异同等信息在各视图中划出该零件的大致范围，结合分析，判断出零件的完整轮廓。在装配图中零件的某些结构没有表达的可以根据结构合理性原则自行确定，同时应注意在装配图中未画出的小圆角、小倒角、退刀槽等工艺结构。

2. 零件的尺寸分析

零件上的一些标准结构，如螺栓、螺钉的沉孔及其通孔、键槽、轴承孔等与标准件相配合使用的结构的尺寸应根据有关参数，查阅标准后得出。零件上与螺栓、螺钉结合使用的螺纹孔的深度必须通过计算螺栓或螺钉的规格以及相邻零件的厚度来确定，常用件的某些尺寸可根据已知的参数按照相关的设计公式来确定。

零件上的某些尺寸可由相邻零件上相应结构的尺寸来确定，如端盖轮廓大小应与机体上端盖安装面的轮廓大小相一致，通过螺纹紧固件联接以及通过销定位的两零件上孔的位置应一致。

3. 零件的技术要求分析

零件图中的尺寸公差应根据装配图中所注写的配合公差带代号查表后得到其极限偏差。其他尺寸的公差一般为未注公差。

表面粗糙度及几何公差的确定可以根据零件上各要素的功能、作用以及与相邻零件的联接、装配关系，结合已掌握的机械设计知识查阅相关资料后确定。

9.6.3 读装配图举例

1. 概括了解

通过阅读图 9-1 所示球阀装配图的标题栏、明细栏可知，该部件为球阀。阀是在管道系统中用于启闭和调节流体流量的部件。球阀是阀的一种。该部件由两种标准件和 11 种非标准件组成。装配图中的基本视图有三个，主视图采用全剖，可以清晰地表达各组成零件的装配关系和工作原理；左视图采用半剖，既反映了阀的内部结构，又反映了阀盖的外形以及螺柱联接的布局；俯视图采用了局部剖，不但反映了球阀的外形，还反映出手柄与其他零件的联接和定位关系。

2. 了解装配关系和工作原理

球阀的主视图较为完整地表达了它的装配关系。阀芯 4 是球阀的"核心"零件，根据主视图和左视图可知阀芯是球形的，阀芯上的圆柱孔同阀体 1 和阀盖 2 上的孔形成了整个球阀的通路。阀芯 4 与阀体 1 和阀盖 2 之间有密封圈。阀体 1 和阀盖 2 均带有方形的凸缘，它们用 4 个双头螺柱 6 和螺母 7 联接，并用合适的调整垫 5 调节阀芯 4 与密封圈 3 之间的松紧程度。阀芯 4 上有凹槽，而阀杆 12 下部有凸缘，榫接在阀芯 4 的凹槽中。阀杆 12 与阀体 1 之间加填料垫 8、中填料 9 和下填料 10，并且旋入填料压紧套 11。扳手 13 通过其方孔安装在阀杆 12 上部的四棱柱上。

根据装配体中各零件的装配关系可以分析出球阀的工作原理：将扳手 13 的方孔套

进阀杆 12 上部的四棱柱，当扳手处于图示的位置时，球阀全部开启，管道畅通；当扳手按顺时针方向旋转时，扳手带动阀杆，阀杆带动阀芯同时旋转，这时球阀的通径逐渐减小；当扳手旋转到 90°时（俯视图双点画线所示位置），球阀完全关闭，管道断流。从俯视图的 B—B 局部剖视图中可以看出，阀体 1 顶部的定位凸块可以限制扳手 13 的旋转范围。

3. 分析零件，读懂零件的结构形状

在这里只分析阀体 1 的结构形状，其余零件读者可以通过阅读装配图自行分析。

阀体是球阀的主要零件之一。由主视图和俯视图可以看出，阀体的右端为圆柱管状，并带有一段用于联接的外螺纹，φ20 的圆孔为流体的通路。阀体的中间部分由球体和圆柱体组合而成，内有圆柱形腔体用来容纳阀芯和密封圈等零件。其上部为圆柱管状，内有用来旋入填料压紧套的螺纹；从俯视图的 B—B 局部剖视图中可以看到阀体顶部用来限制扳手旋转范围的定位凸块的形状。阀体左端的实形未直接在装配图中反映出来，但可以将阀体这一部分与阀盖的主视图和俯视图结合起来，并参照左视图中阀盖的凸缘形状得知阀体的凸缘形状是与之相对应的，如图 9-17 所示。

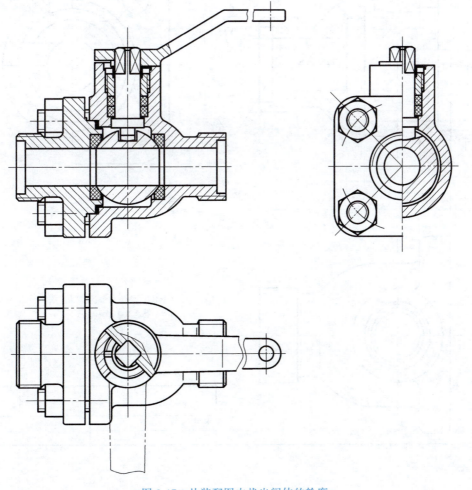

图 9-17 从装配图中找出阀体的轮廓

4. 分析零件尺寸和技术要求

φ20、M36×2、φ50、φ18、54、75 等尺寸是装配图中所直接给出的阀体的部分尺寸。根据所选用的螺柱的规格可以确定阀体上螺纹孔的规格。阀体上螺纹孔的位置以及安装面的轮廓大小和圆角半径应与阀盖相一致。

阀体的外表面多为用不去除材料的方法获得的表面。其他表面多为非接触面或是与非金属密封件的接触面，因而表面质量要求不高，Ra 的取值为 $12.5\mu m$ 或 $25\mu m$。φ50 与 φ18 的表面虽为配合面，但由于采用的是大间隙、低精度的配合关系，因而 Ra 的取值为 $6.3\mu m$ 是合理的。

经过分析可以了解阀体的零件结构，如图 9-18 所示。

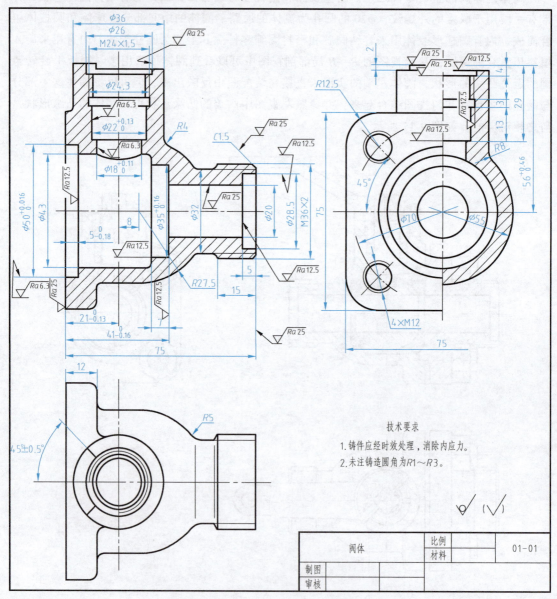

图 9-18 阀体的零件图

9.7 部件测绘和装配图的画法

9.7.1 部件测绘

对现有的机器或部件进行拆卸、测量、画出其草图，然后整理绘制出装配图和零件图的过程称为测绘。它是技术交流、产品仿制和对旧设备进行改造革新等工作中一项常见的技术工作，也是工程技术人员必备的一项技能。现以图 9-19 所示的齿轮泵为例，说明部件测绘的方法与步骤。

1. 了解和分析测绘对象

首先应全面了解部件的用途、工作原理、结构特点、零件间的装配关系和联接方式等。该齿轮泵用于机床的润滑系统，把润滑油由油箱中输送到需要润滑的部件。图 9-19 为齿轮泵的轴测图，图 9-20 为齿轮泵的工作原理图，它依靠一对齿轮的高速旋转运动输送润滑油。低压区的油充满齿轮的齿间，随着齿轮的转动，润滑油从低压区齿间带至高压区输出。主动齿轮和从动齿轮都是和轴做成一体的。主动齿轮轴通过键联接传动齿轮，获得动力。为了防止润滑油漏出，在泵体与左、右端盖之间各加了一个垫片。在右端盖上与主动齿轮轴配合部位有填料密封装置。泵体和左、右端盖根据一对相互啮合的齿轮的轮廓设计成长圆形。泵体和左、右端盖之间分别由 2 个定位销和 6 个螺钉联接、定位。泵体上的输入油孔与输出油孔用管螺纹与输油管相联接。

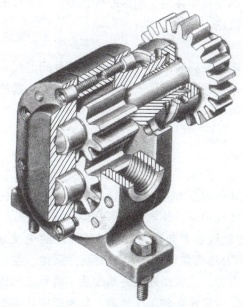

图 9-19 齿轮泵的轴测图

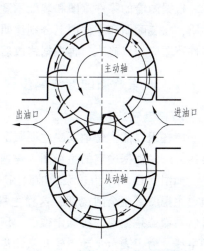

图 9-20 齿轮泵的工作原理图

2. 拆卸部件和画装配示意图

拆卸部件必须按顺序进行，也可先将部件分为若干组成部分，再依次拆卸。

装配示意图是用简单线条和机构运动简图符号表示各零件的相互关

齿轮泵工作原理

系和大致轮廓。它的作用是指明有哪些零件以及它们装在什么地方，以便把拆散的零件按原样重新装配起来，还可供画装配图时参考，图9-21为齿轮泵的装配示意图。

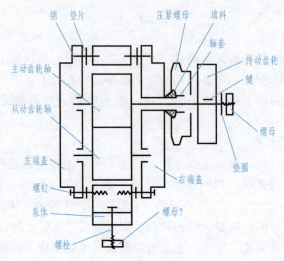

图 9-21 齿轮泵的装配示意图

3. 绘制零件草图

分清标准件和非标准件，做出相应的记录。标准件只需在测量其规格尺寸后查阅标准确定其标准规格，按照规定注明标记，不必画出零件草图和零件图。非标准件必须测绘并画出零件草图。零件的测绘方法第 8 章已做介绍，不再赘述。

4. 画装配图和零件图

根据测绘的零件草图和装配示意图，画出装配图。在画装配图时，应确定零件间的配合性质，在装配图和零件图上分别注明相关尺寸的公差带代号和上、下极限偏差。对有问题的零件草图应加以修改，再根据修改后的零件草图画出零件图。

9.7.2 画装配图的方法和步骤

1. 确定表达方案

应选用以能清楚地反映主要装配关系和工作原理的那个方向作为主视图，并采取适当的表达方法。根据确定的主视图，再选取能反映其他装配关系、外形及局部结构的视图。

如图 9-19 所示齿轮泵的轴测图，以垂直于齿轮轴线的方向作为齿轮泵装配图的主视方向。主视图采用全剖视图，这样主视图可以清楚地表达两齿轮轴的装配关系、泵体、左端盖、右端盖是如何联接和定位的，填料密封结构等内容。主视图还很好地表达了齿轮泵的传动主线。为了表示主动齿轮和从动齿轮的啮合情况以及齿轮泵的工作原理，装配图中还需要左视图。为了表示左端盖的外轮廓，左视图采用半剖视图。

2. 确定比例和图幅

按照选定的表达方案，根据部件或机器的大小和复杂程度以及视图数量来确定画图的比例和图幅。在所选图幅中应大致确定各视图位置，并为明细栏、标题栏、零部件序号、尺寸标注和技术要求等留下空间。

3. 画装配图

画图时，应先画出各视图的主要轴线（装配干线）、对称中心线和某些零件的基线或端面。对于齿轮泵的装配图，首先应画出底面（基准面）和两个齿轮轴的轴线，如图 9-22 所示。

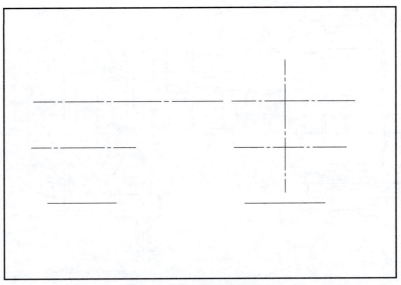

图 9-22　齿轮泵绘图步骤（一）

这样就确定了主、左视图在图纸中的位置，同时也确定了装配体中主要零件的相对位置。画主视图时，以装配干线为准，由内向外逐个画出各个零件（先画齿轮轴，再画泵体、左端盖、右端盖、齿轮等），也可以由外向内画（先画泵体、左端盖、右端盖，再画齿轮轴、齿轮等），视作图方便而定。应先画主要零件轮廓（泵体、左端盖、右端盖、齿轮轴、齿轮），如图 9-23 所示。

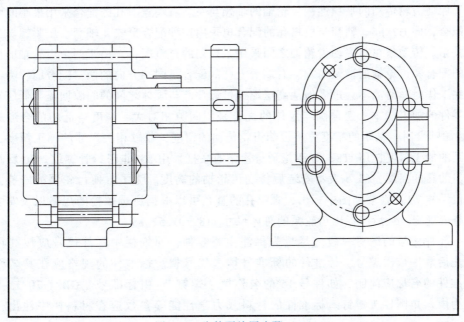

图 9-23　齿轮泵绘图步骤（二）

后画其余零件轮廓（压紧螺母、轴套、填料以及其他标准件等），如图 9-24 所示。

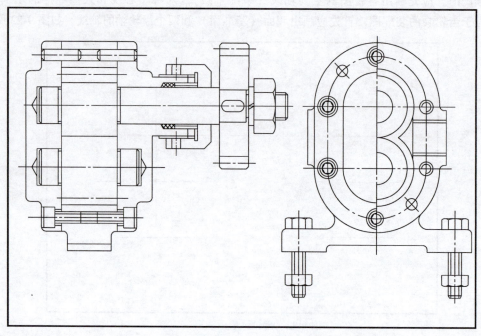

图 9-24　齿轮泵绘图步骤（三）

零件的轮廓一般应从最能够反映该零件的形状特征的视图画起，如齿轮泵的外形轮廓在左视图上反映较多，因此这部分内容可以从左视图画起。

4. 完成装配图

全部视图完成后，经检查无误即可加深图线。

为了保证齿轮传动的平稳性，齿轮轴的轴颈与左、右端盖上孔的配合采用最小间隙为零的间隙配合，即 H7/h6。轴套与填料孔的配合也采用这种配合形式。轴套、压紧螺母与轴没有配合关系。传动齿轮与主动齿轮轴之间采用基孔制的过渡配合。由于两个齿轮轴的齿顶圆与泵体的配合和齿轮轴的轴颈与左、右端盖上孔的配合是同一方向的两对配合面，为了保证齿轮泵在工作时润滑油不会过多地从高压端通过齿顶圆与泵体之间的间隙回流到低压端，同时兼顾零件的加工成本，齿顶圆与泵体的配合采用间隙相对大、精度略低的配合形式 H8/f7。两齿轮啮合时，轴距的精度直接影响齿轮传动的精度，兼顾相关尺寸的加工精度，两齿轮轴轴距的加工精度选用 IT8。该齿轮泵与管路的联接采用 55°非密封管螺纹。50 反映了安装后进出油孔的高度，63.5 表示安装后传动齿轮轴的高度。为了方便齿轮泵的安装，螺栓孔的定位尺寸 70 应在装配图中标出，螺栓孔的直径可以根据所选螺栓的规格以及安装的精度自行查表确定。最后应标出齿轮泵的总体尺寸 118、91.5、85。

零、部件序号的编写一般应尽量先标注主要零件，明细栏中零件代号应按其在明细栏中的先后顺序依次编号，标准件的标准号填入代号栏。标准件的规格应在其名称后注出，标准件的名称应简明，如件号 15 的名称填"螺钉"，由标准号"GB/T 70.1—2008"可知其为内六角圆柱头螺钉。标准件的材料或力学性能等参数应在材料栏中注出，如图 9-25 所示。

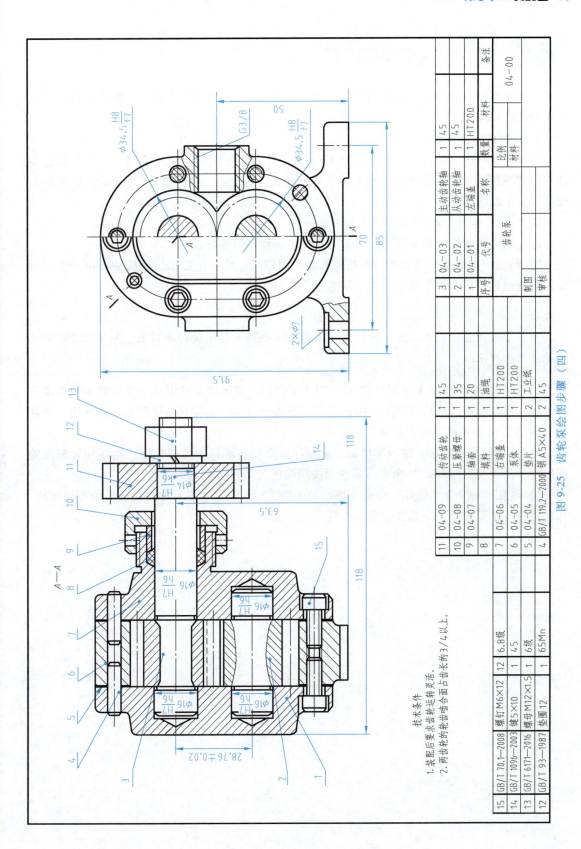

图 9-25 齿轮泵绘装配图步骤(四)

9.8 在 AutoCAD 中绘制装配图

根据是否已有零件的 AutoCAD 图形文件,可将在 AutoCAD 中绘制装配图的方法分为下述两种情况:

1. 直接绘制装配图

在没有零件的 AutoCAD 图形文件的情况下,可以按照手工绘制装配图的方法,根据零件草图和装配示意图逐个线条、逐个零件进行绘制。在 AutoCAD 中采用这种方法绘制的装配图不便于修改。

2. 借用已有的 AutoCAD 零件图绘制装配图

对于已经绘制好的各零件图,可根据下述步骤绘制其装配图。

1)新建一个图形文件,然后根据装配图的图幅尺寸绘制出图幅边框线和图框线,接着根据需要创建图层、标注样式、文字样式等。

> **提示**
> 为了便于显示或隐藏各零件,可将不同的零件放置在不同的图层上,且各图层的名称最好能够反映其上零件的名称或类型。

2)打开该装配体中基础零件的 AutoCAD 零件图,关闭该文件中尺寸线和表面粗糙度符号等标注所在图层,然后将该文件中的基本视图逐个复制、粘贴到所绘制的图框线内,并使用"移动"命令将其移动到所需位置。

3)采用同样的方法,按照零件的装配顺序依次将各零件的视图复制、粘贴到装配图的图框内,然后使用"移动"命令将各视图按照装配关系移动至其所在位置。

4)利用"删除""修剪"等命令编辑装配图,标注尺寸和零件序号,然后填写明细栏、标题栏和技术要求等,完成装配图的绘制。

附录

附录 A 螺纹

表 A-1 普通螺纹牙型、直径与螺距（摘自 GB/T 192—2003、GB/T 193—2003）

（单位：mm）

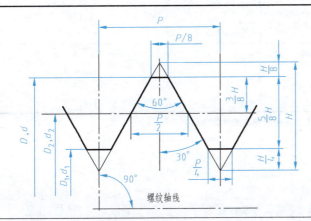

D—内螺纹的基本大径（公称直径）
d—外螺纹的基本大径（公称直径）
D_2—内螺纹的基本中径
d_2—外螺纹的基本中径
D_1—内螺纹的基本小径
d_1—外螺纹的基本小径
P—螺距
H—原始三角形高度

标记示例：
M10-6g（粗牙普通外螺纹、公称直径 $d=10$、中径及顶径公差带均为 6g、中等旋合长度、右旋）
M10×1-6H-LH（细牙普通内螺纹、公称直径 $D=10$、螺距 $P=1$、中径及顶径公差带均为 6H、中等旋合长度、左旋）

公称直径 D、d			螺距 P	
第一系列	第二系列	第三系列	粗牙	细牙
	3.5		0.6	0.35
4			0.7	0.5
	4.5		0.75	0.5
5			0.8	0.5
		5.5		0.5
6			1	0.75
	7		1	0.75
8			1.25	1,0.75
		9	1.25	1,0.75
10			1.5	1.25,1,0.75
		11	1.5	1.5,1,0.75
12			1.75	1.25,1
	14		2	1.5,1.25,1
		15		1.5,1
16			2	1.5,1

(续)

公称直径 D、d			螺距 P	
第一系列	第二系列	第三系列	粗牙	细牙
		17		1.5,1
	18		2.5	2,1.5,1
20			2.5	2,1.5,1
	22		2.5	2,1.5,1
24			3	2,1.5,1
		25		2,1.5,1
		26		1.5
	27		3	2,1.5,1
		28		2,1.5,1
30			3.5	(3),2,1.5,1
	32			2,1.5
	33		3.5	(3),2,1.5
		35		1.5
36			4	3,2,1.5
		38		1.5
	39		4	3,2,1.5

注：M14×1.25 仅用于发动机的火花塞；M35×1.5 仅用于轴承的锁紧螺母。

附录 B 螺纹紧固件

表 B-1 六角头螺栓　　　　　　　　　　　　　（单位：mm）

六角头螺栓——C 级（摘自 GB/T 5780—2016）

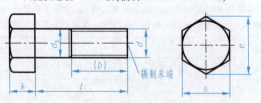

标记示例：

螺栓　GB/T 5780　M20×100

（螺纹规格为 M12、公称长度 l=100、右旋、性能等级为 4.8 级、表面不经处理、杆身半螺纹、产品等级为 C 级的六角头螺栓）

六角头螺栓——全螺纹——C 级（摘自 GB/T 5781—2016）

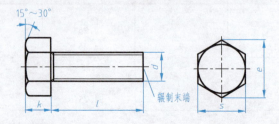

标记示例：

螺栓　GB/T 5781　M12×80

（螺纹规格为 M12、公称长度 l=80、右旋、性能等级为 4.8 级、表面不经处理、全螺纹、产品等级为 C 级的六角头螺栓）

（续）

螺纹规格 d		M5	M6	M8	M10	M12	M16	M20	M24	M30	M36	M42	M48
b 参考	$l \leq 125$	16	18	22	26	30	38	46	54	66	—	—	—
	$125 < l \leq 200$	22	24	28	32	36	44	52	60	72	84	96	108
	$l > 200$	35	37	41	45	49	57	65	73	85	97	109	121
k 公称		3.5	4.0	5.3	6.4	7.5	10	12.5	15	18.7	22.5	26	30
s_{max}		8	10	13	16	18	24	30	36	46	55	65	75
e_{min}		8.63	10.89	14.2	17.59	19.85	26.17	32.95	39.55	50.85	60.79	71.3	82.6
d_{smax}		5.48	6.48	8.58	10.58	12.7	16.7	20.84	24.84	30.84	37.0	43.0	49.0
l 范围	GB/T 5780—2016	25~50	30~60	40~80	45~100	55~120	65~160	80~200	100~240	120~300	140~360	180~420	200~480
	GB/T 5781—2016	10~50	12~60	16~80	20~100	25~120	30~160	40~200	50~240	60~300	70~360	80~420	90~480
l 系列		10、12、16、20~50（5 进位）、(55)、60、(65)、70~160（10 进位）、180~500（20 进位）											

注：1. 括号内的规格尽可能不用。末端按 GB/T 2—2016 规定。
    2. 螺纹公差为 8g；机械性能等级为 4.6、4.8；产品等级为 C 级。

表 B-2　1 型六角螺母　　　　　　　　　　　　（单位：mm）

1 型六角螺母 A 级和 B 级（摘自 GB/T 6170—2015）
1 型六角标准螺母　细牙　A 和 B 级（摘自 GB/T 6171—2016）
1 型六角螺母　C 级（摘自 GB/T 41—2016）

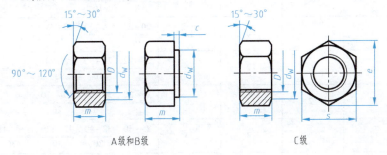

A 级和 B 级　　　　　　　C 级

标记示例：
  螺母　GB/T 41　M12（螺纹规格为 M12、性能等级为 5 级、表面不经处理、产品等级为 C 级的 1 型六角螺母）
  螺母　GB/T 6171　M16×1.5（螺纹规格为 M16×1.5、性能等级为 8 级、表面不经处理、产品等级为 A 级的 1 型细牙六角螺母）

螺纹规格	D	M4	M5	M6	M8	M10	M12	M16	M20	M24	M30	M36	M42	M48
	$D \times P$	—	—	—	M8×1	M10×1	M12×1.5	M16×1.5	M20×1.5	M24×2	M30×2	M36×3	M42×3	M48×3
c		0.4	0.5			0.6			0.8				1	
s_{max}		7	8	10	13	16	18	24	30	36	46	55	65	75
e_{min}	A、B 级	7.66	8.79	11.05	14.38	17.77	20.03	26.75	32.95	39.55	50.85	60.79	71.30	82.6
	C 级	—	8.63	10.89	14.20	17.59	19.85	26.17						
m_{max}	A、B 级	3.2	4.7	5.2	6.8	8.4	10.8	14.8	18	21.50	25.6	31	34	38
	C 级	—	5.6	6.1	7.9	9.5	12.2	15.9	19	22.3	26.4	31.9	34.9	38.9
d_{wmin}	A、B 级	5.9	6.9	8.9	11.63	14.63	16.63	22.49	27.7	33.25	42.75	51.11	59.95	69.45
	C 级	—	6.7	8.7	11.5	14.5	16.5	22						

注：1. P 为螺距。
    2. A 级用于 $D \leq 16$ 的螺母；B 级用于 $D > 16$ 的螺母；C 级用于 $D \geq 5$ 的螺母。
    3. 螺纹公差：A、B 级为 6H，C 级为 7H；机械性能等级：A、B 级为 6、8、10 级，C 级为 4、5 级。

表 B-3 双头螺柱（摘自 GB/T 897~900—1998） （单位：mm）

$b_m = 1d$ (GB/T 897—1988)；$b_m = 1.25d$ (GB/T 898—1988)；$b_m = 1.5d$ (GB/T 899—1988)；$b_m = 2d$ (GB/T 900—1988)

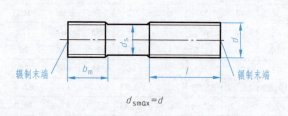
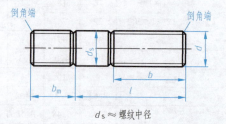

标记示例：

螺柱 GB/T 900 M10×50（两端均为粗牙普通螺纹、$d=10$、$l=50$、性能等级为 4.8 级、表面不经处理、B 型、$b_m=2d$ 的双头螺柱）

螺柱 GB/T 900 AM10-M10×1×50（旋入机体一端为粗牙普通螺纹，旋螺母一端为螺距 $P=1$ 的细牙普通螺纹，$d=10$、$l=50$、性能等级为 4.8 级、表面不经处理、A 型、$b_m=2d$ 的双头螺柱）

螺纹规格 d	b_m（旋入机体端长度）				l/b（螺柱长度/旋入螺母端长度）			
	GB/T 897	GB/T 898	GB/T 899	GB/T 900				
M4	—	—	—	6	8	16~22 / 8	25~40 / 14		
M5	5	6	8	10	16~22 / 8	25~50 / 16		
M6	6	8	10	12	20~22 / 10	25~30 / 14	32~75 / 18	
M8	8	10	12	16	20~22 / 12	25~30 / 16	32~90 / 22	
M10	10	12	15	20	25~28 / 14	30~38 / 16	40~120 / 26	130 / 32
M12	12	15	18	24	25~30 / 16	32~40 / 20	45~120 / 30	130~180 / 36
M16	16	20	24	32	30~38 / 20	40~55 / 30	60~120 / 38	130~200 / 44
M20	20	25	30	40	35~40 / 25	45~65 / 35	70~120 / 46	130~200 / 52
(M24)	24	30	36	48	45~50 / 30	55~75 / 45	80~120 / 54	130~200 / 60
(M30)	30	38	45	60	60~65 / 40	70~90 / 50	95~120 / 66	130~200 / 72	210~250 / 85
M36	36	45	54	72	65~75 / 45	80~110 / 60	120 / 78	130~200 / 84	210~300 / 97
M42	42	52	63	84	70~80 / 50	85~110 / 70	120 / 90	130~200 / 96	210~300 / 109
M48	48	60	72	96	80~90 / 60	95~110 / 80	120 / 102	130~200 / 108	210~300 / 121
l 系列	12、(14)、16、(18)、20、(22)、25、(28)、30、(32)、35、(38)、40、45、50、(55)、60、(65)、70、(75)、80、(85)、90、(95)、100~260(10 进位)、280、300								

注：1. 尽可能不采用括号内的规格。末端按 GB/T 2—2016 规定。

2. $b_m=1d$，一般用于钢对钢；$b_m=(1.25~1.50)d$，一般用于钢对铸铁；$b_m=2d$，一般用于钢对铝合金。

表 B-4 螺钉 （单位：mm）

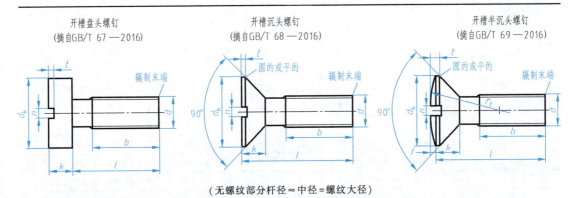

开槽盘头螺钉（摘自GB/T 67—2016）　　开槽沉头螺钉（摘自GB/T 68—2016）　　开槽半沉头螺钉（摘自GB/T 69—2016）

（无螺纹部分杆径≈中径=螺纹大径）

标记示例：
螺钉　GB/T 67　M5×20（螺纹规格为 M5，l=20，性能等级为 4.8 级，表面不经处理的 A 级开槽盘头螺钉）

螺纹规格 d	P	b_{min}	$n_{公称}$	r_f GB/T 69	f GB/T 69	k_{max} GB/T 67	$d_{k\,max}$ GB/T 68 GB/T 69	k_{max} GB/T 68 GB/T 69	$d_{k\,max}$ GB/T 67	t_{min} GB/T 67	t_{min} GB/T 68	t_{min} GB/T 69	l 范围 GB/T 67	l 范围 GB/T 68 GB/T 69	全螺纹时最大长度 GB/T 67	全螺纹时最大长度 GB/T 68 GB/T 69
M2	0.4	25	0.5	4	0.5	1.3	1.2	4	3.8	0.5	0.4	0.8	2.5~20	3~20	30	30
M3	0.5	25	0.8	6	0.7	1.8	1.65	5.6	5.5	0.7	0.6	1.2	4~30	5~30	30	30
M4	0.7	38	1.2	9.5	1	2.4	2.7	8	8.4	1	1	1.6	5~40	6~40	40	45
M5	0.8	38	1.2	9.5	1.2	3	2.7	9.5	9.3	1.2	1.1	2	6~50	8~50	40	45
M6	1	38	1.6	12	1.4	3.6	3.3	12	11.3	1.4	1.2	2.4	8~60	8~60	40	45
M8	1.25	38	2	16.5	2	4.8	4.65	16	15.8	1.9	1.8	3.2	10~80	10~80	40	45
M10	1.5	38	2.5	19.5	2.3	6	5	20	18.3	2.4	2	3.8	12~80	12~80	40	45

l 系列：2、2.5、3、4、5、6、8、10、12、(14)、16、20~50（5进位）、(55)、60、(65)、70、(75)、80

注：螺纹公差为 6g；机械性能等级为 4.8、5.8；产品等级为 A 级。

表 B-5 内六角圆柱头螺钉 （单位：mm）

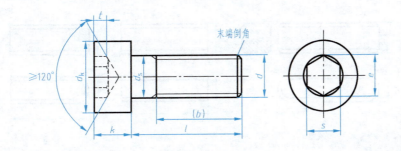

标记示例：
螺钉　GB/T 70.1　M5×20（螺纹规格为 M5，l=20，性能等级为 8.8 级，表面氧化的 A 级内六角圆柱头螺钉）

（续）

螺纹规格 d		M4	M5	M6	M8	M10	M12	(M14)	M16	M20	M24	M30	M36
螺距 P		0.7	0.8	1	1.25	1.5	1.75	2	2	2.5	3	3.5	4
$b_{参考}$		20	22	24	28	32	36	40	44	52	60	72	84
d_{kmax}	光滑头部	7	8.5	10	13	16	18	21	24	30	36	45	54
	滚花头部	7.22	8.72	10.22	13.27	16.27	18.27	21.33	24.33	30.33	36.39	45.39	54.46
k_{max}		4	5	6	8	10	12	14	16	20	24	30	36
t_{min}		2	2.5	3	4	5	6	7	8	10	12	15.5	19
$s_{公称}$		3	4	5	6	8	10	12	14	17	19	22	27
e_{min}		3.44	4.58	5.72	6.86	9.15	11.43	13.72	16	19.44	21.73	25.15	30.85
d_{smax}		4	5	6	8	10	12	14	16	20	24	30	36
$l_{范围}$		6~40	8~50	10~60	12~80	16~100	20~120	25~140	25~160	30~200	40~200	45~200	55~200
全螺纹时最大长度		25	25	30	35	40	50	55	60	70	80	100	110
$l_{系列}$		6、8、10、12、(14)、(16)、20~50(5进位)、(55)、60、(65)、70~160(10进位)180、200											

注：1. 尽可能不采用括号内的规格。末端按 GB/T 2—2016 规定。
　　2. 机械性能等级为 8.8、10.9、12.9。
　　3. 螺纹公差：机械性能等级为 8.8 级和 10.9 级时为 6g、12.9 级时为 5g、6g。
　　4. 产品等级为 A 级。

附录 C 键

表 C-1　普通平键及键槽各部分尺寸（摘自 GB/T 1095—2003、GB/T 1096—2003）

（单位：mm）

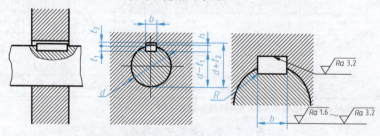

普通平键、键槽的尺寸与公差(GB/T 1095—2003)

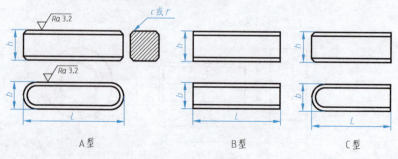

普通平键的型式与尺寸(GB/T 1096—2003)

标记示例：
GB/T 1096　键 16×10×100（圆头普通平键、$b=16$、$h=10$、$L=100$）
键 GB/T 1096　B16×10×100（平头普通平键、$b=16$、$h=10$、$L=100$）
键 GB/T 1096　C16×10×100（单圆头普通平键、$b=16$、$h=10$、$L=100$）

(续)

轴	键		键槽										
				宽度 b				深度				半径 r	
公称直径 d	键尺寸 b(h8)×h(h11)	长度 L (h14)	基本尺寸 b	极限偏差				轴 t_1		毂 t_2			
				松联接		正常联接		紧密联接	基本尺寸	极限偏差	基本尺寸	极限偏差	min	max
				轴 H9	毂 D10	轴 N9	毂 JS9	轴和毂 P9						
>10~12	4×4	8~45	4	+0.030 0	+0.078 +0.030	0 −0.030	±0.015	−0.012 −0.042	2.5	+0.1 0	1.8	+0.1 0	0.08	0.16
>12~17	5×5	10~56	5						3.0		2.3			
>17~22	6×6	14~70	6						3.5		2.8		0.16	0.25
>22~30	8×7	18~90	8	+0.036 0	+0.098 +0.040	0 −0.036	±0.018	−0.015 −0.051	4.0		3.3			
>30~38	10×8	22~110	10						5.0		3.3			
>38~44	12×8	28~140	12						5.0		3.3			
>44~50	14×9	36~160	14	+0.043 0	+0.120 +0.050	0 −0.043	±0.0215	−0.018 −0.061	5.5		3.8		0.25	0.40
>50~58	16×10	45~180	16						6.0	+0.2 0	4.3	+0.2 0		
>58~65	18×11	50~200	18						7.0		4.4			
>65~75	20×12	56~220	20						7.5		4.9			
>75~85	22×14	63~250	22	+0.052 0	+0.149 +0.065	0 −0.052	±0.026	−0.022 −0.074	9.0		5.4		0.40	0.60
>85~95	25×14	70~280	25						9.0		5.4			
>95~110	28×16	80~320	28						10		6.4			

注：1. L 系列：6~22（2进位）、25、28、32、36、40、45、50、56、63、70、80、90、100、110、125、140、160、180、200、220、250、280、320、360、400、450、500。
2. GB/T 1095—2003、GB/T 1096—2003 中无轴的公称直径一列，现列出仅供参考。

附录 D 滚动轴承

表 D-1 滚动轴承

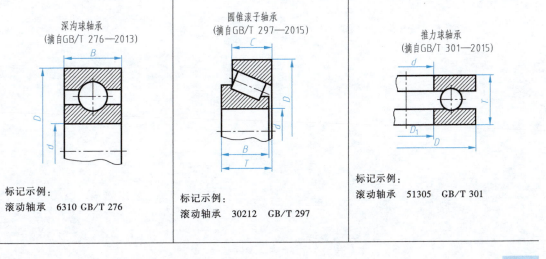

深沟球轴承
(摘自GB/T 276—2013)

标记示例：
滚动轴承　6310　GB/T 276

圆锥滚子轴承
(摘自GB/T 297—2015)

标记示例：
滚动轴承　30212　GB/T 297

推力球轴承
(摘自GB/T 301—2015)

标记示例：
滚动轴承　51305　GB/T 301

（续）

轴承型号	尺寸/mm			轴承型号	尺寸/mm					轴承型号	尺寸/mm			
	d	D	B		d	D	B	C	T		d	D	T	D_1
尺寸系列[(0)2]				尺寸系列[02]						尺寸系列[12]				
6202	15	35	11	30203	17	40	12	11	13.25	51202	15	32	12	17
6203	17	40	12	30204	20	47	14	12	15.25	51203	17	35	12	19
6204	20	47	14	30205	25	52	15	13	16.25	51204	20	40	14	22
6205	25	52	15	30206	30	62	16	14	17.25	51205	25	47	15	27
6206	30	62	16	30207	35	72	17	15	18.25	51206	30	52	16	32
6207	35	72	17	30208	40	80	18	16	19.75	51207	35	62	18	37
6208	40	80	18	30209	45	85	19	16	20.75	51208	40	68	19	42
6209	45	85	19	30210	50	90	20	17	21.75	51209	45	73	20	47
6210	50	90	20	30211	55	100	21	18	22.75	51210	50	78	22	52
6211	55	100	21	30212	60	110	22	19	23.75	51211	55	90	25	57
6212	60	110	22	30213	65	120	23	20	24.75	51212	60	95	26	62
尺寸系列[(0)3]				尺寸系列[03]						尺寸系列[13]				
6302	15	42	13	30302	15	42	13	11	14.25	51304	20	47	18	22
6303	17	47	14	30303	17	47	14	12	15.25	51305	25	52	18	27
6304	20	52	15	30304	20	52	15	13	16.25	51306	30	60	21	32
6305	25	62	17	30305	25	62	17	15	18.25	51307	35	68	24	37
6306	30	72	19	30306	30	72	19	16	20.75	51308	40	78	26	42
6307	35	80	21	30307	35	80	21	18	22.75	51309	45	85	28	47
6308	40	90	23	30308	40	90	23	20	25.25	51310	50	95	31	52
6309	45	100	25	30309	45	100	25	22	27.25	51311	55	105	35	57
6310	50	110	27	30310	50	110	27	23	29.25	51312	60	110	35	62
6311	55	120	29	30311	55	120	29	25	31.50	51313	65	115	36	67
6312	60	130	31	30312	60	130	31	26	33.50	51314	70	125	40	72

注：圆括号中的尺寸系列代号在轴承代号中省略。

参 考 文 献

[1] 李俊武. 工程制图 [M]. 3版. 北京：机械工业出版社，2017.
[2] 丁红宇. 制图标准手册 [M]. 北京：中国标准出版社，2003.
[3] 宋巧莲. 机械制图与计算机绘图 [M]. 北京：机械工业出版社，2007.
[4] 大连理工大学工程图学教研室. 机械制图 [M]. 7版. 北京：高等教育出版社，2013.
[5] 王冰. 邢伟. 机械制图与AutoCAD [M]. 北京：航空工业出版社，2012.
[6] 黄洁. 机械制图与CAD [M]. 3版. 北京：科学出版社，2018.
[7] 于梅，滕雪梅. AutoCAD 2010机械制图实训教程 [M]. 北京：机械工业出版社，2013.